高职高专"工作过程导向"新理念教材 计算机系列

Java程序设计与项目实践

代英明　陈建国　主编

清华大学出版社
北京

内 容 简 介

本书内容包括 Java 语言开发环境的搭建、基本语法、面向对象编程、集合框架类、文件操作、多线程编程、数据库和网络编程等。本书以 JDK 1.8、MyEclipse 10 和 MySQL 为开发平台,配合巩固训练和动手实践,使读者通过项目分解和任务学习配套案例上机练习逐步掌握相关知识,从而扩展知识面,培养自主学习能力。

本书根据高职教学的特点,突出实践环节和技能应用,将知识点融入项目案例中,并配合大量练习,使学生达到熟练掌握的目的。

本书可作为高职高专院校计算机相关专业 Java 语言课程的教材,也可作为 Java 自学者和应用开发者的参考用书。

本书封面贴有清华大学出版社防伪标签,无标签者不得销售。
版权所有,侵权必究。举报: 010-62782989,beiqinquan@tup.tsinghua.edu.cn。

图书在版编目(CIP)数据

Java 程序设计与项目实践/代英明,陈建国主编. —北京:清华大学出版社,2022.10
高职高专"工作过程导向"新理念教材. 计算机系列
ISBN 978-7-302-58433-9

Ⅰ. ①J… Ⅱ. ①代… ②陈… Ⅲ. ①JAVA 语言—程序设计—高等职业教育—教材 Ⅳ. ①TP312.8

中国版本图书馆 CIP 数据核字(2021)第 115592 号

责任编辑:孟毅新
封面设计:傅瑞学
责任校对:袁　芳
责任印制:宋　林

出版发行:清华大学出版社
    网　　址: http://www.tup.com.cn, http://www.wqbook.com
    地　　址: 北京清华大学学研大厦 A 座　　　　邮　编: 100084
    社 总 机: 010-83470000　　　　　　　　　　　邮　购: 010-62786544
    投稿与读者服务: 010-62776969, c-service@tup.tsinghua.edu.cn
    质量反馈: 010-62772015, zhiliang@tup.tsinghua.edu.cn
    课件下载: http://www.tup.com.cn, 010-83470410
印 装 者: 三河市铭诚印务有限公司
经　　销: 全国新华书店
开　　本: 185mm×260mm　　　　印　张: 19　　　　字　数: 432 千字
版　　次: 2022 年 10 月第 1 版　　　　　　　　　　印　次: 2022 年 10 月第 1 次印刷
定　　价: 66.00 元

产品编号: 091474-01

前 言

Java 是 Sun 公司于 1995 年推出的 Java 程序设计语言和 Java 平台（即 Java SE、Java EE、Java ME）的总称。Java 技术具有卓越的通用性、高效性、平台可移植性和安全性，广泛应用于个人计算机、数据中心、游戏控制台、科学超级计算机、移动电话和互联网，同时拥有广大的开发者专业社群。在全球云计算和移动互联网的产业环境下，Java 具备了更显著的优势和广阔前景。

本书面向实际应用，内容组织采用任务引领教学法，力求体现"以职业活动为导向，以职业技能为核心"的指导思想，突出高职高专教育的特色。本书将 Java 桌面应用程序开发技能的培养与训练贯穿于教学全过程，重点培养学生分析和解决岗位实际问题的能力。本书的内容编排贴近实际项目开发背景，遵循学生职业素养能力的养成规律，将知识的学习过程和开发任务的完成过程合二为一，真正实现"教""学""做"的统一。

作为服务于 Java 语言程序设计课程的项目化教材，本书内容力求理实一体化，以促进"教""学""做"三者的有机结合。全书把学生信息管理系统分解成 8 个项目，每个项目又进一步被细化成若干个典型的小任务，每一个项目都按照技能目标、知识目标、项目任务（提出问题、解决问题需要的相关知识、拓展训练）、项目实训等固定环节组织教学，这样安排有利于促进学生带着专业兴趣自发地学习，同时能够熟悉项目开发的流程，积累实际项目开发经验。

为方便教学，本书配备了电子教案、课后习题答案以及教材中所有案例的源程序，读者可从 www.tup.com.cn 下载。

编　者

2022 年 4 月

目 录

项目 1 搭建学生信息管理系统开发平台 ………………………………………… 1

  任务 1.1 搭建系统开发环境 ……………………………………………………… 1
    1.1.1 Java 语言的发展历程及特点 ………………………………………… 1
    1.1.2 Java 开发工具的选择 …………………………………………………… 4
    1.1.3 JDK 的下载与安装 ……………………………………………………… 6
    1.1.4 MyEclipse 的下载与使用 ……………………………………………… 9
    1.1.5 拓展训练——引入库文件 ……………………………………………… 11
  任务 1.2 编写第一个 Java 程序 ………………………………………………… 12
    1.2.1 Java 的两类程序 ………………………………………………………… 12
    1.2.2 用 JDK 和文本编辑器实现两类程序 ………………………………… 14
    1.2.3 用 MyEclipse 实现两类程序 …………………………………………… 16
    1.2.4 拓展训练——编写简单的 Java 应用程序 …………………………… 16
  习题 1 ……………………………………………………………………………… 16

项目 2 学生基本信息处理——Java 语言概述 ……………………………………… 19

  任务 2.1 学生基本信息的数据结构 ……………………………………………… 19
    2.1.1 标识符与关键字 ………………………………………………………… 20
    2.1.2 数据类型 ………………………………………………………………… 20
    2.1.3 字符串 …………………………………………………………………… 23
    2.1.4 运算符与表达式 ………………………………………………………… 23
    2.1.5 拓展训练——main()方法 ……………………………………………… 31
  任务 2.2 学生基本信息的输入与输出 …………………………………………… 32
    2.2.1 数据的输入/输出 ………………………………………………………… 32
    2.2.2 拓展训练——命令行参数 ……………………………………………… 34
  任务 2.3 学生信息的统计 ………………………………………………………… 34
    2.3.1 顺序结构 ………………………………………………………………… 34
    2.3.2 分支结构 ………………………………………………………………… 35
    2.3.3 循环结构 ………………………………………………………………… 36

  2.3.4 跳转语句 39
  2.3.5 拓展训练——数组 39
习题 2 40

项目 3 学生信息组织——面向对象程序设计 44

 任务 3.1 学生基本信息的实现 44
  3.1.1 面向对象基础 45
  3.1.2 类 48
  3.1.3 对象与类的使用 53
  3.1.4 static 关键字 56
  3.1.5 Java 访问控制符 58
  3.1.6 this 的应用 61
  3.1.7 拓展训练——编写学生类 63
  3.1.8 任务实现 64
 任务 3.2 不同类型学生和班级信息的实现 67
  3.2.1 继承 67
  3.2.2 super 关键字 74
  3.2.3 final 关键字 75
  3.2.4 abstract 关键字 77
  3.2.5 接口 79
  3.2.6 拓展训练——内部类 84
  3.2.7 任务实现 89
 任务 3.3 工具类的实现 90
  3.3.1 包 90
  3.3.2 封装 92
  3.3.3 多态性 93
  3.3.4 系统类库 API 93
  3.3.5 集合 104
  3.3.6 拓展训练——Java 增强特性 109
  3.3.7 任务实现 114
 任务 3.4 录入异常处理 114
  3.4.1 异常的概念 115
  3.4.2 异常处理机制 117
  3.4.3 自定义异常类 120
  3.4.4 实现机制 120
  3.4.5 拓展训练——异常转型和异常链 122
 习题 3 123

项目 4　设计系统 GUI 界面——图形用户界面设计　128

任务 4.1　系统登录界面设计　128
  4.1.1　图形界面基础——AWT　129
  4.1.2　Swing　129
  4.1.3　组件、容器组件与常用可视组件　130
  4.1.4　布局管理器　136
  4.1.5　拓展训练——边框、观感　145
  4.1.6　实现机制　147

任务 4.2　系统主界面设计　150
  4.2.1　Java 事件处理机制　150
  4.2.2　AWT 事件及其相应的监听器接口　153
  4.2.3　事件适配器　157
  4.2.4　拓展训练——可供用户选择的可视组件　158
  4.2.5　实现机制　168

任务 4.3　学生成绩的图形绘制　171
  4.3.1　坐标系　171
  4.3.2　Graphics 类的常用方法　172
  4.3.3　Font 类　177
  4.3.4　Color 类　178
  4.3.5　拓展训练——Graphics2D　180
  4.3.6　实现机制　184

任务 4.4　电子相册　185
  4.4.1　Applet 概述　185
  4.4.2　装载图像、跟踪及显示图像　188
  4.4.3　拓展训练——播放幻灯片和动画、播放声音　195
  4.4.4　实现机制　198

习题 4　199

项目 5　学生成绩信息检索——数据库技术　202

任务 5.1　装载数据库驱动程序　202
  5.1.1　JDBC 简介　203
  5.1.2　JDBC 驱动程序分类　203
  5.1.3　选择数据库连接方式　204
  5.1.4　JDBC 装载　206
  5.1.5　拓展训练——JDBC API　206

任务 5.2　连接/关闭数据库　207
  5.2.1　DriverManager 类　207
  5.2.2　Connection 接口　208

   5.2.3 Statement 接口 ··· 208
   5.2.4 拓展训练——ResultSet 接口 ·· 209
  任务 5.3 数据库操作 ··· 210
   5.3.1 查询 ··· 211
   5.3.2 插入记录 ··· 214
   5.3.3 删除记录 ··· 216
   5.3.4 更新 ··· 216
   5.3.5 拓展训练——修改记录 ·· 217
   5.3.6 实现机制 ··· 219
  习题 5 ··· 228

项目 6 学生成绩的导入/导出——输入/输出 ·· 230

  任务 6.1 输入/输出流 ·· 230
   6.1.1 流 ··· 231
   6.1.2 标准输入/输出流 ··· 233
   6.1.3 字节流 ··· 234
   6.1.4 字符输入/输出流 ··· 237
  任务 6.2 文件操作 ··· 242
   6.2.1 File 类 ··· 242
   6.2.2 文件操作 ··· 244
   6.2.3 实现机制 ··· 246
  习题 6 ··· 247

项目 7 在线倒计时牌——多线程编程技术 ·· 251

  任务 7.1 理解线程 ··· 252
  任务 7.2 创建线程 ··· 253
  任务 7.3 线程通信 ··· 258
  任务 7.4 拓展训练——线程池 ··· 267
  任务 7.5 实现机制 ··· 274
  习题 7 ··· 276

项目 8 网络通信 ·· 278

  任务 8.1 IP 地址与 InetAddress 类 ·· 278
  任务 8.2 URL 类和 URLConnection 类 ·· 280
  任务 8.3 应用 InetAddress 类 ··· 282
  任务 8.4 Socket 通信 ·· 283
  拓展训练——UDP ··· 290
  习题 8 ··· 292

参考文献 ·· 293

项目 1　搭建学生信息管理系统开发平台

技能目标

能进行数据的运算并能编写输入/输出数据的程序。

知识目标

(1) 了解 Java 语言的特性。
(2) 了解 Java 语言的发展历程及其特性。
(3) 掌握 JDK 的安装与使用。
(4) 掌握 MyEclipse 的使用。
(5) 掌握 Java 两类程序运行的方法。

项目任务

本项目通过两个任务介绍 Java 语言的特点及其在软件开发语言领域中的地位，Java 系统开发平台的选择，MyEclipse 的下载与使用以及 Java 两类程序的运行方式。这两个任务包括搭建系统开发环境和编写第一个 Java 程序。

要完成 Java 欢迎界面的输出程序，第一必须学会搭建 Java 开发环境；第二必须掌握 Java 两类程序的结构、各自的命名机制及运行过程，因此将本项目分成两个任务：搭建系统开发环境和编写第一个 Java 程序。

任务 1.1　搭建系统开发环境

在开发一个系统前，首先要选择一种语言。为什么选择这种语言、这种语言有哪些特点、语言的运行环境与开发工具是什么……带着这些问题，我们来认识一下 Java，并学习简单 Java 程序的编写过程。

1.1.1　Java 语言的发展历程及特点

1. 什么是 Java

Java 是由 Sun 公司于 1995 年发布的编程语言和计算平台。这项基础技术支持最新的程序,包括实用程序、游戏和业务应用程序。

有许多应用程序和网站只有在安装 Java 后才能正常工作,而且这样的应用程序和网站日益增多。Java 快速、安全、可靠,从笔记本电脑到数据中心,从游戏控制台到科学超级计算机,从手机到互联网,Java 无处不在。

2. Java 简史

Java 最初是为家用消费类电子产品开发分布式代码系统,后来为了使整个系统与平台无关,该项目小组的领导人 James Gosling 决定开发一种新语言,称为 Oak,这就是 Java 语言的前身,后来改名为 Java。随着 Internet 的迅速发展,Web 的应用日益广泛,Java 语言也得到了迅速发展。1994 年,Gosling 用 Java 开发了一个实时性较高、可靠安全、有交互功能的新型 Web 浏览器,它不依赖于任何硬件平台和软件平台。这种新的浏览器称为 HotJava。1995 年在业界发表,引起了巨大轰动,Java 的地位随之而得到肯定。

Java 语言发展非常迅猛。1995 年 3 月,Sun 公司发布了 Java 语言的 Alpha 1.0a2 版本,1996 年 1 月发布了 Java 语言的第一个开发包 JDK V1.0,1997 年 2 月发布了 Java 语言的开发包 JDK V1.1,从而奠定了 Java 语言在计算机语言中的地位。1998 年 12 月,Sun 公司发布了 Java 2 开发平台 JDK V1.2。Java 2 平台是 Java 发展史上的里程碑。1999 年 6 月,Sun 公司重新组织 Java 平台的集成方法,并将企业级应用平台作为 Java 语言发展方向,包含了以下 3 个成员。

(1) J2ME(Java 2 Micro Edition):用于嵌入式应用的 Java 2 平台。

(2) J2SE(Java 2 Standard Edition):用于工作站、PC 的 Java 2 标准平台。

(3) J2EE(Java 2 Enterprise Edition):可扩展的企业级应用的 Java 2 平台。

Java 是天生面向对象的计算机语言。虽然许多面向对象的语言一开始就是严格的过程化语言,Java 却从一开始就被设计为面向对象的语言。

3. Java 程序运行机制和 JVM

计算机高级语言按照程序的运行方式可以分为编译型和解释型两种。

编译型语言使用专门的编译器,针对特定的平台将某种高级语言"翻译"成该平台可以识别的机器码,并包装成该平台可以识别的可执行程序。例如,C、C++ 和 FORTRAN 等高级语言都属于编译型语言。

解释型语言使用专门的解释器将源代码逐行解释成特定平台的机器码并且立即执行,解释型语言不会进行整体的编译和链接处理。现在的 Python、Ruby 等语言都属于解释型语言。

Java 语言的机制比较特殊,Java 编写的程序会经过编译步骤,但是不会编译成特定平台的机器码,而是生成一种与平台无关的字节码——.class 文件。这种字节码是不可以直接执行的,需要 Java 的解释器来进行解释执行。因此 Java 不是纯粹的编译型语言或纯粹的解释型语言,它需要先编译,然后解释执行。

Java 语言负责解释执行字节码文件的是 Java 虚拟机,即 JVM(Java virtual machine)。所有平台上的 JVM 向 Java 编译器提供相同的接口,因此编译器只需要面向虚拟机,生成虚拟机能够理解的代码。要想在不同的平台上运行相同的机器码基本是不可能的。Java 通过 Java 虚拟机很好地解决了移植性问题。用户编写的程序是面对 Java 虚拟机的,至于系统的差异性则由 Java 虚拟机来解决。

Java 虚拟机可以理解为软件模拟的计算机,可以在任何处理器上(无论是在计算机中还是在其他电子设备中)安全并且兼容地执行程序。只要在不同平台上安装相应的 JVM,就可以运行字节码文件,运行 Java 程序。

而这个过程中,Java 程序没有做任何改变,仅仅是通过 JVM 这一"中间层",就能在不同平台上运行,真正实现了"一次编译,到处运行"的目的。

Java 从 1.2 版本开始,针对不同的应用领域,分为了 3 个不同的平台:J2SE、J2EE 和 J2ME。它们分别是 Java 标准版(Java standard edition)、Java 企业版(Java enterprise edition)和 Java 微型版(Java micro edition)。Java 标准版是基础,学习 Java 一般都是从标准版开始。本书讲述的就是 Java 标准版的程序设计。

有以下两点需要注意。

(1) Java 5.0 版本后,J2EE、J2SE、J2ME 分别更名为 Java EE、Java SE、Java ME。

(2) 每个版本名称中都带有一个数字 2,这个 2 是指 Java 2:自从 Java 1.2 发布后,Java 改名为 Java 2(不过平时仍然称为 Java)。

4. Java 语言的特点

Java 是一种编程语言,除了具有所有编程语言的共同特点之外,由于 Java 主要用于网络编程,使得 Java 语言具有其他编程语言所不具有的诸多特点,可以概括为以下 5 点。

1) Java 是完全面向对象的编程语言

Java 是完全面向对象的编程语言,在 Java 中一切都是类。Java 利用类和对象的机制将数据和对数据的操作封装在一起,并通过统一的接口与外界实现交互,使程序中的各个类彼此独立、自治又能继承,大大提高了程序的可维护性和可复用性,同时大大提高了开发效率。

Java 的编程过程就是设计类、继承类、实现类和定义、调用类的属性、方法的过程。

2) Java 是编译解释型的编程语言

以往的编程语言可分为编译型语言和解释型语言两种。

编译型语言的优点是编译成可执行的 EXE 文件后不再需要编程环境的支持,但是正因为如此,编译型语言编译时往往将许多函数放在 EXE 文件之中或者需要带有函数库文件。编译生成的 EXE 文件加上函数库文件往往很大,在网络上传输比较困难。

解释型语言的执行离不开解释器,这种解释器往往就是开发程序的编程环境。用户要执行解释程序就必须安装相应的编程环境。从网络传输的角度来讲,解释型语言传输的是源代码文件,虽然源代码文件比 EXE 文件加上函数库文件小许多,但丧失了程序的保密性。

也有些语言在编程阶段采用解释运行,程序编制完成后再编译成可执行程序。此种方式兼具了两者的优点,但在网络传输方面其缺点依然存在。

Java 是编译解释型的编程语言。Java 的源程序不能解释执行,必须使用编译器

javac.exe 进行编译。但是 Java 并不把源程序编译成可执行的 EXE 文件,而是编译成比 EXE 文件小很多的字节码文件,即扩展名为.class 的一个或多个文件,这种很小的字节码文件极其有利于在网络上传输。用户在网络上获取这种字节码文件之后不能直接执行,需要一种"解释器"。然而只要计算机安装了网络浏览器(例如 Microsoft 的 IE)就同时安装了这种"解释器",所以以 Java 的字节码文件形式出现的 Java 程序在网络上是畅通无阻的。

3) Java 是跨平台的编程语言

由于在网上传播的是 Java 的字节码,对字节码解释执行的任务交由浏览器负责,所以 Java 程序有良好的跨平台特性,即在一种系统下编制的 Java 程序一经编译成字节码文件,就可以不加修改地在任何系统中运行。这种普遍适用的程序大大降低了程序开发、维护、管理的成本。

4) Java 是适合在网上运行的编程语言

如前所述,在网上传输的只是 Java 程序的字节码,而且 Java 程序中的每一个类都单独编译成一个字节码文件,所以传输量小、传输速度快,因此 Java 是适合在网上运行的编程语言。

5) Java 是支持多线程的编程语言

多线程技术是指在同一个应用程序中有两个或更多个执行线程,即一个应用程序能够同时做两件以上的事情,这就满足了程序对某些复杂功能(如动画)的要求。Java 语言内置了多线程功能,提供了语言级的多线程支持,预先定义了一些用于建立、管理多线程的类和方法,使得开发多线程应用程序变得简单、方便而且有效。

1.1.2 Java 开发工具的选择

Java 的应用越来越广泛,学习 Java 的人也越来越多。学过程序设计的人都知道,使用 Basic 进行程序设计,可以使用 QBasic、Visual Basic 等开发工具;使用 C 语言进行程序设计,可以使用 Turbo C、Visual C++、C++ Builder 等开发工具。这些开发工具集成了编辑器和编译器,是集成开发工具,很方便使用。学习 Java 程序设计,同样需要方便易用的开发工具。Java 的开发工具很多,而且各有优缺点,初学者往往不知道有哪些常用的开发工具,或者由于面临的选择比较多而产生困惑。下面对初学者常使用的 Java 开发工具进行介绍,有助于初学者了解 Java 常用开发工具并做出选择。

1. JDK(Java development kit,Java 开发工具集)和文本编辑器

从初学者角度来看 Java 开发工具,采用 JDK 开发 Java 程序能够很快理解程序中各部分代码之间的关系,有利于理解 Java 面向对象的设计思想。JDK 的另一个显著特点是随着 Java(J2EE、J2SE 以及 J2ME)版本的升级而升级。

但它的缺点也是非常明显的,比如从事大规模企业级 Java 应用开发非常困难,不能进行复杂的 Java 软件开发,也不利于团体协同开发。

2. JBuilder

JBuilder 是一个 Java 集成开发环境,它能够满足很多方面的应用,尤其是对于服务器方以及 EJB 开发者。JBuilder 环境开发程序方便,它是纯的 Java 开发环境,适合企业的 J2EE 开发;缺点是往往一开始人们难以把握整个程序各部分之间的关系,对机器的硬件要求较高,比较耗内存,这时运行速度显得较慢。

3. Visual Age for Java

Visual Age for Java 是一个非常成熟的开发工具,它的特性对于 IT 开发者和业余的 Java 编程人员来说都是非常有用的。它提供对可视化编程的广泛支持,支持利用 CICS 连接遗传大型机应用,支持 EJB 的开发应用,支持与 Websphere 的集成开发,方便的 Bean 创建和良好的快速应用开发(RAD)支持和无文件式的文件处理。

Visual Age for Java 独特的管理文件方式使其集成外部工具非常困难,用户无法让 Visual Age for Java 与其他工具一起联合开发应用。

4. JCreator

JCreator 是一个 Java 开发工具,也是一个 Java 集成开发环境。不论是要开发 Java 应用程序还是网页上的 Applet 都难不倒它。在功能上与 Sun 公司所公布的 JDK 等文字模式开发工具相比,其操作更加容易,还允许使用者自定义操作窗口界面及无限 Undo/Redo 等功能。

JCreator 为用户提供了相当强大的功能,如项目管理功能、项目模板功能,可个性化设置语法高亮属性、行数、类浏览器、标签文档、多功能编译器,向导功能以及完全可自定义的用户界面。通过 JCreator,不用激活主文档就可以直接编译或运行 Java 程序。

JCreator 能自动找到包含主方法的文件或包含 Applet 的 HTML 文件,然后它会运行适当的 Java 开发工具。在 JCreator 中,可以通过一个批处理同时编译多个项目。JCreator 的设计接近 Windows 界面风格,用户对它的界面比较熟悉。其最大特点是与机器中所装的 JDK 完美结合。它是一种初学者很容易上手的 Java 开发工具,其缺点是只能进行简单的程序开发,不能进行企业 J2EE 的开发应用。

5. IDEA

IDEA 全称 IntelliJ IDEA,是用于 Java 语言开发的集成环境(也可用于其他语言)。IntelliJ 在智能代码助手、代码自动提示、重构、J2EE 支持、Ant、JUnit、CVS 整合、代码审查、创新的 GUI 设计等方面的功能比较强大。

6. Eclipse 与 MyEclipse

Eclipse 是一个开放源代码的、基于 Java 的可扩展开发平台。Eclipse 只是一个框架和一组服务,用于通过插件组件构建开发环境。Eclipse 附带了一个标准的插件集,包括 Java 开发工具(Java development tools,JDT),还包括插件开发环境(plug-in development environment，PDE），这个组件主要针对希望扩展 Eclipse 的软件开发人员，因为它允许开发人员构建与 Eclipse 环境无缝集成的工具。由于 Eclipse 中的每样东西都是插件，对于给 Eclipse 提供插件，以及给用户提供一致和统一的集成开发环境而言，所有工具开发人员都具有同等的发挥场所。

注：IDEA 功能强大，配置项繁多，更多尊重开发者自己的选择，专注感更强，写代码的体验极佳，更适合开发熟手。Eclipse 使用简单，大局观更佳，更适合初学者和代码管理者，所以本书采用的是 Eclipse/MyEclipse 开发工具。

1.1.3 JDK 的下载与安装

1. Java 开发工具包 JDK 的下载

JDK 是整个 Java 的核心，包括 Java 运行环境 JRE(Java runtime environment)、Java 工具和 Java 基础类库。

可以通过 Java 的官方网站：http://Java.sun.com/Javase/downloads/index.html 下载所需的 Java 版本的 JDK。

2. JDK 的安装

（1）双击下载后的 JDK 软件包如 jdk_1.8.0.0_64.exe，开始安装。
（2）安装程序首先解开压缩，解压后选择接受许可协议，然后单击"下一步"按钮。
（3）接下来，为 JDK 指定安装目录。如果想指定安装目录，则单击"更改"按钮，选择指定目录。如果没有特殊需要可以不作改动，如图 1-1 所示。

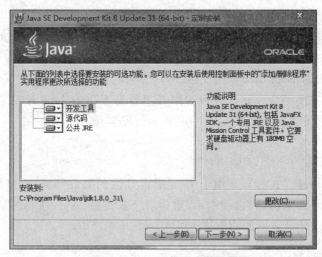

图 1-1　为 JDK 指定安装目录

（4）自定义安装确认之后，JDK 开始安装至硬盘中，稍等几分钟即可。
（5）完成后，单击"下一步"按钮完成安装。

完成安装后,在安装目录下应该有两个子目录:jdk1.8.0_31 与 jre1.8.0_31。以 jdk1.8.0_31 目录为例,每个目录的含义如下。

① C:\Program Files\Java\jdk1.8.0_31\bin 包括 Java 的一些常用开发工具。
② C:\Program Files\Java\jdk1.8.0_31\lib 包括 Java 的一些开发库。
③ C:\Program Files\Java\jdk1.8.0_31\demo 包括一些演示实例。
④ C:\Program Files\Java\jdk1.8.0_31\include 包含一些头文件(以.head 为文件扩展名)。

3. 环境配置

在 Windows 7 操作系统中,打开"控制面板"→"系统"→"高级"→"环境变量"或者右击"我的电脑",选择"属性"→"系统高级设置",然后单击"环境变量",进入"环境变量"对话框,如图 1-2 所示。单击"新建"按钮,创建变量 javahome,变量值为 D:\Program Files (x86)\Java\jdk1.8.0_31,即 JDK 的安装路径,如图 1-3 所示。

图 1-2 环境配置:环境变量   图 1-3 环境配置:变量名 javahome

然后需要创建另外一个环境变量 classpath,变量值为.;%JAVA_HOME%\lib\tools.jar。注意前面的句点不能省略。该变量指明了 Java 程序在运行时需要用到类的路径,如图 1-4 所示。

PATH 环境变量原来 Windows 里面就有,只需修改一下,使它包含指向 JDK 的 bin 目录,这样在控制台(DOS 界面)下面编译、执行程序时就不需要再输入完整路径了。设置方法是:保留原来的 PATH 的内容,在原有内容末尾先添加分号,然后加上%JAVA_HOME%\bin,如图 1-5 所示。

4. JDK 常用命令

在"运行"对话框中输入 cmd,单击"确定"按钮,从而进入 DOS 界面,输入 javac 命令,若如图 1-6 所示,则表示已经安装成功,否则没有成功。

图 1-4　环境配置：变量名 classpath

图 1-5　环境配置：变量名 Path

图 1-6　JDK 安装成功

JDK 的常用命令有以下几个。

1）Java 编译器——javac

javac 命令的使用格式如下。

javac [<编译选项>] <Java 源程序文件列表>

2）Java 解释器——java

jave 命令作为运行环境中的解释器，负责解释并执行编译产生的类。它的使用格式如下。

java [<功能选项>] <主类名> [<参数列表>]

3）Applet 浏览器——appletviewer

appletviewer 程序的功能是下载 HTML 文档中包含的 Applet 小程序，然后在自身的浏览器窗口中予以执行。该程序的使用格式如下。

appletviewer <选项><HTML 文档或网址>

4) Java 调试器——jdb

jdb 是一个基于命令行的调试工具,使用这一工具可以实施逐行执行程序、设置断点、检查变量的当前值等操作。jdb 命令的使用格式如下。

jdb <功能选项><类名><参数>

1.1.4 MyEclipse 的下载与使用

1. Eclipse 安装

Eclipse 软件包可以到官方网站下载,下载链接为 http://www.eclipse.org/downloads/。在 Windows 下运行 Eclipse,除了需要 Eclipse 软件包外,还需要 JDK 的支持。

2. MyEclipse 下载与安装

MyEclipse 安装过程比较简单,只须接受默认安装选项即可。

3. MyEclipse 的基本使用

当下载并成功安装 MyEclipse 后,就可以正式使用了,其基本的使用方法如下。

1) 设置工作空间(workspace)

若是第一次启动并使用 MyEclipse,系统会提示用户选择工作空间(workspace,实质上就是项目文件所在的空间)的路径,如 D:\2020\MyEclipse 10,如图 1-7 所示。

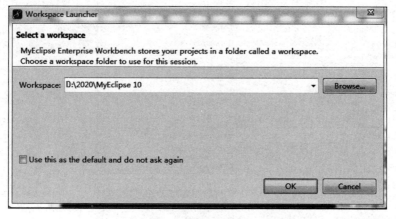

图 1-7 MyEclipse 工作空间路径设置界面

当成功建立工作空间之后,系统会在指定的路径下创建文件夹,以后就会在 Workspace 文件夹下面存放项目文件。注意,每个项目是一个独立的文件夹。

2) 创建项目(project)

MyEclipse为开发者提供了合理且强大的项目管理功能,它以树状形式很好地展现了项目中各个文件及文件夹(包)之间的关系。当用户创建了自己的工作空间之后,系统会自动进入工作界面,如图1-8所示。

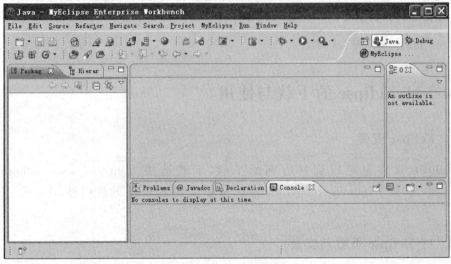

图1-8 MyEclipse工作界面

此时,工作空间中还没有任何内容,因为还没有创建一个项目,创建项目的步骤如下。
(1) 打开创建项目的界面,具体操作如图1-9所示。

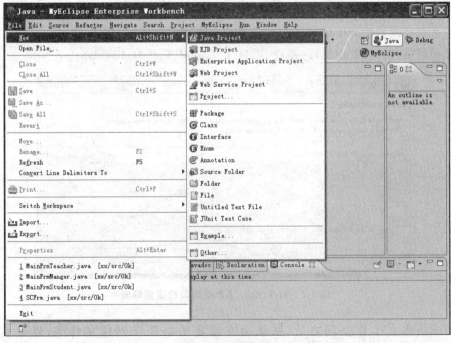

图1-9 创建项目

（2）参数设置，在 Project Name 文本框中输入项目名称，其他选项保持默认状态，然后单击 Finish 按钮，即可完成项目的创建。

3）添加 Java 文件（.java）

创建项目后，下一步就是在 src 包中添加源文件（.java 文件），步骤如下。

（1）右击 src，选择 New→Class 命令，进入参数设置界面，如图 1-10 所示。

（2）参数设置，在 Name 文本框中输入类名 Hello，并选中 public static void main（String[] args）复选框，最后单击 Finish 按钮。

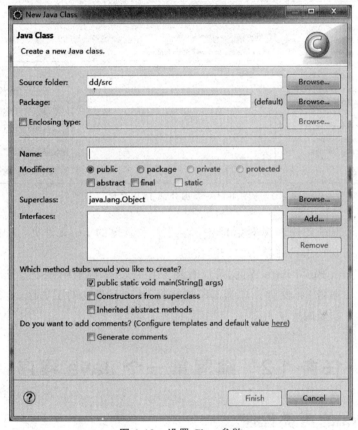

图 1-10　设置 Class 参数

4）运行程序

当对当前的.java 文件编辑完成后，就可以保存并运行了。要运行源程序，可以单击 ▶▼ 按钮或者右击编辑区域选择"运行"命令。

1.1.5　拓展训练——引入库文件

要基于 MyEclipse 平台开发 Java 项目，必须掌握如何创建项目、项目的包以及在指定的包中添加类文件（.java），这些功能的应用是最基本的。有时会遇到开发的项目与第三方软件发生关联的情况，这就需要为项目引入支持第三方软件的库文件（.jar）。

本书项目需要后台的数据库服务支持,如数据库 MySQL 8.0,那么必须为项目导入该数据库的补丁库文件(.jar):mysql-connector-java-8.0.17.jar。具体操作步骤如下。

(1)从网上下载库文件 mysql-connector-java-8.0.17.jar,在项目路径下新建一个文件夹 lib,把该库文件复制到 lib 文件夹中。

(2)右击项目名,选择 Build Path→Configure Build Path 命令,进入 Java Build Path 界面,切换到 Libraries 选项卡,再单击右侧的 Add External JARs 按钮,如图 1-11 所示。

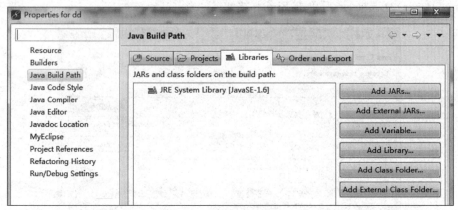

图 1-11　添加外部 JAR 文件

(3)在弹出的库文件选择对话框中,转到刚才新建的 lib 文件夹,选中文件 mysql-connector-java-8.0.17.jar,并单击"打开"按钮。

(4)回到 Java Build Path 界面,可以看到 Libraries 选项卡中多了项目所需的 mysql-connector-java-8.0.17.jar 文件。单击 OK 按钮,回到项目最初的工作区,此时工作区左侧窗格中多了刚才添加的库文件和一个 lib 文件夹。

任务 1.2　编写第一个 Java 程序

1.2.1　Java 的两类程序

从 Java 程序运行的独立性角度区分,Java 程序分为 Application(应用程序,可独立运行)与 Applet(小程序,不可独立运行)两类。Application 是普通的应用程序,但是其编译结果不是通常的 EXE 文件而是 .class 文件,要执行这种 .class 文件就要使用解释器 java.exe。Application 程序一般是在本地运行的。

Applet 不是独立的程序,使用时必须把编译时生成的 .class 文件嵌入 HTML 文件中,借助浏览器解释执行。

由于这两类程序的执行方式不同,书写其源程序时的格式也有所不同。

Application 的程序结构如下。

/**这是一个最简单的 Application,其功能是在 DOS 界面输出字符串:Hello,World!

```
 */
public class App1 {                              //主类
 //这是应用程序特有的 main()方法,该方法由 Java 虚拟机自动调用
    public static void main(String args[]) {
        System.out.println("欢迎进入学生信息管理系统!");
    }
}
```

根据上述代码,先对 Java 程序文件做一个简要说明。

(1) 在 Java 中,每个 Java 程序至少必须有一个类。每个类都要先声明,然后定义该类的数据和方法。上例中,App1 即为类名。类中包含一个名为 main 的方法。该程序中的 main()方法包含 println 语句。main()方法由解释器激活。该程序中,println("欢迎进入学生信息管理系统!")是用来输出字符串信息的语句。另外,与其他语言可以随便命名文件名不同,Java 程序的源文件名必须和其中的某个类名相同,若有公共类,则文件名必须和公共类类名相同,扩展名必须是.java。在上例中,文件名必须是 App1.java。这些属于 Java 语言的规则,一定要遵守,否则编译器会报告语法错误。注意 Java 程序是严格区分大小写的。

(2) 在程序中适当地加入注释,会增加程序的可读性。注释不能插在一个标识符或关键字之中,程序中允许加空白的地方就可以写注释。注释不影响程序的执行结果,编译器将忽略注释。Java 中有 3 种注释形式。

```
//单行的注释
/*单行或多行的注释*/
/**文档注释*/
```

第一种形式表示从//开始一直到行尾均为注释,一般用它对变量、单行程序的作用做简短说明。//是注释的开始,行尾是注释的结束。

第二种形式可用于多行注释,/*是注释的开始,*/表示注释的结束,/*和*/之间的所有内容均是注释。这种注释多用于说明方法的功能等。

第三种形式是文档注释。文档注释放在(一个变量或一个方法)说明之前,表示该段注释应包含在自动生成的任何文档中(即由 javazdoc 命令生成的 HTML 文件)。

(3) 与 C 和 C++语言一样,Java 中的语句也是最小的执行单位。Java 各语句间以分号(;)分隔。一个语句可写在连续的若干行内。

Applet 的程序结构如下。

```
/**这是一个最简单的 Applet,其功能是在页面输出字
 *符串:欢迎进入学生信息管理系统
 */
import java.awt.Graphics;              //导入包
import java.applet.Applet;导入包
public class App2 extends Applet {     //主类
    int x,y;
    public void init() {               //初始化方法
        x=8;
        y=7;
```

```
    }
    public void paint(Graphics g) { //绘图方法
        g.drawString("欢迎进入学生信息管理系统", 50, 60);
    }
}
```

1.2.2　用 JDK 和文本编辑器实现两类程序

1. Application

1）编辑

Java 程序的代码可以用多种工具编写，如记事本、Word、EditPlus、UltraEdit 等工具。现在用记事本输入一段代码，实现在屏幕上输出"欢迎进入学生信息管理系统！"字符串的操作，如图 1-12 所示。

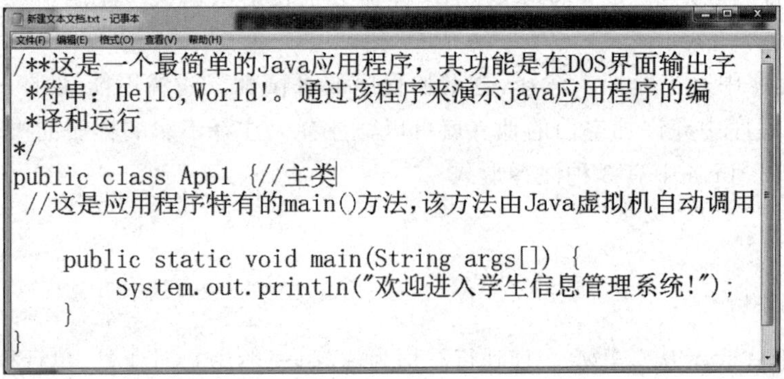

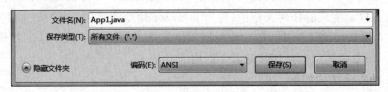

图 1-12　编辑 Java 源程序

编写完成后，需要打开"另存为"对话框将文件保存，如图 1-13 所示。其中文件名必须为 App1.java，保存类型为"所有文件"。

图 1-13　保存文件

2）编译

现在开始编译和执行 App1.java 程序。对于 JDK 而言，需要首先进入 MS-DOS 环境，假设源文件存放在 D:\gg 文件夹中。然后，用编译器 javac.exe 进行编译，如图 1-14 所示。在命令行中输入 javac App1.java 命令，Java 编译器自动编译。如果编译没有错误，将生成字节码文件 App1.class，如图 1-15 所示。如果有错误，则应回到编辑状态修改源文件，然后保存再重新编译。

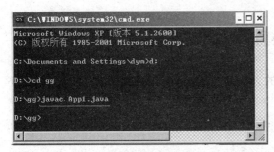

图 1-14　编译 Java 源程序

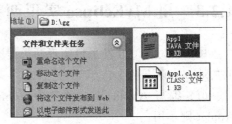

图 1-15　字节码文件

3）解释执行

最后用解释器 java.exe 运行字节码文件 App1.class。在命令行输入 java App1 命令，运行并得到结果，即在屏幕上输出了"欢迎进入学生信息管理系统！"字符串，如图 1-16 所示。

图 1-16　运行 Java 字节码文件得到的结果

2．Applet

1）编辑

方法与 Application 相同。

2）编译

方法与 Application 相同。

3）解释执行

因为 Applet 不能独立运行，必须将其编译后生成的 .class 文件的引用加入 HTML 文件。HTML 文件的内容如图 1-17 所示。

在 Internet Explorer 中打开 HTML 文件就可以看到结果，如图 1-18 所示。

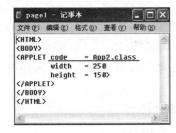

图 1-17　HTML 文件

图 1-18　在 Internet Explorer 中看结果

1.2.3　用 MyEclipse 实现两类程序

用 MyEclipse 开发平台实现两类程序的方法基本相同，都是在相应的包中新建类，不同的地方有以下两个。

（1）编写 Application 须选中 public static void main（String［］args）复选框，而 Applet 则不用。

（2）运行时，Application 是在 Console 控制台中输出结果，而 Applet 的运行结果是在另外弹出的窗口中显示。

1.2.4　拓展训练——编写简单的 Java 应用程序

利用 Java 应用程序实现一个由字符组成的菱形的输出。

1. 练习目的

（1）掌握设置 Java 运行环境的方法。
（2）掌握编写与运行 Java 程序的方法。

2. 练习内容

（1）安装并设置 JDK 软件包。
（2）安装 MyEclipse 开发平台。
（3）编写一个简单的 Java 应用程序，在屏幕上输出一个由字符组成的菱形。

习　题　1

一、选择题

1. 下面说法正确的是（　　）。
   A. Java 程序的源文件名称与主类（公共类）的名称相同，扩展名可以是.java 或 .txt 等
   B. JDK 的编译命令是 java
   C. 一个 Java 源程序编译后可能生成几个字节码文件
   D. 在命令行运行编译好的字节码文件，只需在命令行直接输入程序名即可
2. 下面说法正确的是（　　）。
   A. Java 语言是面向对象的、解释执行的网络编程语言
   B. Java 语言具有可移植性，是与平台无关的编程语言
   C. Java 语言可对内存垃圾自动回收

D. Java 语言编写的程序虽然是"一次编译,到处运行",但必须要安装 Java 的运行环境

3. 下面 main()方法的定义中正确的是( )。
    A. public void static main(String args[]) {}
    B. public void static main(String[]) {}
    C. public static void main(String[] args) {}
    D. public static void main(String [] x) {}

二、程序阅读题

1. 下面的程序输出结果是:1+2=3,请将程序补充完整。

```
public class App2  {
   public static void main(String args[]){
      int x=1,y=2;
      System.out.println(_____);
   }
}
```

2. 阅读下面的程序,回答问题。

```
public class App1 {
   public static void main(String args[]){
       char ch='\n';
       System.out.print("The first snow came,"+ch+"How beautiful it was!");
   }
}
```

(1) 这是哪一类 Java 程序?
(2) 写出保存该文件的文件名及后缀名。
(3) 在 JDK 下编译该文件的命令是什么?编译后生成什么文件?
(4) 在 JDK 下如何运行该程序?程序运行后输出的结果如何?

3. 阅读下面的程序,回答问题。

```
import java.applet.Applet;
import java.awt.Graphics;
public class Applet1 extends Applet   {
   public void paint (Graphics g) {
       g.drawString ("Welcome",25,30);
       g.drawString ("to",85,30);
       g.drawString ("Java",25,50);
       g.drawString ("Programming!",55,50);
   }
}
```

(1) 这是哪一类 Java 程序?

(2) 写出保存该文件的文件名及扩展名。

(3) 在 JDK 下编译该文件的命令是什么？编译后形成什么文件？

(4) 该程序能直接运行吗？写出嵌入该程序的字节码文件的 HTML 文件,该 HTML 文件可以任意命名吗？

(5) 程序运行后输出几行？写出输出结果。

项目 2　学生基本信息处理
——Java 语言概述

技能目标

能采用合适的数据存储形式并灵活运用控制语句编写程序。

知识目标

(1) 掌握标识符的命名规则。
(2) 掌握基本数据类型与数据的表示形式。
(3) 掌握表达式的用法及优先级关系。
(4) 掌握 3 种程序控制结构及语句。
(5) 理解数组的定义、数组的存储形式并掌握数组的应用。

项目任务

学生信息管理系统处理的数据主要是学生的基本信息和成绩数据。信息管理的第一步是保存学生的基本信息。本项目完成学生基本信息的输入与保存。

本项目通过 3 个任务向大家展现 Java 精确、方便的数据表达能力,以及灵活、高效的程序结构控制能力。这 3 个任务包括学生基本信息的数据结构、学生基本信息的输入与输出以及学生信息的统计。通过这 3 个任务的实现,读者应该掌握 Java 对基本数据的描述方法,掌握对基本数据操作流程的控制。理解和掌握本项目的相关知识可为学习下一项目奠定良好的基础。

任务 2.1　学生基本信息的数据结构

学生的基本信息包含很多内容,如何正确地保存并进行合法的操作是完成本任务的关键。

要完成学生基本信息的正确输入,就需要了解 Java 语言的数据类型有哪些、基本信息中的数据可以分为几类、分别用什么数据类型来描述、针对不同类型数据的操作有什么不同。

2.1.1 标识符与关键字

1. 标识符

在 Java 中,标识符是由字母、数字、下画线(_)、美元符号($)组成的,且标识符的第一个字符必须是字母、下画线或美元符号。标识符的长度不能超过 65535 个字符。

标识符严格区分大小写字母,如 a1 和 A1 是两个不同的标识符。

不能用 Java 的关键字做标识符。关键字(保留字)是已被 Java 占用的标识符,它们有专门的意义和用途,如 main、public、class、import 等。标识符内可以包含关键字,但不能与关键字完全一样。如 thisOne 是一个合法的标识符,但 this 是关键字不能用作标识符。

标识符应具有一定含义,即能够反映数据对象的含义,如用标识符 myphone 表示电话号码。

2. 关键字

关键字(保留字)是对编译器有特殊意义的固定单词,和用户自定义的标识符不同,不能在程序中做其他目的使用。例如,在 App1.java 中,class 就是关键字,它用来声明一个新类,其类名为 App1;public 也是关键字,它用来表示公共类。另外,static 和 void 也都是关键字,它们的使用将在本书后面介绍。

Java 语言目前定义了 48 个关键字(见表 2-1),这些包含语法运算符和分隔符的关键字形成了 Java 语言的定义。这些关键字不能作为变量名、类名或方法名使用。

表 2-1 Java 的关键字

abstract	assert	boolean	break	byte	case
catch	char	class	continue	default	do
double	else	enum	extends	final	finally
float	for	if	implements	import	instanceof
int	interface	long	native	new	package
private	protected	public	return	short	static
strictfp	super	switch	synchronized	this	throw
throws	transient	try	void	volatile	while

2.1.2 数据类型

Java 的数据类型共分为两大类:一类是基本数据类型,另一类是复合数据类型。基本数据类型有 8 种,分为四小类,分别是整型、浮点型、字符型和布尔型。复合数据类型包括数组、类和接口。其中数组是一个很特殊的概念,它是对象而不是一个类,一般把它归为复合数据类型中。Java 语言的数据类型如图 2-1 所示。

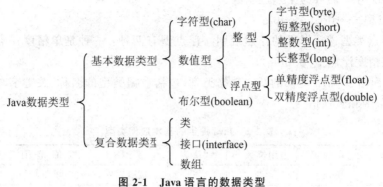

图 2-1　Java 语言的数据类型

下面先介绍基本数据类型,它们都可用于常量和变量。

1. 布尔型——boolean

布尔型有时也称为逻辑型。boolean 有两个常量值：true、false（全小写），默认值为 false。有些语言,如 C 和 C++允许用数值表示逻辑值,如用 0 表示 false,非 0 值表示 true,但在 Java 中不允许这么做,需要使用布尔值的地方不能以其他值代替。

2. 字符型——char

单个字符用 char 类型表示。char 类型的常量值必须用一对单引号括起来,例如：

```
'a'         //表示字母 a
'\t'        //表示 tab 键
'\u????'    //表示一个具体的 Unicode 字符,????是 4 位十六进制数字
```

Java 的 char 数据类型与其他语言相比有较大的改进。其他语言的字符型数据通常采用 ASCII。ASCII 字符占用 8 位二进制信息,因此使用 ASCII 最多可以表示 256 个不同的字符,如字符 A 对应的 ASCII 值是 65,字符 a 对应的 ASCII 值是 97。ASCII 在计算机、通信等领域应用很广。但是 ASCII 有一定的局限性,最典型的问题是其不能作为汉字的编码。汉字的文字多,仅用 8 位编码不能表示众多的汉字。为了解决这个问题,通常用 16 位二进制信息表示一个汉字。如果汉字和西文采用不同位数的二进制编码,就会给字符的表达、处理、转换等方面带来诸多不便。为了简化问题而统一了编码长度,Java 的字符类型 char 采用 Unicode 编码。每个 Unicode 字符占用 16 个二进制位,包含的信息量比 ASCII 码多一倍。由于采用 Unicode 方案,无论中文还是西文都用 16 位二进制表示,因此加强了 Java 处理多种语言的能力,为 Java 程序在不同语言平台的移植创造了条件。

3. 数值型

1）整型——byte、short、int、long

Java 语言提供了 4 种整型类型,对应的关键字分别是：byte、short、int 和 long。整型常量可用十进制、八进制或十六进制形式表示,以 1～9 开头的数为十进制,以 0 开头的是

八进制,以 0x 开头的数为十六进制数。

2) 浮点型——float、double

Java 浮点类型遵从标准的浮点规则。浮点型有两种:一种是单精度浮点型(float);另一种是双精度浮点型(double)。

表 2-2 列出了 Java 提供的基本数据类型,包括数据类型的名称、关键字、占用的存储空间、取值范围和默认值。

表 2-2 Java 提供的基本数据类型

数据类型	关键字	占用位数/b	默认值	取值范围
字节型	byte	8	0	$-128(-2^7) \sim 127(2^7-1)$
布尔型	boolean	8	false	false、true
字符型	char	16	'\u0000'	'\u0000'~'\uFFFF'(Unicode 字符集)
短整型	short	16	0	$-32768(-2^{15}) \sim 32767(2^{15}-1)$
整数型	int	32	0	$-2147483648(-2^{31}) \sim 2147483647(2^{31}-1)$
长整型	long	64	0	$-9223372036854775808(-2^{63}) \sim 9223372036854775807(2^{63}-1)$
单精度浮点型	float	32	0.0F	$(1.40129846432481707 \times 10^{-45} \sim 3.40282346638528860 \times 10^{38}) \cup (-3.40282346638528860 \times 10^{38} \sim -1.40129846432481707 \times 10^{-45})$
双精度浮点型	double	64	0.0D	$(4.94065645841246544 \times 10^{-324} \sim 1.7976931348623157 \times 10^{308}) \cup (-1.7976931348623157 \times 10^{308} \sim -4.94065645841246544 \times 10^{-324})$

4. 基本数据类型的封装

Java 作为完全面向对象的编程语言,处处体现"一切皆为对象"的理念,对于 8 种基本数据类,Java 分别提供了相对应的封装类,如表 2-3 所示。这些封装类使用户将基本类型的数据作为对象来操作,从而充分发挥面向对象编程的优越性。

表 2-3 基本数据类型与对应的封装类

基本类型	封装类	处理的数据类型	基本类型	封装类	处理的数据类型
char	Character	字符型数据	int	Integer	整数型数据
boolean	Boolean	布尔型数据	long	Long	长整型数据
byte	Byte	字节型数据	float	Float	单精度浮点数据
short	Short	短整型数据	double	Double	双精度浮点数据

【例 2-1】 简单数据类型的例子。

```
public class Assign {
    public static void main (String args[]) {
        int x , y;              //定义 x,y 两个整型变量
        float z =1.234f ;       //指定变量 z 为 float 型,且赋初值为 1.234
```

```
    double w =1.234 ;        //指定变量 w 为 double 型,且赋初值为 1.234
    boolean flag =true ;     //指定变量 flag 为 boolean 型,且赋初值为 true
    char c;                  //定义字符型变量 c
    c ='A';                  //给字符型变量 c 赋值'A'
    x=12;                    //给整型变量 x 赋值为 12
    y=300;                   //给整型变量 y 赋值为 300
  }
}
```

5. 数据的类型转换

相同类型的数据可以直接运算。不同类型的数据进行运算时,首先要将数据转换为同一类型,然后再进行运算。数据类型转换分为自动转换和强制转换两种。自动转换时所遵循的从低到高的转换规则如下。

（低）byte→short→char→int→long→float→double（高）

箭头表示数据的转换方向,即箭头前面的类型转换成箭头后面的类型。例如,当 byte 类型数据和 short 类型数据运算时,会将 byte 类型数据转换成 short 类型后再进行运算。

自动转换只能按照规定的方向进行转换。可以通过强制转换将数据转换成指定的类型。强制转换的格式如下。

(数据类型)数据

例如：

```
int k=4;
double x=3.5, y;
y=x+(double)k;            //首先将 k 强制转换成 double 类型,然后再与 x 相加
```

Java 是一种严格的类型语言,它不允许数值类型和布尔类型之间进行转换。

2.1.3 字符串

字符串是有序的字符的集合,在 Java 中有相应的类支持(java.lang.String)。字符串可以有如下两种写法：①直接的,如"Hello every one!",这样能够在程序中引用；②按照类声明一样处理,如 String str＝new String("Hello every one!")。

字符串之间用操作符"＋"能够实现合并,如"Hello"＋"every one!"的结果是"Hello every one!"。

值得指出的是,在 Java 中,String 类型中存储的值是不能改变的,如果要变化的话就要用到另外一个类 StringBuffer,这是 Java 的一个特点,它的用法与 String 很相似,这里不再赘述,可参考 Java API 了解细节。

2.1.4 运算符与表达式

1. 算术运算符

算术运算符是对数值类型数据进行算术运算的符号。表 2-4 中列出了 Java 提供的

表 2-4　算术运算符

类型	运算符	名称	使用举例	功能
二元运算符	＋	加法运算符	a＋b	求 a 与 b 相加的和
	－	减法运算符	a－b	求 a 与 b 相减的差
	＊	乘法运算符	a＊b	求 a 与 b 相乘的积
	／	除法运算符	a/b	求 a 除以 b 的商
	％	取余运算符	a％b	求 a 除以 b 的余数
一元运算符	＋＋	自加 1	a＋＋ 或 ＋＋a	使变量 a 的数值加 1
	－－	自减 1	a－－ 或 －－a	使变量 a 的数值减 1
	－	求相反数	－a	使变量 a 符号变反

算术运算符。

使用算术运算符要注意以下几点。

(1) 只有整型数据(如 short、int 和 long)才能进行取余(％)运算,float 和 double 类型的数据不能进行取余运算。取余运算的结果仍为整数。例如,12％5 的结果为 2,4％6 的结果为 4。而 8.2％3、8.2％3.0 都是非法运算。

(2) 两个整数做除法运算,结果仍为整数,小数部分被截掉。例如,1/2 的结果为 0。如果希望得到小数部分,需要对操作数进行强制类型转换。例如,((float)1)/2 的结果为 0.5。

当两个操作数的数据类型不一致时,首先要将数据转换成同一类型,然后进行运算。

(3) 自加 1 和自减 1 运算符只能用于变量,不能用于常量和表达式,如＋＋4、4＋＋、(5＋2)＋＋都是错误的。

(4) 自加 1 和自减 1 运算符有前置(prefix)和后置(postfix)两种形式。运算符加在变量名之前称为前置,如＋＋a;运算符加在变量名之后称为后置,如 a＋＋。对于单独的自加 1 或自减 1 运算,如＋＋a 和 a＋＋、－－a 和 a－－前置与后置两种形式等价。如果表达式中除了有自加 1 和自减 1 运算符外,还有其他运算符,这时前置运算和后置运算具有不同的含义,得到不同的运算结果。以自加 1 运算为例,前置自加 1 运算的含义是:首先对变量进行自加 1 运算,然后用变量加 1 后的新值参与其他运算;而后置自加 1 运算的含义是:首先用变量的原值参与其他运算,然后对变量进行自加 1 运算。

2. 关系运算符

关系运算又称比较运算,用来比较两个数据的大小。关系运算的结果是布尔值,即 true(真)或 false(假)。使用关系运算符要注意以下两点。

(1) 运算符＝＝和!＝的优先级要低于另外 4 个关系运算符。例如,true!＝5＞8 的运算结果为 true。由于＞优先级高于!＝,因此应首先计算 5＞8,结果为 false,然后再计算 true!＝false,结果为 true。

(2) 对于优先级相同的关系运算符,运算顺序是自左至右,即具有左结合性。例如,对于表达式 10＞8!＝6＜14,应首先计算第一个＞运算符,然后再计算第二个＞运算符。

3. 逻辑运算符

逻辑运算又称布尔运算,是对布尔值进行运算,其运算结果仍为布尔值。4 种逻辑运算符如表 2-5 所示。4 种逻辑运算符的真值表如表 2-6 所示。

表 2-5 4 种逻辑运算符

运算符	名称	功能描述	用法举例
!	逻辑非	!op1,对 op1 的逻辑值置反	!(a＞b)(结果为 true)
&&	逻辑与	op1&&op2,运算结果见真值表	(a>=b)&&(a＜b)(结果为 false)
||	逻辑或	op1||op2,运算结果见真值表	(a＞b)||(b＞a)(结果为 true)
^	逻辑异或	op1^op2,运算结果见真值表	(a＞b)^(b＞a)(结果为 true)

表 2-6 4 种逻辑运算符的真值表

op1	op2	!op2	op1&&op2	op1||op2	op1^op2
true	true	false	true	true	false
true	false	true	false	true	true
false	true	false	false	true	true
false	false	true	false	false	false

使用逻辑运算符要注意以下几点。

(1) 在 4 个逻辑运算符中,逻辑非的优先级最高,其次是逻辑与,最后是逻辑或。例如,true || false && !true 的结果为 true,运算顺序是先计算!true,然后计算 &&,最后计算 ||。

(2) 逻辑运算符具有左结合性,即对于优先级相同的逻辑运算符,运算顺序为自左至右。例如,true && false && true,应首先计算第一个 &&,然后计算第二个 &&。

(3) 对于一个逻辑表达式,如果逻辑运算符左边的值已能够确定整个式子的运算结果,逻辑运算符右边的值不能影响运算结果,那么逻辑运算符右边的式子被忽略,即不进行运算。例如 2＞3&&5＞3,由于 2＞3 不成立,结果为 false,按照逻辑与的运算规则,只有运算符两侧的结果都为 true,结果才为 true,所以无论 5＞3 的结果如何,整个式子的结果都为 false,5＞3 就不用计算了。

4. 位运算符

位运算符用于对二进制位(bit)进行运算。位运算符的操作数和结果都是整数。位运算符如表 2-7 所示。

注意:各个位运算符的运算顺序(优先级由高向低)是 ~、<<、>>、>>>、&、^、|。

1) 按位取反运算符~

按位取反运算符~是一元运算符,用来对一个二进制数按位取反,即 0 变成 1,1 变成 0。

表 2-7 位运算符

运算符	名　称	应用举例	运　算　规　则
~	按位取反	~x	对 x 每个二进制位取反
&	按位与	x&y	对 x、y 每个对应的二进制位做与运算
|	按位或	x|y	对 x、y 每个对应的二进制位做或运算
^	按位异或	x^y	对 x、y 每个对应的二进制位做异或运算
<<	按位左移	x<<a	将 x 各二进制位左移 a 位
>>	按位右移	x>>a	将 x 各二进制位右移 a 位
>>>	无符号的按位右移	x>>>a	将 x 各二进制位右移 a 位，左面的空位一律填 0

例如，~35 是对十进制数 35 即二进制数 00100011 按位取反，结果为二进制数 11011100，即十进制数 －36。

~ 00100011
 11011100

为了简单起见，这里用 8 位二进制表示数据，如果用 16 位、32 位、64 位二进制表示数据，结果都一样。

2) 按位与运算符 &

按位与运算符 & 是二元运算符，对参加运算的两个数，分别将每个对应的二进制数按位进行与运算。如果对应的二进制位都为 1，则该位结果为 1，否则为 0。即 0&0=0，0&1=0，1&0=0，1&1=10。

例如，5&7 的结果为二进制数 00000101，即十进制数 5。

　　5＝00000101
& 7＝00000111
　　00000101

再如，－5&7 的结果为二进制数 00000011，即十进制数 3。由于－5 是负数，要用补码表示，－5 的补码是 11111011。

　－5＝11111011　（补码）
& 7＝00000111
　　　00000011

注意：参加位运算的数据如果是负数，要用补码表示。

3) 按位或运算符 |

按位或运算符 | 是二元运算符，对参加运算的两个数，分别将每个对应的二进制数按位进行或运算。如果对应的二进制位有一个为 1，则该位结果为 1。即 0|0=0，0|1=0，1|0=1，1|1=1。

例如，5|7 的结果为二进制数 00000111，即十进制数 7。

　　5＝00000101
| 7＝00000111
　　00000111

再如，－5|7 的结果为二进制数 11111111，即十进制数－1。

```
 -5=11111011  补码
|  7=00000111
   11111111
```

4）按位异或运算符^

按位异或运算符^是二元运算符，对参加运算的两个数，分别将每个对应的二进制数按位进行异或运算。如果两个数对应二进制位的数据相同，则该位结果为0，否则该位结果为1。即0^0=0,1^1=0,1^0=1,0^1=1。

例如，5^7的结果为二进制数00000010，即十进制数2。

```
   5=00000101
^  7=00000111
   00000010
```

再如，-5^7的结果为二进制数11111100，即十进制数-4。

```
  -5=11111011  补码
^  7=00000111
   11111100
```

5）按位左移运算符<<

按位左移运算符<<用于将一个数的各个二进制位全部左移若干位，并在最低位补0。例如，5<<2是将5左移2位，结果为十进制数20，即将5乘以4。对于一个正整数，左移1位相当于将该数乘以2，左移2位相当于将该数乘以4，即左移n位相当于乘以2^n。

注意：此结论只适用于左移时没有1被移出舍去的情况。例如，127<<2运算将高位的01移出，结果并不是127乘以4。

提示：用移位方法实现整数乘法比直接做乘法速度快。

6）按位右移运算符>>

按位右移运算符>>用于将一个数的各个二进制位全部右移若干位，移出右端的低位被舍弃，左边空出的位填写原数的符号位，即用原数的第一位数据填写空白位。

例如，8>>2是将8右移2位，左边空出的2位填入0。结果为二进制数00000010，即十进制数2，即将8除以4。

```
     8=00001000
>>2    00000010
```

再如-8>>2，由于是负数右移，左边空出的二位填入1。结果为二进制数11111110，即十进制数-2。

```
    -8=11111000  （补码）
>>2    11111110
```

注意：数据右移1位相当于将该数除以2，右移2位相当于将该数除以4，即右移n位相当于除以2^n。用移位方法实现整数除法比直接做除法速度快。

7）不带符号按位右移>>>

不带符号按位右移符>>>用于将一个数的各二进制位全部右移若干位，移出右端的低位被舍弃，左面的空位一律填0。

例如，-8>>>2，结果为二进制数00111110。

```
-8=11111000   (补码)
>>>2          00111110
```

5. 赋值运算符

赋值运算符用于给变量或对象赋值。赋值运算符分为基本赋值运算符和复合赋值运算符两类。

1)基本赋值运算符(=)

基本赋值运算符(=)的使用格式如下。

变量或对象=表达式

基本赋值运算符的作用是把右边表达式的值赋给左边的变量或对象。

使用赋值运算符需要注意以下几点。

(1)赋值运算符的左边必须是变量名或对象名,不能是其他内容。

(2)当赋值运算符左右两边的数据类型不一致时,需要将右边的数据转换成左边的数据类型。在某些情况下,系统会自动进行转换,必要时可以使用强制类型转换。

(3)赋值运算符的运算顺序是自右向左,即具有右结合性。例如,j=k=i+2 的运算顺序是,先将 i 加 2 的值赋给 k,再把 k 的值赋给 j。

下面是基本赋值运算符的例子。

```
double x, y;
int i, j, k;
x=12.45;
y=2*x+1;
i=(int)x;
j=k=i+2;
String s;
s="abcd";
```

2)复合赋值运算符

复合赋值运算符是在基本赋值运算符前面加上其他运算符后构成的赋值运算符。Java 提供的各种复合赋值运算符如表 2-8 所示。

表 2-8 复合赋值运算符

运算符	名称	使用举例	功能
+=	加赋值运算符	a+=b	a=a+b
-=	减赋值运算符	a-=b	a=a-b
*=	乘赋值运算符	a*=b	a=a*b
/=	除赋值运算符	a/=b	a=a/b
%=	取余赋值运算符	a%=b	a=a%b
&=	位与赋值运算符	a&=b	a=a&b
|=	位或赋值运算符	a|=b	a=a|b
^=	位异或赋值运算符	a^=b	a=a^b

续表

运算符	名 称	使用举例	功 能
<<=	按位左移赋值运算符	a<<=b	a=a<<b
>>=	按位右移赋值运算符	a>>=b	a=a>>b
>>>=	逻辑右移赋值运算符	a>>>=b	a=a>>>b

6. 字符串运算符

运算符(+)不仅可以作为加运算符,还可以作为字符串的连接运算符。例如,"xy"+"abc"、"xy"+12。当+运算符两边的操作数有一个是字符串时,+运算符被作为字符串连接运算符,如果另一个数据不是字符串,则首先将其转变成字符串,然后把两个字符串前后连接起来,合并成一个字符串。

【例 2-2】 字符串运算符。

```
public class Str{
    public static void main(String args[]){
        String s="abcd";
        int m=2;
        double x=24.5;
        char c='A';
        byte b=67;
        System.out.println("xyz"+12);
        System.out.println(1+2+3);
        System.out.println(s+m+3);
        System.out.println(s+true);
        System.out.println(s+12+43.56);
        System.out.println("xyz"+12+c);
        System.out.println("xyz"+b);
    }
}
```

程序运行结果如下。

```
xyz12
6
abcd23
abcdtrue
abcd1243.56
xyz12A
xyz67
```

7. 其他运算符

1) 条件运算符(?:)

条件运算符(?:)是三元运算符,需要 3 个操作数。三元运算符可构成如下三元表达式。

表达式 1？表达式 2：表达式 3

三元表达式的运算规则是，如果表达式 1 的值为 true，则整个表达式的值取表达式 2 的值；如果表达式 1 的值为 false，则整个表达式的值取表达式 3 的值。例如，表达式 4>3？4:3 的值为 4。

2）[ ]运算符

[ ]是数组运算符，方括号中的数值表示数组元素的下标。如 a[0]代表数组 a 的第 1 个元素，a[1]代表数组 a 的第 2 个元素。

3）()运算符

()运算符用于改变表达式中运算符的运算顺序，圆括号中的运算符优先计算。例如，对于表达式 4＊(2＋3)，尽管＊运算符的优先级高于＋，但要先完成()中的＋运算，然后才能完成＊运算。

4）点运算符

点运算符(.)称为引用符，主要用于引用类的成员或充当分隔符，如 System.out.println()、import java.awt.＊等。关于点运算符在后面的有关内容中还有详细介绍。

5）new 运算符

new 运算符用于为数组、对象等分配内存空间。例如，语句 a＝new int (4)为数组 a 分配存放 4 个 int 数据的内存空间；再如，Button b1＝new Button("确定")创建一个按钮类对象 b1，并为它分配内存空间。

6）instanceof 运算符

instanceof 运算符称为对象运算符，用于测试某个对象是否是某个类或其子类的实例，如果是，则返回 true，否则返回 false。例如：

```
Button myobject=new Button("确定");
boolean result=myobject instanceof Button;
```

语句 myobject instanceof Button 用于测试对象 myobject 是否为 Button 类的对象，测试结果为 true。

8. 运算符的优先级和结合性

运算符的优先级决定了表达式中各个运算符的运算顺序。例如，算术运算符的优先级高于关系运算符，对于表达式 2+3>5-4，要先计算加法和减法，然后做比较计算。运算符的结合性决定了优先级相同运算符的运算顺序。例如，对于表达式 a+b-c，因为＋和－的优先级相同且具有右结合性，所以等价于(a+b)-c。表 2-9 列出了 Java 运算符的优先级和结合性。

表 2-9　Java 运算符的优先级和结合性

优先级	描　　述	运　算　符	结合性
1	最高优先级	.　[ ]　()	左/右
2	一元运算	－　++　－　!　~　强制类型转换	右

续表

优先级	描述	运算符	结合性
3	算术运算	* / %	左
4	算术运算	+ -	左
5	移位运算	<< >> >>>	左
6	大小关系运算	< <= > >=	左
7	相等关系运算	== !=	左
8	位与运算	&	左
9	位异或运算	^	左
10	位或运算	|	左
11	逻辑与运算	&&	左
12	逻辑或运算	||	左
13	条件运算	? :	右
14	简单、复合赋值运算	= 运算符=	右

9. 表达式

表达式(expression)是指由运算符与操作数连接而成的、符合计算机语言语法规则并具有特定结果值的符号序列。

2.1.5 拓展训练——main()方法

main()方法传递参数(命令行参数)

每个 Java 应用程序都有一个 main()方法,它带有 String[] args 参数。这个参数表示 main()方法接收了一个字符串数组,也就是命令行参数。

【例 2-3】 main()方法参数传递。

```
public class Inputmain{
    public static void main(String args[ ]){
        int x=Integer.parseInt(args[0]);        //将字符串 args[0]转换为 int
        System.out.print(x);
    }
}
```

操作过程如下。

(1) 打开 Run 对话框,具体操作如图 2-2 所示。

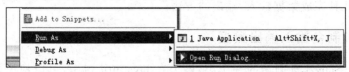

图 2-2 打开 Run 对话框

（2）在 Run 对话框中选择 Arguments 选项卡，在 Program arguments 中输入数据，如图 2-3 所示。如果需要输入多个数据，则以空格键或 Enter 键将数据分隔开。

（3）单击 Run 按钮，就可以看到结果。

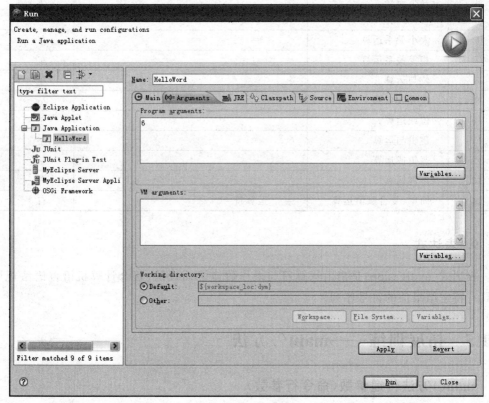

图 2-3 Run 对话框

任务 2.2　学生基本信息的输入与输出

在确定了学生信息的数据结构后，该如何将学生的信息输入系统？又如何将信息输出呢？要解决这两个问题，必须弄清楚 Java 语言中的输入与输出。

2.2.1　数据的输入/输出

下面介绍几种完成数据输入/输出的方法。

1. 通过控制台输入输出数据

Scanner 是 SDK 1.5 新增的一个类，该类在 java.util 包中，可以使用该类创建一个对象。

```
Scanner reader=new Scanner(System.in);
```

以上语句可生成一个 Scanner 类对象 reader，然后借助 reader 对象调用 Scanner 类中的方法可实现读入各种类型数据。读入数据的方法如下。

nextInt()：读入一个整型数据。

nextFloat()：读入一个单精度浮点数。

nextLine()：读入一个字符串。

【例2-4】 通过控制台输入/输出数据。

```
import java.util.*;
public class InputOutScore{
    public static void main(String args[])  {
        System.out.println("输入三门课的成绩:");
        Scanner rd=new Scanner(System.in);
        int network,dataBase,java,total=0;
        network=rd.nextInt();
        dataBase=rd.nextInt();
         java=rd.nextInt();
        total=network+dataBase+java;
        System.out.print("该生三门课的总成绩为:"+total);
    }
}
```

程序运行结果如下。

输入三门课的成绩：
92 89 95
该生三门课的总成绩为：276

2. 通过对话框方式实现输入和输出

Java 通过 javax.swing.JOptionPane 类可以方便地实现向用户发出输入或输出消息。JOptionPane 类提供了如下几个主要的输入、输出方法。

(1) 方法 showConfirmDialog()：用于询问一个确认问题，如 yes/no/cancel。

(2) 方法 showInputDialog()：用于提示要求某些输入。

(3) 方法 showMessageDialog()：告知用户某事已发生。

(4) 方法 showOptionDialog()：上述三项的大统一。

【例2-5】 通过对话框方式实现输入和输出。

```
import javax.swing.*;
public class Input{
    public static void main(String args[ ])throws java.io.IOException   {
        int x=0,y=0,total=0;
        x=Integer.parseInt(JOptionPane.showInputDialog("input an integer !"));
        y=Integer.parseInt(JOptionPane.showInputDialog("input an integer !"));
        total=x+y;
        JOptionPane.showMessageDialog(null,"输入的两数和:"+total);
```

        }
    }

程序运行结果如图 2-4 所示。

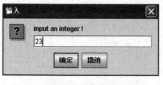
(a) 输入数据(1)

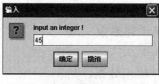
(b) 输入数据(2)

(c) 输出结果

图 2-4 输入和输出数据

2.2.2 拓展训练——命令行参数

利用 main() 方法传递参数(命令行参数)见 2.1.5 小节的拓展训练。

【例 2-6】 利用 main() 方法传递参数。

```
public class Ar {
    public static void main(String[] args) {
        int x=Integer.parseInt(args[0]);//将字符串转换为整数
        int y=Integer.parseInt(args[1]);
        int t=x+y;
        System.out.print(t);
    }
}
```

任务 2.3 学生信息的统计

当所有同学的成绩都输入完成后,系统要自动统计每门课程成绩都在 85 分(包括 85)以上的学生姓名及人数。

要实现学生成绩的统计,就要弄清楚 Java 语言程序的几种控制结构以及要完成本任务需要使用什么控制结构。

程序运行的过程就是执行一条条语句的过程。程序执行的逻辑次序称为程序的流程。程序有 3 种控制结构:顺序结构、分支结构、循环结构。

2.3.1 顺序结构

在不进行任何流程控制的情况下,程序执行的次序就是语句的排序顺序,这种程序结构称为顺序结构。顺序结构的程序是最简单的程序,也是组成其他复杂结构程序的基础。

2.3.2 分支结构

Java 提供的选择语句有 if-else 语句和 switch 语句两种。通过选择语句可以构造选择结构的程序。在选择结构中,可以给出两种或两种以上操作,由给定的条件决定执行哪一种操作。

1) if 语句

if 语句是二分支选择语句。使用 if 语句可以给出两种操作,根据表达式的结果(真或假)从中选择一种操作。

if 语句有以下两种格式。

```
if  (表达式)  语句;         //格式 1
if  (表达式)
    语句 1;                //格式 2
else  语句 2;
```

格式 1 的语法含义是:如果表达式的值为真,则执行 if 后面的语句;如果表达式的值为假,则没有操作。if 语句完成后,继续执行 if 后面的语句。

格式 2 的语法含义是:如果表达式的值为真,则执行 if 后面的语句 1;如果表达式的值为假,则执行 else 后面的语句 2。if 语句完成后,继续执行 if 后面的语句。

注意:在 if 语句中,如果分支中包括多条语句,则需要用{}括起来。写成下面的格式。

```
if  (表达式)   {语句;}
if  (表达式)   {语句 1;} else {语句 2;}
```

2) switch 语句

switch 语句是多分支选择语句。switch 语句可以给出多种操作,根据表达式的值从中选择一种操作执行。switch 语句的格式如下。

```
switch(表达式)
{   case 常量表达式 1:语句 1; break;
    case 常量表达式 2:语句 2; break;
    ...
    case 常量表达式 n:语句 n; break;
    [ default:语句; ]
}
```

使用 switch 语句时要注意以下几点。

(1) 每个 case 表示一个分支。根据 switch 表达式的值决定选择哪个 case 分支。break 语句是 switch 的出口,确保执行完一个 case 分支后能够跳出 switch 语句,继续执行 switch 语句后面的语句。

(2) switch 后面的表达式可以是整型表达式或字符表达式。case 后面的数据必须是常量或常量表达式。各个 case 常量表达式的值不能相等,否则会发生冲突。

(3) 各个 case 出现的次序不影响语句执行结果。

2.3.3 循环结构

通过循环语句可以将一条或多条语句反复执行多次。Java 提供的循环语句有 for 语句、while 语句和 do-while 语句。

1) for 语句

for 语句通常用于构造重复次数固定的循环。for 语句的格式如下。

　　for(表达式 1; 表达式 2; 表达式 3) {循环体}

例如，下面用 for 语句将输出语句执行 10 次，程序结果是在屏幕上显示 10 行"你好"。

```
for(int i=1; i<=10; i++)
    System.out.println("你好");
```

对 for 语句说明如下。

循环体是需要重复执行的程序段。如果循环体由多条语句组成，则需要用大括号({})括起来。如果循环体只有一条语句，可省略大括号({})。

循环体执行的次数由表达式 1、表达式 2 和表达式 3 共同决定。表达式 1、表达式 3 可以是任何表达式，表达式 2 为布尔表达式。

可在 for 语句中声明一个变量，该变量的有效范围为整个 for 语句，退出 for 语句时，该变量失效。例如，在前面的例子中变量 i 就是这样的变量。

for 语句的执行过程如图 2-5 所示，说明如下。

(1) 计算表达式 1 的值(只计算一次)。

(2) 计算表达式 2 的值，若为 false，则结束循环，继续执行 for 语句下面的语句。若表达式 2 的值为 true，则执行循环体。

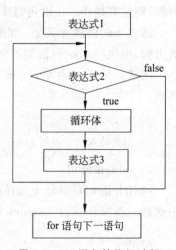

图 2-5　for 语句的执行过程

(3) 计算表达式 3。

(4) 回到第(2)步继续执行。

【例 2-7】 用 for 循环打印 1~100 的素数。

```
public class PrimNumber{
    public static void main(String args[]){
        int sum=0,i,j;
        for( i=1;i<=100;i++){
            for(j=2;j<=i/2;j++) {
                if(i%j==0)
                    break;
```

```
            }
            if(j>i/2) System.out.println("素数:"+i);
        }
    }
}
```

程序运行结果如下。

素数:1
素数:2
素数:3
素数:5
...

2) while 语句

在有些情况下,循环体的重复执行次数并不确定,而是由一个条件控制,即只要某个条件满足,循环就要继续下去。while 语句用于构造循环次数由条件控制的循环。for 语句也可实现条件循环,但不如 while 循环直观。while 语句的格式如下。

while (布尔表达式){循环体}

循环体语句块是需要重复执行的语句。如果循环体由多条语句组成,则需要用{}括起来。如果循环体只有一条语句,可省略{}。

while 语句的执行过程可以用图 2-6 描述。while 语句的执行过程是:首先计算布尔表达式的值,若值为假,则退出循环;若值为真,则执行循环体,执行完后,再次计算布尔表达式的值,然后根据表达式的值决定是退出循环,还是再次执行循环体中的语句。

注意:while 循环必须包括对循环条件有影响的语句,如果没有这样的语句,会形成无限循环(死循环)。

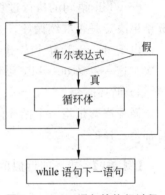

图 2-6 while 语句的执行过程

【**例 2-8**】 用 while 循环打印九九乘法表。

```
public class MutiTable {
    public static void main(String args[ ]){
        int i=1;
        while (i<=9){
            int j=1;
            while (j<=i){
                System.out.print(i+"*"+j+"="+i*j+"\t");
                j++;
            }
            System.out.println();
            i++;
        }
    }
}
```

程序运行结果如下。

```
1 * 1=1
2 * 1=2   2 * 2=4
3 * 1=3   3 * 2=6   3 * 3=9
4 * 1=4   4 * 2=8   4 * 3=12  4 * 4=16
5 * 1=5   5 * 2=10  5 * 3=15  5 * 4=20  5 * 5=25
6 * 1=6   6 * 2=12  6 * 3=18  6 * 4=24  6 * 5=30  6 * 6=36
7 * 1=7   7 * 2=14  7 * 3=21  7 * 4=28  7 * 5=35  7 * 6=42  7 * 7=49
8 * 1=8   8 * 2=16  8 * 3=24  8 * 4=32  8 * 5=40  8 * 6=48  8 * 7=56  8 * 8=64
9 * 1=9   9 * 2=18  9 * 3=27  9 * 4=36  9 * 5=45  9 * 6=54  9 * 7=63  9 * 8=72  9 * 9=81
```

3）do-while 语句

do-while 语句与 while 语句类似，用于构造循环次数由条件控制的循环。do-while 语句的格式如下。

```
do{
    循环体;
}while(布尔表达式);
```

do while 语句的执行过程是：首先执行循环体，然后计算布尔表达式的值，并根据计算结果决定是否继续循环。

由于 do-while 语句先执行循环体，然后计算布尔表达式的值，因此循环体至少执行一次。这一点是 do-while 语句与 while 语句的区别。

4）循环嵌套

循环嵌套是指一个循环体内又包含另一个完整的循环结构。循环嵌套概念对各种语言都是一样的。

【例 2-9】 求 e 的近似值，$e = 1 + \frac{1}{1} + \frac{1}{2!} + \frac{1}{3!} + \cdots$。

```java
public  class Example{
    public static void main (String args[ ]){
        double sum=0,item=1;
        int i=1;
        do{
            sum=sum+item;
            i++;
            item=item * (1.0/i);
        } while(i<=1000);
        sum=sum+1;
        System.out.println("e="+sum);
    }
}
```

程序运行结果如下。

e=2.7182818284590455

2.3.4 跳转语句

break 语句和 continue 语句也是流程控制语句,但是这两种语句不能单独使用,需要与循环语句或 switch 语句结合起来使用。break 语句可以用在循环语句或 switch 语句中。continue 只能用在循环语句中。

【例 2-10】 分两行输出 1~10 共 10 个数,每行 5 个。

```
class ContinueDemo {
    public static void main( String args[] ) {
        for ( int count =1; count <=10; count++) {
            if ( count ==5 ) {
                System.out.println("  "+count);
                continue;
            }
            System.out.print("  "+count);
        }
    }
}
```

程序运行结果如下。

1 2 3 4 5
6 7 8 9 10

2.3.5 拓展训练——数组

数组是一组具有相同名字,不同下标的变量集合。利用数组可以存储一组类型相同的数据。数组中的每个成员称为数组元素。用数组名和下标可以唯一确定数组中的元素。

数组要先定义后使用。Java 数组的定义操作与其他语言有一定差异。声明数组包括数组变量的名字(简称数组名)、数组的类型。声明一维数组有下列两种格式。

```
数组的元素类型   数组名[];      //格式 1
数组的元素类型[]  数组名;       //格式 2
```

例如:

```
float boy[];
float[] boy;
```

声明数组后,就可以创建该数组,即给数组分配元素。为数组分配元素的格式如下。

数组名 =new 数组元素的类型 [数组元素的个数];

例如:

```
boy =new float[4];
```

在Java语言中更提倡用第二种方式来定义数组。

一维数组通过索引符访问自己的元素,如boy[0]、boy[1]等。需要注意的是索引从0开始。数组的元素的个数称为数组的长度。对于一维数组,"数组名.length"的值就是数组中元素的个数。例如,对于float a[] = new float[12],a.length的值是12。

二维数组和一维数组一样,在声明之后必须用new运算符为数组分配元素。例如:

```
int b[][]; b =new int [3][6];
int b[][] =new int[3][6];
```

一个二维数组是由若干个一维数组构成的,例如,上述创建的二维数组 b 就是由3个长度为6的一维数组:b[0]、b[1]和b[2]构成的。对于二维数组"数组名.length"的值是它含有的一维数组的个数。例如,对于上述二维数组 b,b.length的值是3,b[0].length、b[1].length和b[2].length的值都是6。

【例2-11】 输入学生的各门课成绩后输出,并输出总成绩。

```java
import java.util.*;
public class Sort{
  public static void main(String args[])  {
    int total;
    int N=3;
    int score[][]=new int[N][4];
    int t[]=new int[4];
    Scanner reader=new Scanner(System.in);
    for(int i=0;i<N;i++){
      total=0;
      System.out.println("请输入第"+(i+1)+"个学生的三门成绩:");
      for(int j=0;j<3;j++)   {
        score[i][j]=reader.nextInt();
        total=total+score[i][j];
      }
       score[i][3]=total;
    }
    System.out.println("输出各门课成绩及总成绩:");
    for(int i=0;i<N;i++)
      System.out.println(score[i][0]+" "+score[i][1]+" "+
                    score[i][2]+""+score[i][3]);
  }
}
```

习 题 2

一、选择题

1. 以下选项中变量均已正确定义,则错误的赋值语句是(   )。

A. i－－; 　　　　　　　　　　B. i＋＝7;
C. k＋＝x＋2;　　　　　　　　D. y＋x＝z;

2. 若以下变量均已正确定义并赋值,下面符合Java语言语法的表达式是(　　)。
A. a＝a<＝7　　　　　　　　B. a＝7＋b＋c
C. int 12.3 ％ 4　　　　　　　D. a＝a＋7＝c＋b

3. 定义整型变量int n＝456,表达式的值为5的是(　　)。
A. n / 10 ％ 10　　　　　　　B. (n － n/100 * 100)/10
C. n ％ 10　　　　　　　　　D. n/10

4. 对下面的语句序列正确的说法是(　　)。

```
int c='A'/3;
c+='1'%5;
System.out.println(c);
```

A. 产生编译错误　　　　　　　B. 输出结果 25
C. 输出结果 21　　　　　　　 D. 输出结果 2

5. 设 a、f、x、y、z 均为 int 型的变量,并已赋值,下列表达式的结果属于非逻辑值的是(　　)。
A. x＞y && f＜a　　　　　　B. －z＜x－y
C. y!＝++x　　　　　　　　 D. y＋x * x++

6. 执行下列程序段后,b、x、y的值正确的是(　　)。

```
int x=6,y=8;
boolean b;
b=x<y|++x==--y;
```

A. true,6,8　　　　　　　　　B. false,7,7
C. true,7,7　　　　　　　　　D. false,6,8

7. 下面的程序段输出的变量 b 的值是(　　)。

```
int a =0xFFFFFFFE;
int b=~a;
System.out.println("b="+b);
```

A. 0xFFFFFFFE　　B. 1　　　C. 14　　　　　D. －2

8. 若a和b均是整型变量并已正确赋值,正确的switch语句是(　　)。
A. switch(a＋b);　　　　　　 B. switch(a+b * 3.0)
　　{ 　…　}　　　　　　　　　　{ 　…　}
C. switch a　　　　　　　　　D. switch (a％b)
　　{ 　…　}　　　　　　　　　　{ 　…　}

9. 以下由do-while语句构成的循环执行的次数是(　　)。

```
int k =0;
do { ++k; } while ( k <1);
```

A. 无限次　　　　　　　　　　B. 有语法错,不能执行

C. 一次也不执行　　　　　　　　D. 执行 1 次

10. 语句 byte b=011 System.out.println(b);的输出结果是(　　)。
　　　A. B　　　　B. 11　　　　C. 9　　　　D. 011

11. 下列方法 x 的定义中,正确的是(　　)。
　　　A. int x(){ char ch='a'; return (int)ch; }
　　　B. void x {...}
　　　C. int x(int i){ return (double)(i+10); }
　　　D. x(int a){ return a; }

12. 下列方法定义中,方法头不正确的是(　　)。
　　　A. public int x(){...}　　　　B. public static int x(double y){...}
　　　C. void x(double d)　　　　D. public static x(double a){...}

13. Java 中定义数组名为 xyz,下面(　　)可以得到数组元素的个数。
　　　A. xyz.length()　　B. xyz.length　　C. len(xyz)　　D. ubound(xyz)

14. 在某个类中定义一个方法:void GetSort(int x),以下能作为这个方法的重载的是(　　)。
　　　A. void GetSort(float x){x*=x;}
　　　B. int GetSort(double y){return (int)(2*y);}
　　　C. double GetSort(int x,int y) {return x+y;}
　　　D. void GetSort(int x,int y) {x=x+y;y=x-y}

15. 若已定义:int a[ ]={0,1,2,3,4,5,6,7,8,9},则对 a 数组元素正确的引用是(　　)。
　　　A. a[-3]　　　B. a[9]　　　C. a[10]　　　D. a(0)

16. 下面是在命令行运行 Java 应用程序 A,能在 main(String args[])方法中访问单词 first 的是(　　)。

java A the first snow , the first snow came.

　　　A. args[0]　　B. args[1]　　C. args[2]　　D. args[5]

17. 用于定义数据简单类型的一组关键字是(　　)。
　　　A. class,float,main,public　　B. float,boolean,int,long
　　　C. char,extends,float,double　　D. int,long,float,import

18. 以下的变量定义中,合法的语句是(　　)。
　　　A. float 1_variable = 3.4;　　B. int abc_ = 21;
　　　C. double a = 1 + 4e2.5;　　D. short do = 15;

19. 定义变量如下:

int i=18;
long L=5;
float f=9.8f;
double d=1.2;
String s="123";

以下赋值语句正确的是(　　)。

A. s=s+i;   B. f=L+i;   C. L=f+i;   D. s=s+i+f+d;

20. 以下语句输出的结果是(   )。

```
String str="123";
int x=4,y=5;
str=str+(x+y);
System.out.println(str);
```

    A. 1239   B. 12345

    C. 会产生编译错误   D. 123+4+5

21. 以下语句中没有编译错误或警告提示信息的是(   )。

    A. byte b=256;   B. double d=89L;

    C. char c="a";   D. short s=8.6f;

22. (   )语句能定义一个字符变量 chr。

    A. char chr='abcd';   B. char chr='\uabcd';

    C. char chr="abcd";   D. char chr=\uabcd;

23. (   )运算后结果是 32。

    A. 2^5;   B. (8>>2)<<4;

    C. 2>>5;   D. (2<<1)*(32>>3);

二、编程题

1. 输出九九乘法表。
2. 输出 15 以内的阶乘。
3. 输出一个指定层数的杨辉三角形。如指定层数为 6,则输出的图形形式如图 2-7 所示。

```
          1
         1 1
        1 2 1
       1 3 3 1
      1 4 6 4 1
     1 5 10 10 5 1
```

图 2-7　6 层杨辉三角形

4. 试编写游戏程序,完成猜数字游戏,数字是由计算机随机产生的 100 以内的整数。一次就猜中得 100 分,2 次才猜中得 90 分,依次类推,超过 10 次无分。程序最后输出参与者得分。

项目 3 学生信息组织——面向对象程序设计

技能目标

完成学生信息管理系统的服务功能,为用户提供查询、插入、删除、修改、查看学生信息等服务。

知识目标

- 理解类和对象的概念。
- 掌握类的定义及对象的创建。
- 掌握对象的使用。
- 掌握类的封装、继承和多态。
- 理解抽象类的定义并学会使用抽象类。
- 掌握接口的声明及实现方法。
- 掌握包的定义及使用的基本方法。
- 掌握集合常用类 List、Set、Map 的使用。
- 掌握 Iterator 遍历器和 foreach 循环的使用。
- 了解范型的基本使用方法。
- 掌握异常的处理。

项目任务

本项目通过 4 个任务介绍 Java 强大的面向对象开发能力,这 4 个任务包括描述学生基本信息的实现、不同类型学生和班级信息的实现、工具类的实现以及录入异常处理。完成了这 4 个任务的学习,读者会很好地理解 Java 是如何使用对象、类、继承、封装等基本概念来进行程序设计的,并真正地理解和体会面向对象编程思想的本义。

任务 3.1 学生基本信息的实现

学生信息管理系统的一个重要功能就是对学校学生的信息进行管理。系统对学生管理所涉及的基本信息包括学号、姓名、性别、出生日期、班号、联系电话、入校日期等,如图 3-1 所示。当管理员输入学生的信息后,系统是如何有效组织和处理学生信息的呢?

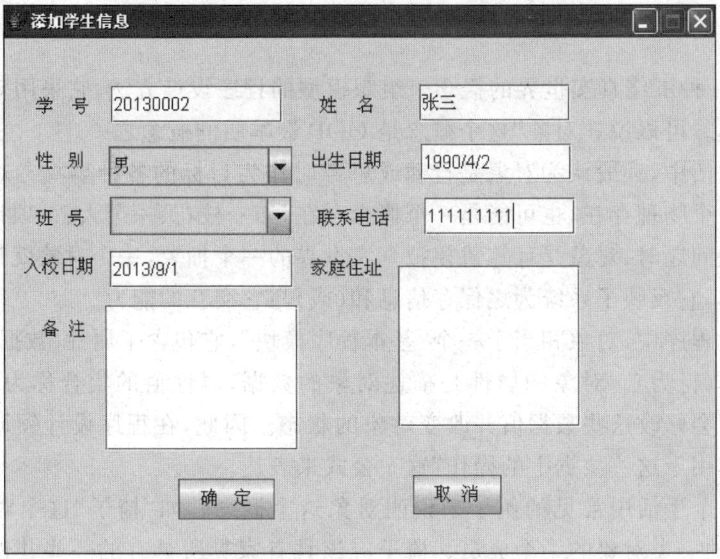

图 3-1 学生信息输入

要解决这个问题就要用到面向对象的知识,如类和对象的定义及使用。把学生信息以及对这些信息的操作抽象成一个类,用类的形式来构建数据模型,然后实例化生成对象。

最初"面向对象"是专指在程序设计中采用封装、继承、抽象等设计方法,可是这个定义显然不能再适合现在的情况。面向对象的思想已经涉及软件开发的各个方面。例如,面向对象的分析(object oriented analysis,OOA)、面向对象的设计(object oriented design,OOD)以及经常说的面向对象的编程(object oriented programming,OOP)。

说明:本书中着重讨论OOP,有关OOA和OOD请读者查阅有关软件工程的书籍。

OOP从所处理的数据入手,以数据为中心而不是以服务(功能)为中心来描述系统。它把编程问题视为一个数据集合,因为数据相对于功能而言具有更强的稳定性。OOP同面向过程编程(procedure oriented programming,POP)相比最大的区别就在于:前者首先关心的是所要处理的数据,而后者首先关心的是功能。

3.1.1 面向对象基础

面向对象程序设计思想以更接近人类思维的方式分析问题和开发程序。它的关键是将数据及对数据的操作整合在一起,形成一个相互依存、不可分割的整体——对象。对相同类型的对象进行抽象和处理,可以对结构复杂而又难以用以前方法描述的对象设计出它的类。面向对象程序设计就是设计和定义这些类,定义好的类可以作为一个具体的数据类型进行类的实例化操作。通过类的实例化操作,就可以得到一系列具有通用特征和行为的对象。下面就来学习面向对象程序设计涉及的基本概念:对象与类、抽象与封装、继承与多态。

1. 对象

OOP 是一种围绕真实世界的概念来组织模型的程序设计方法,它采用对象来描述问题空间的实体。可以说,"对象"这个概念是 OOP 最本质的概念之一。

在现实生活中,一般认为对象是行动或思考时作为目标的各种事物。对象所代表的本体可能是一个物理存在,也可能是一个概念存在,如一枝花、一个人、一项计划等。在使用计算机解决问题时,对象是计算机模拟真实世界的一个抽象,一个对象就是一个物理实体或逻辑实体,它反映了系统为之保存信息和(或)与它交互的能力。

在计算机程序中,对象相当于一个"基本程序模块",它包含了属性(数据)和加在这些数据上的操作(行为)。对象的属性是描述对象的数据,属性值的集合称为对象的状态。对象的行为则会修改这些数据值并改变对象的状态。因此,在程序设计领域,可以用"对象=数据+作用于这些数据上的操作"这一公式来表达。

下面以一个生活中常见的例子来说明对象这个概念。如"椅子"这个对象,它是"家具"这个更大的一类对象的一个成员。椅子应该具有家具所具有的一些共性,如价格、重量、所有者等属性。它们的值也说明了椅子这个对象的状态。例如,价格为 100 元,重量为 5 千克,所有者是小王等。类似地,家具中的桌子、沙发等对象也具有这些属性。这些对象所包含的成分可以用图 3-2 来说明。

图 3-2 对象的属性集合

对象的操作是对对象属性的修改。在面向对象程序设计中,对象属性的修改只能通过对象的操作来进行,这种操作又称为方法。比如上面的对象都有"所有者"这一个属性,修改该属性的方法可能是"卖出",一旦执行了"卖出"操作,"所有者"这个属性就会发生变化,对象的状态也就发生了改变。现在的问题是,所有的对象都有可能执行"卖出"操作,那么如何具体区分卖出了哪个对象,这是需要考虑的。面向对象的设计思路把"卖出"这个操作包含在对象里面,执行"卖出"操作,只对包含了该操作的对象有效。因此,整个对象就会变成图 3-3 这个样子。

由于对象椅子已经包含了"卖出"操作,因此,当执行"卖出"操作时,对象外部的使用者并不需要关心它的实现细节,只需要知道如何来调用该操作,以及会获得怎样的结果就可以了,甚至不需要知道它到底修改了哪个属性值。这样做不仅实现了模块化和信息隐藏,有利于程序的可移植性和安全性,也有利于对复杂对象的管理。

2. 类

"物以类聚"是人们区分、归纳客观事物的方法。在面向对象系统中,人们不需要逐个

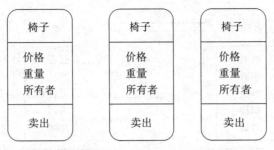

图 3-3 封装了属性和操作的对象属性

去描述各个具体的对象,而是关注具有同类特性的一类对象,抽象出这样一类对象共有的结构和行为,进行一般性描述,这就引出了类的概念。

椅子、桌子、沙发等对象都具有一些相同的特征,由于这些相同的特征,它们可以归为一类,称为家具。因此,家具就是一个类,它的每个对象都有价格、重量及所有者这些属性。也可以将家具看成是产生椅子、桌子、沙发等对象的一个模板。椅子、桌子、沙发等对象的属性和行为都是由家具类所决定的。

家具和椅子之间的关系就是类与类的成员对象之间的关系。类是具有共同属性、共同操作的对象的集合。而单个的对象则是所属类的一个成员,或称为实例(instance)。在描述一个类时,定义了一组属性和操作,而这些属性和操作可被该类所有的成员所继承,如图 3-4 所示。

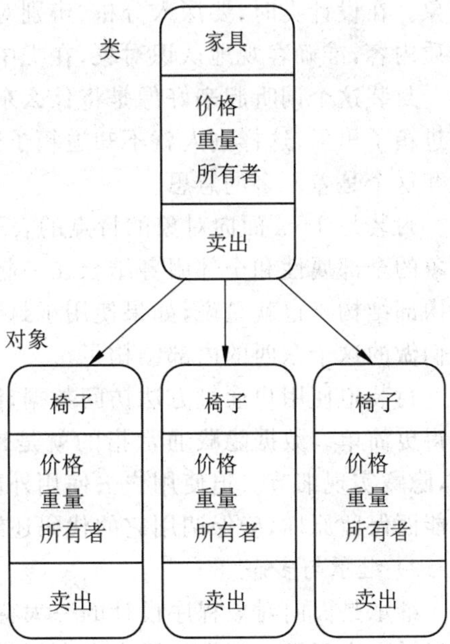

图 3-4 表明,对象会自动拥有它所属类的全部属性和操作。正因为这一点,人们才会知道一种物品是家具时,主动去询问它的价格、尺寸、材质等属性。

对于初学者而言,类和对象的概念最容易混淆。类属于类型的范畴,用于描述对象的特性。对象属于值的范畴,是类的实例。从集合的角度看,类是对象的集合,它们是从属关系。也可以将类看作一个抽象的概念,而对象是一个具体的概念。例如苹果是一个类,而"桌子上的那个苹果"则是一个对象。

从编程的角度看,类和对象的关系可以看作是数据类型和变量的关系。还可以认为类是一个静态的概念,而对象是一个动态的概念,它具有生命力。类和对象的关系可以用下面这个实例来演示,如图 3-5 所示。

图 3-4 由类到对象属性的继承

3. OOP 的 4 个基本特征

1) 抽象与封装

类是面向对象程序设计的根本,抽象和封装是类的两个重要特征。

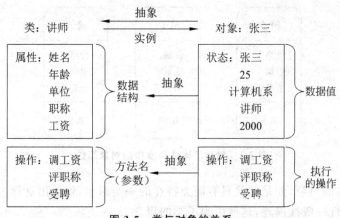

图 3-5 类与对象的关系

抽象是科学研究中经常使用的方法。所谓抽象是对研究对象的人为处理，忽略研究对象非本质的次要部分，抽取核心部分加以研究和描述。

为对象建立类是面向对象程序设计的基础和核心。类就是抽象数据模型，用它描述对象。在设计类时，要深入分析、辨别对象的特性和功能，去除非本质的枝节，抽取核心的本质内容，准确客观地认识对象，在类中进行描述，形成抽象的数据模型。

封装这个词听起来好像是将什么东西包裹起来不让别人看见一样，就好像是把东西装进箱子里面，这样别人就不知道箱子里面装的是什么。其实 Java 中的封装这个概念也就和这个是差不多的意思。

封装是 Java 面向对象的特点的表现，封装是一种信息隐蔽技术。它有两个含义：把对象的全部属性和全部服务结合在一起，形成一个不可分割的独立单位；尽可能隐藏对象的内部结构。也就是说，如果使用了封装技术，别人就只能用我们做出来的东西而看不见我们做的这个东西的内部结构了。

封装迫使用户通过方法访问数据，能保护对象的数据不被误修改，还能使对象的重用变得更简单。数据隐藏通常指的就是封装。它将对象的外部界面与对象的实现区分开来，隐藏实现细节。迫使用户去使用外部界面，即使实现细节改变，还可通过界面承担其功能而保留原样，确保调用它的代码还继续工作。封装使代码维护更简单。

2）继承与多态

继承是面向对象程序设计的一大特点。在原有类的基础上，经过适当地扩充和完善可以派生出新类。新类和原有类之间形成继承关系。通过类的继承关系可以实现程序代码的复用，避免重复设计，提高软件开发效率。

多态是与继承有关的另一个重要概念。通过多态使对象能够根据收到的参数产生相应的操作，即每个对象能够以适合自己的形式完成操作。多态使对象具有应变能力，适应各种需要，提高已有代码的扩充性。

3.1.2 类

面向对象程序设计的所有特征都体现在类的定义和使用中。一个 Java 源程序文件往往是由一个或多个类组成的,编写Java程序实质上就是定义类和使用类的过程。

从用户的角度看,Java源程序中的类分为两种。

(1) 系统定义的类:即Java类库。Java语言由语法规则和类库两部分组成,语法规则确定Java程序的书写规范;类库则提供了Java程序与运行它的系统软件(Java虚拟机JVM)之间的接口。

(2) 用户自定义类:系统定义的类虽然实现了许多常见的功能,但是用户程序仍然需要针对特定问题的特定逻辑来定义自己的类。

1. 类的定义

针对一些特定的问题,可以创建自己的类。

1) 类的定义的格式

创建类的格式如下。

```
[类说明符] class 类名 [extends 父类名] [implements 接口名列表]{
    //类体
}
```

说明:

(1) [ ]中的内容是可选项,可根据需要选择或省略。

(2) class、extends、implements都是关键字。class表明定义类,extends表明类为某个类的子类,implements表明类是对接口的实现。

(3) 类说明符用于说明类的特征和访问权限,包括public、abstract、final等。

(4) 在为类取名时要符合Java对标识符的规定。通常类名的第一个字母为大写。

(5) 类主体包括成员变量和成员方法两部分。

成员变量的定义格式如下。

```
[变量说明符] 数据类型 变量名[=初值];
```

成员方法的定义格式如下。

```
[方法说明符] 返回值类型 方法名(参数列表){
    //方法体
}
```

2) 成员变量

成员变量也称为域或属性,可以是基本数据类型的变量,也可以是对象。成员变量用于存储数据,表示一类对象的特性和状态。

3) 成员方法

成员方法描述对象所具有的功能或操作,反映对象的行为,是具有某种相对独立功能的程序模块。一个类或对象可以有多个成员方法,对象通过执行它的成员方法对传来的消息做出响应,完成特定的功能。成员方法一旦定义,便可在不同的程序段中多次调用,故可增强程序结构的清晰度,提高编程效率。成员方法的编写与一般函数的编写相同。在形式参数(简称形参)列表中列出成员函数需要的各个参数,如果不需要参数,可省略形参列表。一个成员函数用于完成一种操作或功能。如果成员函数有返回值,则用 return 语句返回数据,并通过返回值类型说明返回值的数据类型。如果成员函数没有返回值,则返回值类型为 void。

从成员方法的来源看,可将成员方法分为类库成员方法和用户自定义的成员方法。类库成员方法是由 Java 类库提供的,用户只要按照 Java 提供的调用格式去使用这些成员方法即可;用户自定义的成员方法为了解决用户的特定问题,由用户自己编写的成员方法。程序设计的主要工作就是编写用户自定义类、自定义成员方法。

从成员方法的形式看,可将成员方法分为无参数成员方法和带参数成员方法。对于无参数成员方法来说则无形式参数表这一项,但成员方法名后的一对圆括号不可省略;对于带参数成员方法来说,形式参数表指明调用该方法所需要的参数个数、参数的名字及其参数的数据类型,其格式如下。

(形式参数类型 1 形式参数名 1,形式参数类型 2 形式参数名 2,...)

Java 允许定义没有任何内容的空类,例如:

[类说明符] class 类名 [extends 父类名] [implements 接口名列表]
{ }

类中各个成员的定义顺序可任意。

【例 3-1】 定义一个名为 Circle 的类,用于计算圆的周长和面积。Circle 类中包括三个成员方法:getPeri()获取圆的周长、getArea()获取圆的面积和 setRadius()设置圆的半径,类中定义数据成员 radius 表示圆的半径和 PI 表示圆周率。

```java
class Circle{
    double radius;                    //圆的半径
    final double PI=3.14;             //圆周率
    Circle(double r) {                //定义构造方法
        radius=r;
    }
    void setRadius(double r) {        //设置圆的半径
        radius=r;
    }
    double getPeri(){                 //获取圆的周长
        return 2 * PI * radius;
    }
    double getArea(){                 //获取圆的面积
        return PI * radius * radius;
    }
}
```

注意:在定义用户类时可以使用系统提供的类,如上述程序利用 Math.PI 得到圆周率 π。Math 是数学类,PI 是数学类中定义的数据成员,用于表示圆周率 π。

【例 3-2】 定义生日类 Birthday,它有 3 个 int 型的变量年、月、日;2 个构造方法,一个没有参数,一个有 3 个参数;一个 show()方法将年月日以字符串的形式输出。

```
class Birthday {
    int year, month, day;                    //分别表示年月日
    Birthday() {                             //不带参数的构造方法
    }
    Birthday(int year, int month, int day) {  //带参数的构造方法
        this.year=year;
        this.month=month;
        this.day=day;
    }
    void show(){
        System.out.println("出生年月:"+year+"年"+month+"月"+day+"日");
    }
}
```

类还具有两个特殊的方法——构造方法和 finalize()方法。其中,当创建一个类的对象时,Java 会自动调用该类的构造方法;finalize()方法则会在销毁一个对象时被调用。

2. 构造方法

构造方法是类的特殊方法,用于初始化新建对象,其名称与类名相同。当创建新对象时,自动调用构造方法与 new 为对象初始化。每个类都至少有一个构造方法,如果类中没有定义构造方法,系统会提供一个默认的构造方法,默认的构造方法既无参数也无任何操作。如果程序员定义了一个或多个构造方法,则自动屏蔽掉默认的构造方法。

例如,下面定义计算圆面积的圆类,其中给出了两个构造方法。

【例 3-3】 定义一个名为 Circle 的类,用于计算圆的周长和面积。Circle 类中包括两个方法成员 getPeri()和 getArea(),类中定义了数据成员 radius。

```
class Circle{
    double radius;
    Circle(){  }                             //不带参数的构造方法
    Circle(double r){                        //带参数的构造方法
        radius=r;
    }
    double getPeri() {                       //用于计算圆周长
        return 2 * radius * Math.PI;
    }
    double getArea() {                       //用于计算圆面积
        return Math.PI * radius * radius;
    }
}
```

定义构造方法时要注意以下几点。

(1) 构造方法必须与类同名。构造方法无任何返回值。可以使用访问修饰符 public、private 等指定访问权限。

(2) 可以为一个类定义一个构造方法,也可以定义多个构造方法。定义多个构造方法称为构造方法重载。

（3）方法重载是指同一个类中多个方法享有相同的名字，但是这些方法的参数必须不同。参数不同是指，或者是参数的个数不同，或者是参数类型不同，或者是不同类型参数的排列顺序不同。需要注意的是，方法的返回值类型不能用来区分方法的重载。当调用方法时系统会根据给定的参数识别调用哪个方法。图 3-6 给出的是系统类 System 的 print()方法的重载。

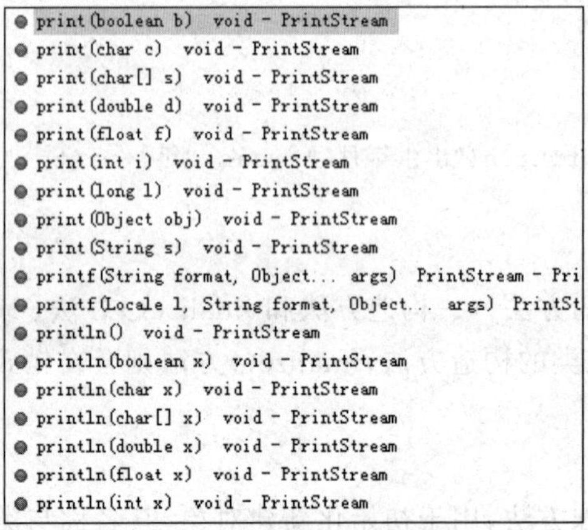

```
print(boolean b)   void - PrintStream
print(char c)   void - PrintStream
print(char[] s)   void - PrintStream
print(double d)   void - PrintStream
print(float f)   void - PrintStream
print(int i)   void - PrintStream
print(long l)   void - PrintStream
print(Object obj)   void - PrintStream
print(String s)   void - PrintStream
printf(String format, Object... args)   PrintStream - Pri
printf(Locale l, String format, Object... args)   PrintSt
println()   void - PrintStream
println(boolean x)   void - PrintStream
println(char x)   void - PrintStream
println(char[] x)   void - PrintStream
println(double x)   void - PrintStream
println(float x)   void - PrintStream
println(int x)   void - PrintStream
```

图 3-6 print()方法重载

【例 3-4】 方法重载。

```java
//计算 5+6 的 Add()方法
public int Add(){
    return 5+6;
}
//计算 5 与任意 int 类型的数相加的 Add()方法
public int Add(int x){
    return 5+x;
}
//计算 2 个任意 int 类型的数相加的 Add()方法
public int Add(int x,int y){
    return x+y;
}
//计算任意 int 类型的数与任意 double 类型的数相加的 Add()方法
public double Add(int x,double y){
    return x+y;
}
//计算任意 double 类型的数与任意 int 类型的数相加的 Add()方法
public double Add(double x, int y){
    return x+y;
}
//计算 2 个任意 double 类型的数相加的 Add()方法
public double Add(double x,double y){
    return x+y;
}
```

3. finalize()方法

如前面所介绍,使用 new 运算符可以把空闲内存空间分配给对象。但是内存不是无限的,而空闲内存也是可以耗尽的。因此,new 可能会因为没有足够的空闲空间来创建对象而失败。因此,当不再需要一个对象时,就应该释放该对象所占用的内存,以使内存用于后面的分配。在许多程序设计语言中,释放已经分配的内存是手动处理的。例如,在 C++ 中,需要使用 delete 运算符来释放分配的内存。Java 使用的是 finalize()方法。

finalize()方法的声明方式如下。

```
protected void finalize() throws Throwable
```

事实上,除了释放没用的对象之外,垃圾回收也可以清除内存碎片。由于创建对象和垃圾回收器释放丢弃对象所占的内存空间,内存会出现碎片。碎片整理将所占用的堆内存移到堆的一端,连成一片。JVM 将整理出的内存重新分配给新的对象。

垃圾回收能自动释放内存空间,减轻编程的负担,这是 Java 虚拟机的优点。首先,它能使编程效率提高。在没有垃圾回收机制的时候,程序员可能要花许多时间来解决一个内存管理的问题。在使用 Java 语言编程的时候,靠垃圾回收机制可大大缩短时间。其次是它保护程序的完整性,防止内存泄漏。垃圾回收是 Java 语言安全性策略的一个重要部分。

垃圾回收的一个潜在的缺点是它会影响程序性能。垃圾回收是通过一个线程来进行的。Java 虚拟机会在空闲时启动这个线程,追踪程序运行中所有的对象,并判断哪些是不再有用的对象,这个过程需要花费处理器的时间。其次是垃圾回收算法不可能完备,早先采用的某些垃圾回收算法就不能保证 100% 回收所有的废弃内存。当然随着垃圾回收算法的不断改进以及硬件效率的不断提升,这些问题都可以迎刃而解。

3.1.3 对象与类的使用

创建类是为了使用类。一般来说,通过类的对象使用类。也就是说,首先要为类创建对象,然后才能使用类。类只是抽象的数据模型,类对象才是具体可操作的实体。利用对象使用类提供的功能。对于已不再使用的对象,Java 会自动清除。

1. 创建对象

创建对象包括说明对象所属的类、为对象命名、分配内存空间和初始化等环节。创建对象有两种方法:创建对象语句、声明对象语句和对象实例化语句,下面分别介绍。

(1) 声明对象语句和对象实例化语句。除了用创建对象语句直接建立对象外,还可以使用声明对象语句和实例化对象语句创建对象。

声明对象语句的格式如下。

类名 对象名;

实例化对象语句的格式如下。

对象名=new 类名([参数列表]);

例如,执行下面两条语句后创建 Circle 类的对象 c。

```
Circle c;              //声明对象 a
c=new Circle ();       //为对象 c 分配内存空间和初始化
```

使用声明对象语句和对象实例化语句创建对象时,要注意以下问题。

① 声明对象语句用于说明对象所属的类名和为对象命名。该语句并不为对象分配内存空间。仅被声明的对象还不能使用,也就是说,不能使用没有内存空间的对象。

② 实例化对象语句的功能是将对象实例化,即为已声明的对象分配内存空间和初始化。只有把对象实例化后,才能完成对象的创建。

③ 声明对象语句和对象实例化语句缺一不可,共同完成对象的创建工作。

(2) 创建对象语句用于为类建立新对象,格式如下。

类名 对象名=new 类名([参数列表]);

在创建对象语句中,首先说明对象所属的类名,其次为对象命名,最后用 new 运算符为对象分配内存空间和初始化。例如,下面语句为用户定义类 Circle 创建了 c1 和 c2 两个对象。为系统定义类 String 创建了对象 s1。

```
Circle c1=new Circle(2);           //创建 Circle 类的对象 c1
Circle c2=new Circle(4);           //创建 Circle 类的对象 c2
String s1=new String("ABC");       //创建 String 类的对象 s1
```

用创建对象语句建立对象要注意以下问题。

① 语句中的类必须是已经存在的类,可以是系统定义类,也可以是用户定义类。

② 对象名必须符合 Java 对标识符的规定。new 运算符的作用是根据对象的类型为函数分配内存空间,用于存储该对象的所有信息,即存储该对象的数据成员和成员函数。有关对象的一切操作都在其占有的内存空间中进行。例如,在 Circle 类的对象 c1 的内存空间中,存储着对象 c1 的数据 radius 以及 getPeri()方法和 getArea()方法的代码,操作对象 c1 是在其自己的内存空间中完成的。

③ 可以使用创建对象语句为类建立多个对象,每个对象占用不同的内存空间,彼此相互对立,互不影响。

2. 使用对象

创建对象是为了使用对象。通过对象可以使用类提供的功能。一旦创建了对象,对象就拥有自己的内存空间,用于保存对象的数据和方法。使用对象就是利用这块内存空间中的方法操纵对象的数据,完成所需的工作,这正是对象封装特性的体现。

使用对象也称为引用对象或调用对象,包括使用对象的方法和使用对象的变量,格式如下。

```
对象名.方法名([实际参数列表])
对象名.变量名
```

关于引用对象有如下说明。

(1) 点运算符"."起连接作用,表明需要使用对象中的哪个方法或变量。

(2) 使用有形式参数的方法,需要用实际参数(简称实参)替换方法中的形式参数。实参的个数、类型及顺序必须与形参一致。使用无参方法不需要实参,但"()"不能省略。

(3) 当方法有返回值时,方法体中必须有且只有一条 return 语句。return 语句表示调用方法后会得到一个返回值,可将返回值保存在变量中,变量的数据类型要和返回值的类型一致。当方法是 void 类型时,则没有返回值。

【例 3-5】 用 Circle 类分别计算半径为 2 和 4 的圆面积和圆周长。

```
public class UseCircle{
    public static void main(String[] args) {
        Circle c1=new Circle(2);
        Circle c2=new Circle(4);
        Circle c3=c2;
        System.out.println("半径为 2 的圆面积是"+c1.getArea());
        System.out.println("半径为 2 的圆周长是"+c1.getPeri());
        System.out.println("半径为 4 的圆面积是"+c2.getArea());
        System.out.println("半径为 4 的圆周长是"+c2.getPeri());
    }
}
```

【例 3-6】 测试生日 Birthday 类。

```
public class TestBirthday {
    public static void main(String args[]) {
        Birthday  obj1=new Birthday();
        obj1.show();
        Birthday  obj2=new Birthday(1990,11,12);
        obj2.show();
    }
}
```

3. 清除对象

对于无用的对象,Java 使用垃圾回收器自动将其清除,并释放其占用的内存。以下两类对象都是无用对象。

(1) 被赋空值(null)的对象是无用对象。例如,执行下面的语句后,对象 x 变为无用对象。

```
x=null;
```

当程序执行到{}之外时,在{}之内创建的对象变成无用对象。

(2) 自动清除对象是 Java 的一大特点。由于程序员无须清除对象,不仅减轻了程序员的负担,而且安全可靠。

3.1.4 static 关键字

static 关键字用于说明类的成员。用 static 说明的成员方法称为静态方法，用 static 说明的数据成员称为静态数据成员，静态方法和静态数据成员统称为静态成员。静态成员属于整个类的成员，并不属于某个具体的对象。

（1）静态变量：被 static 说明的变量，叫静态变量或类变量（没有被 static 说明的变量，叫实例变量）。

（2）静态方法：静态方法可以直接通过类名调用，任何的实例也都可以调用，因此静态方法中不能用 this 和 super 关键字，不能直接访问所属类的实例变量和实例方法（就是不带 static 的成员变量和成员方法），只能访问所属类的静态成员变量和成员方法。因为实例成员与特定的对象关联，因为静态方法独立于任何实例，因此必须被实现，而不能是抽象的。

【例 3-7】 静态方法。

```
class StaticTest {
    static int i =47;
    static void incr() {
        i++;
    }
}
public class StaticDeo{
    public static void main(String args[]){
        StaticTest st1 =new StaticTest();
        StaticTest st2 =new StaticTest();
        st1.incr();
        System.out.print(st1.i);
        System.out.print(st2.i);
        System.out.println(StaticTest.i);
        st2.incr();
        System.out.print(st1.i);
        System.out.print(st2.i);
        System.out.println(StaticTest.i);
        StaticTest.incr();
        System.out.print(st1.i);
        System.out.print(st2.i);
        System.out.println(StaticTest.i);
    }
}
```

程序运行结果如下。

```
48 48 48
49 49 49
50 50 50
```

通过例 3-7 可以看出，静态成员属于类，所有的对象都共用一个内存单元，无论是哪个对象改变了它们的值，其他对象在访问这些属性的时候都会访问改变后的值。

（3）静态代码块：静态代码块是在类中独立于类成员的多条 static 语句，可以有多个，位置可以随便放，它不在任何的方法体内，JVM 加载类时会执行这些静态的代码块（类被初始化的时候，仅仅调用一次），如果静态代码块有多个，JVM 将按照它们在类中出现的先后顺序依次执行它们，每个代码块只会被执行一次。

如果类中有静态代码块，它将会先执行静态代码块，然后执行构造方法。如果父类中有静态代码块，它将会先执行父类中的静态代码块，再执行子类中的静态代码块，然后依次执行父类的构造方法和子类的构造方法。

【例 3-8】 静态代码块示例 1。

```
class Count {
    public static int counter;
    static {                         //静态代码块只运行一次
        counter =123;
        System.out.println("Now in static block.");
    }
    public void test() {
        System.out.println("test method==" +counter);
    }
}
public class Test {
    public static void main(String args[]) {
        System.out.println("counter=" +Count.counter);
        new Count().test();
    }
}
```

程序运行结果如下。

```
Now in static block. counter=123
test method==123
```

【例 3-9】 静态代码块示例 2。

```
public class Count2 {
    Value1 v=new Value1(10);
    static Value1 v1,v2;
    static{                          //静态代码块只运行一次
        System.out.println("v1.c="+v1.c+"v2.c="+v2.c);
        v1=new Value1(27);
        System.out.println("v1.c="+v1.c+"v2.c="+v2.c);
        v2=new Value1(15);
        System.out.println("v1.c="+v1.c+"v2.c="+v2.c);
    }
    public static void main(String[] args) {
        Count2 ct=new Count2();
        System.out.println("ct.c="+ct.v.c);
```

```
            System.out.println("v1.c="+v1.c+"v2.c="+v2.c);
            Value.inc();
            System.out.println("v1.c="+v1.c+"v2.c="+v2.c);
            System.out.println("ct.c="+ct.v.c);
        }
    }
    class Value1{
        static int c=0;
        Value1(){
            c=15;
        }
        Value1(int i){
            c=i;
        }
        static void inc(){
            c++;
        }
    }
```

从前面各项目的例子中已经看出，所有 Java Application 都有一个静态的 main() 方法。由于无须通过对象调用 main()，因此 Java Application 可以从 main() 方法开始执行。

在静态方法中只能直接访问静态成员，非静态成员则可以通过对象来访问。

静态成员与非静态成员的区别如下。

(1) 声明区别：定义静态成员要用 static 关键字，而非静态成员则不用。

(2) 存储区别：非静态成员属于类的对象。在创建对象时，要为每个对象单独分配内存空间，以便存储该对象的数据成员和成员方法，使用对象就是使用对象自己的内存空间。对于静态成员，在定义类时就为它分配内存空间，并将静态成员装入其中。静态成员只有一份内存空间，且该内存空间为整个类拥有，使用静态成员都是使用这块内存空间。

(3) 引用区别：由于静态成员为整个类服务，因此可以通过类名直接调用。当然也可以通过对象调用；而非静态成员只能通过对象调用。

3.1.5 Java 访问控制符

访问控制符是指能够控制访问权限的关键字。在 Java 程序语言中的访问控制符有好几种，但是它又被分为不同的类别，具体的划分情况如下。

(1) 出现在成员变量与成员方法之前的访问控制符有 private、public、default、protected。

(2) 出现在类之前的访问控制符有 public、default。

1. 出现在成员变量与成员方法之前的访问控制符

(1) private。当用在成员变量和成员方法之前的访问控制符为 private 时，说明这个变量只能在类的内部被访问，类的外部是不能被访问的。

【例3-10】 私有成员的直接访问。

```
public class PrivateDemo {
    public static void main(String[] args){
        pri1 p=new pri1();
        p.print();
        System.out.println(2 * (p.x));
    }
}
class pri1{
    private int x;
    private void print(){
        System.out.println("我是一名程序员");
    }
}
```

这个程序段经过编译后,出现了错误,错误就是成员变量 x 和成员方法 print() 都是属于 pri1 类私有的,不能被其他的类所使用。通过使用 private 控制符,将所有的成员数据都封装到了类里面,其他的类无法使用它们,也无法知道它们是如何实现的。这个就是本书后面要详细讲述的封装性。

【例3-11】 私有成员的间接访问。

```
class pri1{
    private int x;
    void setX(int y){
        x=y;
    }
    void getX(){
        return x;
    }
}
public class PrivateDemo2 {
    public static void main(String[] args){
        pri1 p=new pri1();
        p.getX();
    }
}
```

这个程序段中,变量 x 是私有成员变量,外部类无法使用它,而成员方法不是私有的,所以外部类可以访问它。

(2) public：当成员数据前面加上了 public 控制符时,意味着这个成员数据将可以被所有的类访问。

【例3-12】 公有成员的访问。

```
public class publicDemo {
    public static void main(String[] args){
        pri1 p=new pri1();
        p.print(2);
```

```
        System.out.println(2 * (p.x));
    }
}
class pri1{
    public int x=1;
    public void print(int y){
        System.out.println(2 * y);
    }
}
```

从上面的程序段中可以看出 public 控制符的用法。只要记住用 public 控制符说明的成员是任何类都可以访问的,而用 private 控制符说明的成员只能是声明它的那个类才能访问。

(3) default：如果在成员的前面加上 default 控制符,那么就意味着只有同一个包中的类才能访问。

(4) protected：如果在成员的前面加上 protected 控制符,那就意味着不仅同一个包中的类可以访问,并且位于其他包中的子类也可以访问。

2. 出现在类之前的访问控制符

当在一个类的前面加上 public 控制符,同前面一样,也是在所有类中可以访问。

当在一个类的前面加上 default 控制符,同前面一样,也是在同一包中的类可以访问。这个访问控制符是 Java 程序中默认的控制符。当在类前不加任何控制符时,默认就是 default。

3. 如何使用访问控制符及其重要性

访问控制符对于整个程序段是非常关键的,当需要让自己编写的这个类被所有的其他类所公有时,可以将类的访问控制符写为 public。当需要让自己的类只能被自己的包中的类所公有时,就将类的访问控制符改为 default。

另外,当需要访问一个类中的成员时,可以将这个类中的成员的访问控制符设置为 public、default 和 protected。至于使用哪一个,就要看哪些类需要访问这个类中的成员数据。

【例 3-13】 public 访问控制符。

```
public class publicDemo2{
    public static void main(String[] args){
        pro pro=new pro();
        pro.print();
    }
}
class pro{
    public void print(){
        for(int i=1;i<100;i++){
            if((i%3)==0&&(i%5)!=0&&(i%9)!=0)
```

```
            System.out.print(i+" ");
        }
    }
}
```

从上面的程序段可以看出,当一个方法的访问控制符设置成 public 时,其他的类都可以访问它,下面将这个程序段修改一下,看看有什么结果。

【例 3-14】 private 访问控制符。

```
public class publicDemo3{
    public static void main(String[] args){
        pro pro=new pro();
        pro.print();
    }
}
class pro{
    private void print(){
      for(int i=1;i<100;i++){
            if((i%3)==0&&(i%5)!=0&&(i%9)!=0)
                System.out.print(i+" ");
        }
    }
}
```

上面这个程序段在编译的时候就会报错,错误就是 print()方法是类 pro 的私有方法,是不能被其他类所访问的。从这两个程序中,读者应该能充分体会到 public 和 private 这两个访问控制符的使用环境。

前面已对 Java 提供的 4 种访问控制符做了说明,可以归纳为表 3-1。

表 3-1 访问控制符作用范围的比较

访问控制符	同一个类	同一个包	不同包的子类	不同包非子类
private	√			
default	√	√		
protected	√	√	√	
public	√	√	√	√

3.1.6 this 的应用

this 代表类对象自身,使用场合主要有以下 4 种。

1. 关键字 this

关键字 this 用来指向当前对象或类实例,可以用来调取自身的成员。

this.day 指的是调用当前对象的 day 成员,示例如下。

【例 3-15】 关键字 this 的示例。

```
public class MyDate {
    private int day, month, year;
    public void tomorrow() {
        this.day = this.day +1;
    }
}
```

Java 语言自动将所有实例变量和方法引用与 this 关键字联系在一起,因此使用关键字在某些情况下是多余的。下面的代码与例 3-15 的代码是等同的。

```
public class MyDate {
    private int day, month, year;
    public void tomorrow() {
        day = day +1;    //在 day 前面没有使用 this
    }
}
```

2. 区分同名变量

作为类的属性定义的变量和方法内部定义的变量相同的时候,应该调用哪一个?

【例 3-16】 变量的作用域。

```
public class Test {
    int i = 2;
    public void t() {
        int i = 3;        //跟属性的变量名称是相同的
        System.out.println("实例变量 i=" +this.i);
        System.out.println("方法内部的变量 i=" +i);
    }
}
```

程序输出结果如下。

实例变量 i=2
方法内部的变量 i=3

也就是说:"this.变量"调用的是当前属性的变量值,直接使用变量名称调用的是相对距离最近的变量的值。

3. 作为方法名来初始化对象

将 this 作为方法名来初始化对象相当于调用本类的其他构造方法,它必须作为构造方法的第一句。例如:

```
public class Test {
    public Test() {
        this(3);        //在这里调用本类的另外的构造方法
    }
    public Test(int a) {
    }
```

```
    public static void main(String[] args) {
        Test t =new Test();
    }
}
```

4. 作为参数传递

需要在某些完全分离的类中调用一个方法,并将当前对象的一个引用作为参数传递时,可将 this 作为参数传递。例如:

```
Birthday bDay =new Birthday (this);
```

3.1.7　拓展训练——编写学生类

【例 3-17】　编写一个学生类 Student。它有 3 个成员变量,即 String 型的学号、String 型的姓名和 Birthday 型的生日;2 个构造方法,一个没有参数,另一个有 3 个参数;一个 show()方法将学号、姓名和生日以字符串的形式输出。

写一个测试类,测试类 Student 的正确性。定义一个类 Birthday 的数组和类 Student 的数组,长度都为 5。

```
public class TestStudent{
    public static void main(String[] args){
        Birthday[] b=new Birthday[5];     //b 为类 Birthday 的数组,有 5 个对象
        b[0]=new Birthday(1999,04,23);    //为 5 个生日对象赋值
        b[1]=new Birthday(1999,04,23);
        b[2]=new Birthday(1999,04,23);
        b[3]=new Birthday(1999,04,23);
        b[4]=new Birthday(1999,04,23);
        Student[] s=new Student[5];       //s 为类 Student 的数组,有 5 个对象
        s[0]=new Student("20120001","aaaa",b[0]); //为 5 个学生对象赋值
        s[1]=new Student("20120002","bbbb",b[1]);
        s[2]=new Student("20120003","cccc",b[2]);
        s[3]=new Student("20120004","dddd",b[3]);
        s[4]=new Student("20120005","eeee",b[4]);
        for(int i=0;i<5;i++)              //输出学生的内容
            s[i].show();
    }
}
class Student{
    String number,name;
    Birthday birth;                       //Birthday 类的对象作为 Student 类的成员
    Student(){
    }
    Student(String number,String name,Birthday birth){
        this.number=number;
        this.name=name;
```

```
            his.birth=birth;
        }
        void show(){
            System.out.print ("学号:"+number+"姓名:"+name);
            birth.show();
        }
    }
    class Birthday {
        int year, month, day;                //分别表示年月日
        Birthday() {                         //不带参数的构造方法
        }
        Birthday(int year, int month, int day) {   //带参数的构造方法
            this.year=year;
            this.month=month;
            this.day=day;
        }
        void  show(){
            System.out.println("出生年月:"+year+"年"+month+"月"+day+"日");
        }
    }
```

3.1.8 任务实现

1. 描述学生基本信息任务的程序结构

学生信息管理系统的一个重要功能就是对学校学生的信息进行管理。学生的基本信息包括学号、姓名、性别、出生日期、班号、联系电话、入校日期等。例如，在系统中添加一位新成员需要输入图 3-7 所示的信息。

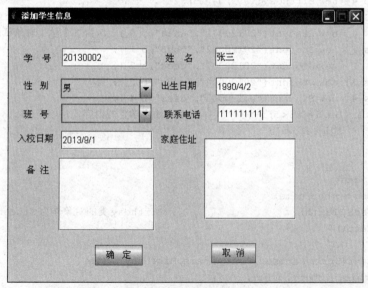

图 3-7 学生信息输入

当管理员输入学生的信息后,系统是如何有效组织和处理学生信息的呢?这个问题涉及如下几个方面。

(1) 计算机系的张东、建筑系的王南和艺术系的吴西等普通同学都有哪些共同的属性和行为?

(2) 可否把所有普通学生的共同属性和行为都找出来,并将其集合在一起?

(3) 如何用代码的形式把同一类事物(如学生)的共同属性和行为准确且规范地描述出来?

(4) 如何理解同一类事物(如学生)与某位具体的学生(如张东)之间的共性和个性的关系?

(5) 如何利用已经定义好的学生信息类来指导描述某位学生的信息?

2. 编写代码

本任务的实现涉及两个源文件:Student.java 和 StudentFrmSc.java,如图 3-8 所示。其中,Student.java 程序中定义了 Student 类,它用来描述学生的基本信息,而 StudentFrmSc.java 则是构造学生基本信息的输入界面,设计 GUI 构建,这部分内容将在项目 5 中详细讨论。

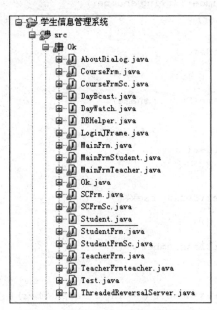

图 3-8 源文件在包视图中的位置

【例 3-18】 Student.java 的具体代码。

```
package Ok;
public class Student {
    private String number="";         //用于保存学生学号
    private String name="";           //用于保存学生姓名
    private String sex="";            //用于保存学生性别
    private String classnumber="";    //用于保存学生班号
```

```java
    private String birthday="";        //用于保存学生出生日期
    private String phone="";           //用于保存学生联系电话
    private String ruxiaoday="";       //用于保存学生入校日期
    private String introduction="";    //用于保存学生备注信息
    Student (){
    }
    Student (String number, String name, String sex, String classnumber, String
            birthday, String phone, String ruxiaoday, String introduction){
        this.number=number;
        this.name=name;
        this.sex=sex;
        this.classnumber=classnumber;
        this.birthday=birthday;
        this.phone=phone;
        this.ruxiaoday=ruxiaoday;
        this. introduction =introduction;
    }
    public String getNumber(){
        return number;
    }
    public void setNumber(String snumber){
        number=snumber;
    }
    public String getName(){
        return name;
    }
    public void setName(String sname){
        name=sname;
    }
    public String getSex(){
        return sex;
    }
    public void setSex(String ssex){
        sex=ssex;
    }
    public String getClassnumber (){
        return classnumber;
    }
    public void setClassnumber (String sclassnumber){
        classnumber=sclassnumber;
    }
    public String getBirthday (){
        return birthday;
    }
    public void setBirthday (String sbirthday){
        birthday =sbirthday;
    }
    public String getPhone (){
        return phone;
```

```
    }
    public void setPhone (String sphone){
        phone =sphone;
    }
    public String getRuxiaoday (){
        return ruxiaoday;
    }
    public void setRuxiaoday (String sruxiaoday){
        ruxiaoday =sruxiaoday;
    }
    public String getIntroduction (){
        return introduction;
    }
    public void setIntroduction (String sintroduction){
        introduction=sintroduction;
    }
}
```

Student 类描述了学生的基本信息,包括学号、姓名、性别、出生日期、班号、联系电话、入校日期以及备注等字段,并设置了带参数的构造方法,允许用户在构造方法内对基本信息的各个字段进行赋值操作。此外,还为每个字段编写了设置器和访问器,规范了对私有变量的操作,提高了类中数据的安全性和封装性。

任务 3.2 不同类型学生和班级信息的实现

本任务的目标有两点:①描述班干部的信息;②描述各个班级的信息。班干部的信息由两部分组成:①与普通学生一样的信息;②班干部特有的信息,如图 3-9 所示。班级信息比较简单,包括班级编号、班级名称、班委和人数,如图 3-10 所示。要解决这个问题就要用到类的继承的知识。

在现实世界中,不同的类之间往往存在着内在的联系,弄清楚它们之间的关系有利于厘清编程思路,减少程序冗余度,并能大大提高程序的可维护性。类与类之间最常见的关系主要有三种:依赖、聚合、继承。依赖关系是类中最常见的关系,依赖的实质就是类中的方法可以操作另一个类的实例。在实际程序设计中,建议尽量减少相互依赖类的数量。如果类与类之间的关系具有"整体和局部"的特点,则把这样的关系称为聚合,它往往有"包含""由……组成"的意思。继承就是一个类能调用另一个类的所有方法和属性,并在当前类中不需要再重新定义。本书只讲继承关系,其他关系感兴趣的读者可查阅相关资料。

3.2.1 继承

1. 定义

面向对象的编程允许从现有类派生出新类,称为继承。使用继承可以创建一个定义

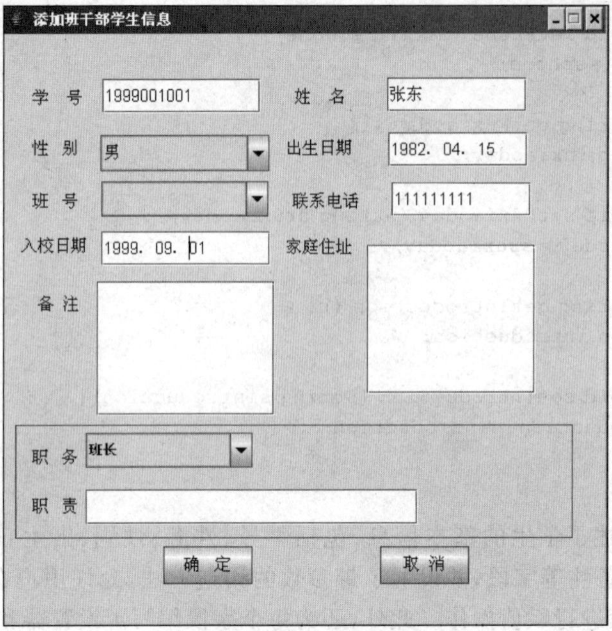

图 3-9 班干部信息浏览

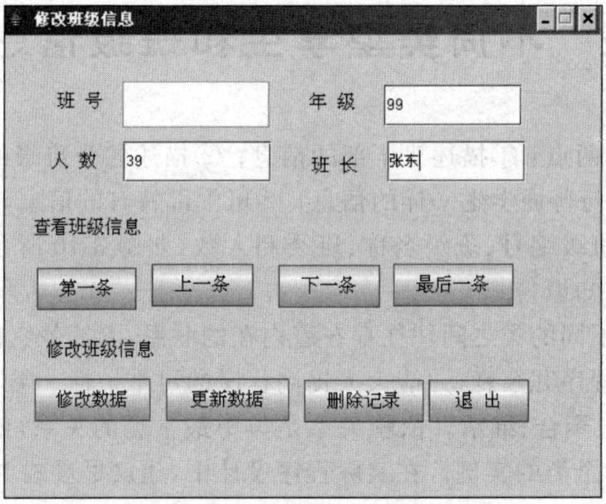

图 3-10 班级信息浏览

了多个相关项目共有特性的通用类,然后,其他较为具体的类可以继承该类,同时再添加自己的独有特性。

在 Java 术语中,如果类 C1 是从另一个类 C2 派生出来的,那么 C1 称为子类,C2 称为超类。超类也称为父类或者基类;子类也称为孩子类、扩展类或者派生类。子类从它的超类中继承所有的实例变量和方法,并且可以创建新的数据和方法。因此,子类总是比其超类具有更多功能。

在 Java 程序设计中,继承是通过 extends 关键字来实现的。这个新定义的子类可以从父类那里继承所有非 private 的属性和方法作为自己的成员。

实际上,在定义一个类而不给出 extends 关键字及父类名时,默认这个类是系统类 Object 的子类。继承类的定义方法如下。

```
class 子类名 extends 父类名{
    类体
}
```

【例 3-19】 定义 Person 类和 Student 子类。

```
class Person{
    String name,sex;
    int age;
    Person(){
    }
    public Person(String name,String sex,int age) {
        this.name=name;
        this.sex=sex;
        this.age=age;
    }
    public void out(){
        System.out.println("name:"+name);
        System.out.println("sex:"+sex);
        System.out.println("age:"+age);
    }
}
//定义 Person 类的子类 Student 类
public class Student extends Person{
    String cname;
    int grade;
    Student(){
    }
    public Student (String name,String sex,int age,String cname,int grade){
        this.name=name;
        this.sex=sex;
        this.age=age;
        this.cname=cname;
        this.grade=grade;
    }
    public void outValues(){
        out();
        System.out.println("class:"+cname);
        System.out.println("grade:"+grade);
    }
    public static void main(String args[]){
        Person zhangsan=new Person("zhangsan","male",18);
        zhangsan.out();
        Student sunyu=new Student("sunyu","female",17,"computer 3",1);
        sunyu.outValues();
```

　　　　}
　　}

说明：子类 Student 继承了父类 Person 中的属性 name、sex、age，新增了属性 classname、grade，并且继承了父类 Person 中的方法 out()，因此在子类新增的 outValues()方法中直接调用继承来的 out()方法。

子类可以继承父类的所有非私有的数据成员。

（1）子类可以继承父类的属性，包括实例成员变量和类成员变量。

（2）子类可以继承父类除构造方法以外的成员方法，包括实例成员方法和类成员方法。

（3）子类可以重定义父类成员。

【例 3-20】 定义汽车类 Car。

```java
class Car extends Object{
    private int car_number=0;
    int speed=0;
    void set_number(int car_num) {
        car_number=car_num;
    }
    void show_number(){
        System.out.println ("My car No. is :" +car_number);
    }
    void slowdown(){
        speed=0;
    }
}
class TrashCar extends Car{
    private int capacity=0;
    void set_capacity(int trash_car_capacity){
        if (trash_car_capacity>0 && trash_car_capacity<40)
            capacity=trash_car_capacity;
        else
            System.out.println("请输入正确的容量范围 (1~39)");
    }
    void show_capacity(){
        show_number();
        System.out.println("My capacity is: " +capacity);
    }
    void slowdown(){
        speed--;
    }
}
public class CarDemo{
    public static void main(String args[]) {
        Car car=new Car();
        TrashCar demoTrashCar ;
        demoTrashCar=new TrashCar();
```

```
        demoTrashCar.set_number(4949);
        demoTrashCar.show_number();
        demoTrashCar.set_capacity(50);
        demoTrashCar.show_capacity();
        //car.set_capacity(50);
        demoTrashCar.slowdown();
        car.slowdown();
        if(demoTrashCar instanceof TrashCar) {
        }
    }
}
```

Java 语言允许一个类仅能继承自一个其他类，即一个类只能有一个父类，这个限制被称为单继承性。Java 语言加强了单继承性限制而使代码更为可靠，尽管这样有时会增加程序员的工作。后面会介绍接口(interface)，它允许多继承性的大部分好处，而不受其缺点的影响。

2. 构造方法的继承

类可以继承父类的构造方法，构造方法的继承遵循以下的原则。
(1) 子类无条件地继承父类的不含参数的构造方法。
(2) 如果子类自己没有构造方法，则它将继承父类的无参数构造方法作为自己的构造方法；如果子类自己定义了构造方法，则在创建新对象时，将先执行继承自父类的无参数构造方法，然后执行自己的构造方法。
(3) 对于父类含参数的构造方法，子类可以通过在自己的构造方法中使用 super 关键字来调用它，但这个调用语句必须是子类构造方法的第一个可执行语句。

3. 变量隐藏

数据成员的隐藏是指在子类中重新定义一个与父类中已经定义的数据成员名完全相同的数据成员，即子类拥有了两个相同名字的数据成员，一个是继承自父类的，另一个是自己定义的。

当子类引用这个同名的数据成员时，默认操作是它自己定义的数据成员，而把从父类那里继承来的数据成员"隐藏"起来。当子类要引用继承自父类的同名数据成员时，可使用 super 关键字引导。

4. 方法覆盖(overload)

子类可以重新定义与父类同名的成员方法，实现对父类方法的覆盖。

方法的覆盖与数据成员的隐藏的不同之处在于：子类隐藏父类的数据成员只是使之不可见，父类中同名的数据成员在子类对象中仍然占有自己独立的内存空间；子类方法对父类同名方法的覆盖将清除父类方法占用的内存，从而使父类方法在子类对象中不复存在。

注意：子类在重新定义父类已有的方法时，应保持与父类完全相同的方法名、返回值类型和参数列表，否则就不是方法的覆盖，而是子类定义自己特有的方法，与父类的方法无关。

【例 3-21】 定义学生类及其子类。

```java
class Student {              //学生类
    int number;
    String name;
    Student(int number,String name){
        this.number=number;
        this.name=name;
    }
    public void show(){
        System.out.println("number:"+nubmber+"name:"+name);
    }
}
public class UniversityStudent extends Student{     //研究生类
    int number;                                      //数据成员的隐藏
    boolean sex;
    UniversityStudent(int nr,String name,boolean sex,int n){//子类的构造方法
        super(nr,name);                              //调用父类的构造方法
        this.sex=sex;
        number=n;    //number 是子类自己定义的 number,如果是调用父类的 number,
                     //则应该写成 super.number=n;
    }
    public void show(){                              //方法的覆盖
        super.show();
        System.out.println("number:"+nubmber+"sex:"+sex);
    }
    public static void main(String args[]){
        UniversityStudent zhangsan= new UniversityStudent(2009020301,"李月",
                                                          false, 301);
        Student lisi=new Student(200902300,"ff")
        zhangsan.show();
        lisi.show();
    }
}
```

5. 子类的上转型对象

上转型对象是指有父类 A 与子类 B，用父类 A 声明的句柄指向子类 B 生成的对象，通过父类的句柄调用子类对象。

上转型对象的实体是子类负责创建的，但上转型对象会失去原对象的一些属性和功能。

（1）上转型对象不能操作子类新增的成员变量与成员方法。
（2）上转型对象可以操作子类继承或重写的成员变量与方法。
（3）如果子类重写父类的某个方法后，通过上转型对象调用的方法一定是调用了重

写的方法。

父类对象与子类对象之间相互转换规则如下。

(1) 父类对象与子类对象之间可以隐式转换(也称默认转换),也可以显式转换(也称强制转换)。

(2) 处于相同类层次的类的对象不能进行转换。

(3) 子类对象可以转换成父类对象,但对数据成员的引用必须使用强制转换。

类转换的语法格式如下。

(子类)父类

或

(父类)子类

如在例 3-21 中,Student zhaoliu=new UniversityStudent(2009020302,"sss",false,302)是允许的,而 UniversityStudent sd=new Student(200902303,"dd")是不允许的。

【例 3-22】 类之间的数据类型转换。

```
public class Test {
    public static void main(String[] args) {
        SubClass a=new SubClass();
        BaseClass b=(BaseClass)a;
        b.showTest();
        System.out.println("a.height="+a.height);
        System.out.println("b.height="+b.height);
    }
}
class BaseClass{
    int height=3;
    public void showTest(){
        System.out.println("这是父类中的方法");
    }
}
class SubClass extends BaseClass{
    int height=2;
    public void showTest(){
        System.out.println("这是子类中的方法");
    }
}
```

6. instanceof 运算符

由于类的多态性,类的变量既可以指向本类实例,又可以指向其子类的实例。在程序中,有时需要判明一个引用到底指向哪个实例,这时可以通过 instanceof 运算符来实现。

instanceof 运算符用来判断某个实例变量是否属于某种类的类型。一旦确定了变量所引用的对象的类型后,可以将对象赋给对应的子类变量,以获取对象的完整功能。例如:

```
public class Employee extends Object{}
    public class Manager extends Employee {}
    public class Contractor extends Employee{}
    //如果通过 Employee 类型的引用接收一个对象,它变不变成 Manager 或 Contractor
    //都可以。可以用 instanceof 来测试
    public void method(Employee e) {
        if (e instanceof Manager) {
            //如果雇员是经理,可以做的事情写在这里
        }else if (e instanceof Contractor) {
            //如果雇员是普通的职员,可以做的事情写在这里
        }else {
            //说明是临时雇员,可以做的事情写在这里
        }
    }
}
```

3.2.2 super 关键字

super 关键字可被用来引用该类的父类,成员变量或方法。父类行为被调用,就好像该行为是本类的行为一样,而且调用行为不必发生在父类中,它能自动向上层类追溯。

super 的使用场合有以下 3 种。

(1) 用来访问直接父类隐藏的数据成员:super.数据成员。
(2) 用来调用直接父类中被覆盖的成员方法:super.成员方法(参数)。
(3) 用来调用直接父类的构造方法:super(参数)。

1. 用来访问直接父类隐藏的数据成员或被覆盖的成员方法

【例 3-23】 父类成员的访问。

```
public class Employee {
    private String name;
    private int salary;
    public String getDetails() {
        return "Name: " +name +"\nSalary: " +salary;
    }
}
public class Manager extends Employee {
    private String department;
    public String getDetails() {
        return super.getDetails() +"\nDepartment: " +department;
    }
}
```

注意:super.method()格式的调用,如果对象已经具有父类类型,那么它的方法的整个行为都将被调用,也包括其所有负面效果。该方法不必在父类中定义,它也可以从某些祖先类中继承。也就是说可以从父类的父类去获取,具有追溯性,一直向上去找,直到找到为止,这是一个很重要的特点。

2. 调用父类的构造方法

在许多情况下，使用默认构造方法来对父类对象进行初始化。当然也可以使用 super 来显式调用父类的构造方法。

【例 3-24】 调用父类构造函数。

```
public class Employee {
    String name;
    public Employee(String n) {
        name =n;
    }
}
public class Manager extends Employee {
    String department;
    public Manager(String s, String d) {
        super(s);
        department =d;
    }
}
```

注意：无论是 super 还是 this，都必须放在构造方法的第一行。可以通过从子类构造方法的第一行调用关键字 super 的方法调用一个特殊的父类构造方法。要控制具体的构造方法的调用，必须给 super()提供合适的参数。当不调用带参数的 super 时，默认父类构造方法（即不带参数的构造方法）被隐式地调用。在这种情况下，如果没有默认的父类构造方法，将导致编译错误。

```
public class Employee {
    String name;
    public Employee(String n) {
        name =n;
    }
}
public class Manager extends Employee {
    String department;
    public Manager(String s, String d) {
        super(s);  //调用父类参数为 String 类型的构造方法，没有此代码编译会出错
        department =d;
    }
}
```

当使用 super 或 this 时，它们必须被放在构造方法的第一行。显然，两者不能被放在一个单独行中。如果写一个构造方法，它既没有调用 super(…)也没有调用 this(…)，编译器将自动插入一个调用到父类构造方法中，而且不带参数。

3.2.3 final 关键字

虽然方法重写和继承功能强大且用途广泛，但有时也需要阻止这种行为。例如，可能

有一个封装了对某些硬件设备控制的类，而且这个类可能提供给用户初始化设备、使用私有信息的功能，这种情况下，你会不希望类的用户重写初始化方法。无论出于何种原因，在 Java 中，如果要阻止方法重写或类的继承，只须使用关键字 final 即可。

final 关键字用于说明类和类成员。使用 final 关键字要注意以下几点。

（1）对于类来说，如果使用了 final 关键字，则表明该类为终止类（最终类）。终止类是不能有子类的类。定义为 final 的类通常是具有固定作用、完成某种标准功能的类。如 Java 提供的实现网络功能的 Socket、ServerSocket 等都是 final 类。由于 final 类不能生成子类，因此可以防止网络黑客衍生子类进行破坏活动。

（2）不能将一个类同时声明为终止类和抽象类，因为 final 和 abstract 两者相互矛盾。抽象类要求建立子类，而终止类不能建立子类。

（3）final 和 abstract 关键字可以与访问控制符合用，共同说明类或类成员。例如，下面的代码中 Myclass1 类被定义为公有的终止类，Myclass2 类被定义为公有的抽象类。由于具有公有性质，Myclass1 和 Myclass2 两个类都可以被其他类使用。

```
public final class Myclass1
{ ... }
public abstract class Myclass2
{ ... }
```

如果将类的成员变量说明为 final，则表明该变量是一个终止量。终止量只能赋值一次，不能再次赋值。终止量就是 Java 语言的符号常量。

如果将类的成员方法说明为 final，则表明方法是终止方法。终止方法不能在子类中更改。

【例 3-25】 使用 final 关键字。

```
class Myclass{
    final int Y=3;                    //大写 Y 为 public 类型的符号常量，值为 3
    private final double X=5.0;       //X 为 private 类型的符号常量，值为 5.0
    public final void showxy(){       //终止方法
        System.out.println("Y+X="+Y+X);
    }
    public void hello(){              //非终止方法
        System.out.println("Hello");
    }
}
public class UseMyclass {
    public static void main(String args[]){
        Myclass ob1=new Myclass();
        Myclass ob2=new Myclass();
        System.out.println("Y="+ob1.Y);
        System.out.println("Y="+ob2.Y);
        ob1.showxy(); ob2.showxy();
        ob1.hello(); ob2.hello();
    }
}
```

用 final 关键字定义的方法称为终止方法，如果某个方法被 final 关键字所限定，则该类的子类就不能覆盖父类的方法，即不能再重新定义与此方法同名的自己的方法。

使用 final 关键字定义方法，就是为了给方法"上锁"，防止任何继承类修改此方法，保证了程序的安全性和正确性。

注意：final 关键字也可用于定义类，而当用 final 关键字定义类时，所有包含在 final 类中的方法，都自动成为终止方法。

上面程序的输出如下。

```
Y=3
Y=3
Y+X=35.0
Y+X=35.0
Hello
Hello
```

注意：如果类使用了 final 关键字，成员变量并没有声明为 final，则成员变量不是终止量。见下面的例子。

```
final class Myclass {
    int Y=3;            //Y 不是 final 类型
    double X=5.0;       //X 不是 final 类型
    void showxy(){
        System.out.println(Y);
        System.out.println(X);
    }
}
```

定义最终类的目的有 3 个。

（1）用来完成某种标准功能。将一个类定义为 final 类，则可以将它的内容、属性和功能固定下来，与它的类名形成稳定的映射关系，从而保证引用这个类时所实现的功能是正确无误的。

（2）提高程序的可读性。从父类派生子类，再从子类派生子类，使软件变得越来越复杂。而在必要的层次上设置 final 类，可以提高程序的可读性。

（3）提高安全性。病毒的闯入途径之一是在一些处理关键信息的类中派生子类，再用子类去替代原来的类。由于用 final 关键字定义的类不能再派生子类，截断了病毒闯入的途径，因而提高了程序的安全性。

3.2.4 abstract 关键字

有时在开发中，要创建一个体现某些基本行为的类，并为该类声明方法，但不能在该类中实现该行为，而是在子类中实现该方法，这种只给出方法定义而不具体实现的方法被称为抽象方法，抽象方法是没有方法体的，在代码的表达上就是没有"{ }"。

用 abstract 关键字可以定义类和方法，但该类不能被实例化，而方法必须在包含此方法的类的子类中实现。简单地说：使用 abstract 定义的类就是抽象类。例如：

```
public abstract class Test {            //抽象类定义
    public abstract void doItByHand();  //抽象方法定义
}
```

例如，有一个 Drawing 类，该类包含用于各种绘图设备的方法，但这些方法不可能去访问机器的视频硬件而且必须是独立于平台的。即 Drawing 类定义哪种方法应该存在，但实际上，由特殊的从属于平台子类去实现这个行为。

诸如 Drawing 这样的类，它声明方法的存在而不实现，这样的类通常被称为抽象类。被声明但没有实现的方法(即这些没有程序体或{})，也必须定义为抽象方法。

```
public abstract class Drawing {
    public abstract void drawDot(int x, int y);
    public void drawLine(int x1, int y1, int x2, int y2) {
        //draw using the drawDot() method repeatedly.
    }
}
```

抽象类不能直接使用，必须用子类去实现抽象类，然后使用其子类的实例。然而，可以创建一个变量，其类型是一个抽象类，并让它指向具体子类的一个实例，也就是可以使用抽象类来充当形参，实际实现的类作为实参，也就是多态的应用。

抽象类不能有抽象构造方法或抽象静态方法。

抽象类的子类为它们父类中的所有抽象方法提供实现，否则它们也是抽象类。

```
public class MachineDrawing extends Drawing {
    public void drawDot(int machX, int machY) {
        //画点
    }
}
Drawing d = new MachineDrawing();
```

【例 3-26】 抽象形状类。

```
abstract class Shape{                     //抽象类
    private abstract double area();       //抽象方法
    static void readme(){
        System.out.print("this is for Shape");
    }
}
class Circle extends Shape{
    public float r;
    Circle(float r){
        this.r = r;
    }
    public double area(){
        return 3.14 * r * r;
    }
}
```

```
class Rectangle  extends Shape{
    public float width,height;
    Rectangle (float w, float h) {
        width =w; height =h;
    }
    public double area() {
        return width * height;
    }
}
public class test {
    public static void main(String[] args) {
        Circle Obj1 =new Circle(2);
        Rectangle Obj2 =new Rectangle(2,3);
        System.out.println(Obj1.area());
        System.out.println(Obj2.area());
        Shape.readme();
    }
}
```

在下列情况下,一个类将成为抽象类:当一个类的一个或多个方法是抽象方法时;当类是一个抽象类的子类,并且不能为任何抽象方法提供任何实现细节或方法主体时;当一个类实现一个接口,并且不能为任何抽象方法提供实现细节或方法主体时。注意,这些情况下一个类将成为抽象类,而不是说抽象类一定会有这些情况。

抽象类不一定包含抽象方法,但是包含抽象方法的类一定是抽象类。

注意:不能用 new 运算符为抽象类创建对象,可以为抽象类的子类实例化对象。

3.2.5 接口

1. 接口的定义

Java 语言不支持一个类有多个直接的父类(多继承),但可以实现多个接口以间接地实现多继承。Java 可以创建一种称作接口(interface)的类,在这个类中,所有的成员方法都是抽象的,也就是说它们都只有定义而没有具体实现,接口是抽象方法和常量值的定义的集合。从本质上讲,接口是一种特殊的抽象类,用 interface 可以指定一个类必须做什么,而不是规定它如何去做。定义接口的语法格式如下。

```
[访问修饰符] interface 接口名称 {
    抽象属性集;
    抽象方法集;
}
```

目前看来接口和抽象类差不多。确实如此,接口本来就是从抽象类演化而来的,因而除特别规定,接口享有和类同样的"待遇"。比如,源程序中可以定义多个类或接口,但最多只能有一个公有类或接口,如果有则源文件必须取和公有的类和接口相同的名字。和类的继承格式一样,接口之间也可以继承,子接口可以继承父接口中的常量和抽象方法并添加新的抽象方法等。

但接口有其自身的一些特性,归纳如下。

(1) 接口中声明的成员变量默认都是公有、静态和终止的,必须显式地初始化。因而在常量声明时可以省略这些关键字。

(2) 接口中只能定义抽象方法,这些方法默认为公有和抽象的,因而在声明方法时可以省略这些关键字。试图在接口中定义实例变量、非抽象的实例方法及静态方法,都是非法的。

【例 3-27】 形状接口。

```
interface Shapeable{
    double PI=3.14;
    double getArea();
    double getPeri();
}
```

接口没有构造方法,不能被实例化。

一个接口不实现另一个接口,但可以继承自多个其他接口。接口的多继承特点弥补了类的单继承的不足。

```
//串行硬盘接口
public interface SataHdd extends A,B{
    public static final int CONNECT_LINE = 4;    //连接线的数量
    public void writeData(String data);          //写数据
    public String readData();                    //读数据
}
interface A{
    public void a();
}
interface B{
    public void b();
}
```

2. 接口的使用

1) 一般使用

接口的使用与类的使用有些不同。在需要使用类的地方,会直接使用 new 关键字来构建一个类的实例进行应用。

```
ClassA a =new ClassA();
```

这是正确的,但接口不可以这样用,因为接口不能直接使用 new 关键字来构建实例。接口在使用的时候要实例化相应的实现类。定义实现类的语法格式如下。

```
class 类名 [extends 父类][ implements 接口列表] {
    实现方法
}
```

接口必须通过类来实现它的抽象方法，类实现接口的关键字为 implements。如果一个类不能实现该接口的所有抽象方法，那么这个类必须被定义为抽象类。

不允许创建接口的实例，但允许定义接口类型的引用变量，该变量指向实现接口的类的实例。一个类只能继承自一个父类，但却可以实现多个接口。

【例 3-28】 求圆的面积。

```
class Circle implements Shapeable,A{
    double radius;
    Circle(double radius){
        this.radius=radius;
    }
    publid double getArea(){
        return PI * radius * radius;
    }
    publid double getPeri(){
        return 2 * PI * radius;
    }
    public void a(){
    }
}
```

2）接口作为类型使用

接口可以作为引用类型来使用，任何实现该接口的类的实例都可以存储在该接口类型的变量中，通过这些变量可以访问类中实现的接口中的方法，Java 运行时系统会动态地确定应该使用哪个类中的方法，实际上是调用相应的实现类的方法。

【例 3-29】 观察下面程序运行结果。

```
public class Test {
    public void test1(A a) {
        a.doSth();
    }
    public static void main(String[] args) {
        Test t =new Test();
        A a =new B();
        t.test1(a);
    }
}
public interface A {
    public int doSth();
}
public class B implements A {
    public int doSth() {
        System.out.println("now in B");
        return 123;
    }
}
```

运行结果如下。

now in B

3. 接口和抽象类的选择

从某种角度来看,接口是一种特殊的抽象类。抽象类和接口有很大的相似之处。下面首先分析它们具有的相同点。

(1) 都代表类树状结构的抽象层。在使用引用变量时,尽量使用类结构的抽象层,使方法的定义和实现分离,这样做对代码有松散耦合的好处。

(2) 都不能被实例化。

(3) 都能包含抽象方法。抽象方法用来描述系统提供哪些功能,而不必关心具体的实现。

抽象类和接口的主要区别如下。

(1) 抽象类可以为部分方法提供实现,因此不必在子类中重复实现这些方法,从而提高了代码的复用性,这是抽象类的优势;而接口中只能包含抽象方法,不能包含任何实现。

【例 3-30】 抽象类方法的实现。

```java
public abstract class A{
    public abstract void method1();
    public void method2(){
        //A method2
    }
}
public class B extends A{
    public void method1(){
        //B method1
    }
}
public class C extends A{
    public void method1(){
        //C method1
    }
}
```

抽象类 A 有两个子类 B、C,由于 A 中有方法 method2()的实现,子类 B、C 中不需要重写 method2()方法,即 A 为子类提供了公共的功能,或 A 约束了子类的行为。method2()就是代码复用的例子。A 并没有定义 method1()的实现,也就是说 B、C 可以根据自己的特点实现 method1()方法,这又体现了松散耦合的特性。下面再换成接口看看。

【例 3-31】 接口的实现。

```java
public interface A{
    public void method1();
    public void method2();
}
public class B implements A{
    public void method1(){
```

```
        //B method1
    }
    public void method2(){
        //B method2
    }
}
public class C implements A{
    public void method1(){
        //C method1
    }
    public void method2(){
        //C method2
    }
}
```

接口 A 无法为实现类 B、C 提供公共的功能,也就是说 A 无法约束 B、C 的行为。B、C 可以自由地发挥自己的特点实现 method1()方法和 method2()方法,接口 A 毫无掌控能力。

(2) 一个类只能继承自一个直接的父类(可能是抽象类),但一个类可以实现多个接口,这个就是接口的优势。

【例 3-32】 接口与抽象的继承。

```
interface A{
    public void method2();
}
interface B{
    public void method1();
}
class C implements A,B{
    public void method1(){
        //C method1
    }
    public void method2(){
      //C method2
    }
}
//可以如下灵活地使用 C,并且 C 还有机会进行扩展,实现其他接口
    A a=new C();
    B b=new C();
    abstract class A{
        public abstract void method1();
    }
    abstract class B extends A{
        public abstract void method2();
    }
    class C extends B{
        public void method1(){
            //C method1
```

```
        }
        public void method2() {
            //C method2
        }
    }
```

C类将不能继承自其他父类。

综上所述,接口和抽象类各有优缺点,在接口和抽象类的选择上,必须遵守以下原则。

(1) 行为模型应该总是通过接口而不是抽象类来定义。所以通常是优先选用接口,尽量少用抽象类。

(2) 选择抽象类的时候通常需要定义子类的行为,又要为子类提供共性的功能。

3.2.6　拓展训练——内部类

1. 内部类的概念

内部类的概念是在 JDK 1.1 版本中开始引入的。在 Java 中,允许在一个类(或方法、语句块)的内部定义另一个类,在类内部定义的类称为内部类,有时也称为嵌套类。内部类和外层封装它的类之间存在逻辑上的所属关系,一般只用在定义它的类或语句块之内,实现一些没有通用意义的功能逻辑,在外部引用它时必须给出完整的名称。引入内部类可使源代码更加清晰并减少类的命名冲突,就如工厂制定内部通用的产品或工艺标准,可以取任何名称而不必担心和外界的标准同名,因为其使用范围不同。内部类是一个有用的特征,因为它们允许将逻辑上同属性的类组合到一起,并在另一个类中控制一个类的可视性。

【例 3-33】 使用内部类的共同方法。

```
class MyFrame extends Frame {
    Button myButton;
    TextArea myTextArea;
    int count;
    public MyFrame(String title) {
        super(title);
        myButton =new Button("click me");
        myTextArea =new TextArea();
        add(myButton, BorderLayout.CENTER);
        add(myTextArea, BorderLayout.NORTH);
        ButtonListener bList =new ButtonListener();
        myButton.addActionListener(bList);
    }
    class ButtonListener implements ActionListener{ //这里定义了一个内部类
        public void actionPerformed(ActionEvent e) {
            count++;
            myTextArea.setText("button clicked " +count +" times");
        }
    }
}
```

```
    public static void main(String args[]) {
        MyFrame f = new MyFrame("Inner Class Frame");
        f.setSize(300, 300);
        f.setVisible(true);
    }
}
```

例 3-33 中定义了类 MyFrame，它包括一个内部类 ButtonListener。编译器将生成两个类文件 MyFrame＄ButtonListener.class 以及 MyFrame.class。

2. 内部类的特点

（1）内部类（嵌套类）可以体现逻辑上的从属关系，同时对于其他类可以控制内部类对外不可见等。

（2）外部类的成员变量作用域是整个外部类，包括内部类。但外部类不能访问内部的私有成员。

（3）逻辑上相关的类可以在一起定义，以有效地实现信息隐藏。

（4）内部类可以直接访问外部类的成员，以此实现多继承。

（5）编译后，内部类也被编译为单独的类，但其名称为 outclass＄inclass 的形式。

【例 3-34】 内部类的可见性。

```
public class Outer {
    private int size;
    public class Inner {
        private int counter = 10;
        public void doStuff() {
            size++;
        }
    }
    public static void main(String args[]) {
        Outer outer = new Outer();
        Inner inner = outer.new Inner();
        inner.doStuff();
        System.out.println(outer.size);
        System.out.println(inner.counter);
        //编译错误,外部类不能访问内部类的 private 变量
        System.out.println(counter);
    }
}
```

3. Java 内部类的分类

Java 内部类分为成员式内部类、本地内部类和匿名内部类。

1）成员式内部类

内部类可以作为外部类的成员，例如：

```
public class Outer1 {
```

```java
    private int size;
    public class Inner {
        public void dostuff() {
            size++;
        }
    }
    public void testTheInner() {
        Inner in =new Inner();
        in.dostuff();
    }
}
```

成员式内部类如同外部类的一个普通成员。

(1) 成员式内部类可以用各种类说明符，如 public、private、protected、default、static、final、abstract 定义（这点和普通的类是不同的）；若有 static 限定，就为类级，否则为对象级。类级可以通过外部类直接访问；对象级则需要先生成外部的对象后才能访问；内外部类不能同名；非静态内部类中不能声明任何静态成员。

内部类可以互相调用，例如：

```java
class A {
    //B、C 间可以互相调用
    class B {}
    class C {}
}
```

(2) 成员式内部类的对象以属性的方式记录其所依赖的外层类对象的引用，因而可以找到该外层类对象并访问其成员。该属性是系统自动为非静态的内部类添加的，名称约定为"外部类名.this"。

在其他场合则必须先获得外部类的对象，再由外部类对象加 new 操作符调用内部类的构造方法创建内部类的对象，此时依赖关系的双方也可以明确。这样要求是因为外部类的静态方法中不存在当前对象，或者其他无关类中方法的当前对象类型不符合要求。

在另一个外部类中使用非静态内部类中定义的方法时，要先创建外部类的对象，再创建与外部类相关的内部类的对象，再调用内部类的方法。

【例 3-35】 内部类的访问。

```java
class Outer2 {
    private int size;
    class Inner {
        public void dostuff() {
            size++;
        }
    }
}
class TestInner {
    public static void main(String[] args) {
        Outer2 outer =new Outer2();
```

```
        Outer2.Inner inner =outer.new Inner();
        inner.dostuff();
    }
}
```

静态内部类相当于其外部类的静态成员,它的对象与外部类对象间不存在依赖关系,因此可直接创建。例如:

```
class Outer2 {
    private static int size;
    static class Inner {
        public void dostuff() {
            size++;
            System.out.println("size=" +size);
        }
    }
}
public class Test {
    public static void main(String[] args) {
        Outer2.Inner inner =new Outer2.Inner();
        inner.dostuff();
    }
}
```

程序运行结果如下。

size=1

由于内部类可以直接访问其外部类的成员,因此当内部类与其外部类中存在同名属性或方法时,也将导致命名冲突。所以在多层调用时要指明,如下所示。

```
public class Outer3{
    private int size;
    public class Inner{
        private int size;
        public void dostuff(int size){
            size++;                //本地的 size;
            this.size;             //内部类的 size
            Outer3.this.size++;    //外部类的 size
        }
    }
}
```

2) 本地内部类

本地内部类是定义在代码块中的类。它们只在定义它们的代码块中是可见的。本地内部类有几个重要特性。

(1) 仅在定义了它们的代码块中是可见的。

(2) 可以使用定义它们的代码块中的任何本地终止变量。

(3) 本地类不可以是静态的,里边也不能定义静态成员。

(4) 本地类不可以用 public、private、protected 定义，只能使用 default。

(5) 本地类可以是 abstract 的。

【例 3-36】 定义本地内部类。

```java
public final class Outter {
    public static final int TOTAL_NUMBER = 5;
    public int id = 123;
    public void t1() {
        final int a = 15;
        String s = "t1";
        class Inner {
            public void innerTest() {
                System.out.println(TOTAL_NUMBER);
                System.out.println(id);
                System.out.println(a);
                System.out.println(s);     //不合法，只能访问本地
                                           //方法的终止变量
            }
        }
        new Inner().innerTest();
    }
    public static void main(String[] args) {
        Outter t = new Outter();
        t.t1();
    }
}
```

3）匿名内部类

匿名内部类是本地内部类的一种特殊形式，也就是没有变量名指向这个类的实例，而且具体的类实现会写在这个内部类内部。

【例 3-37】 匿名内部类。

```java
public final class Test {
    public static final int TOTAL_NUMBER = 5;
    public int id = 123;
    public void t1() {
        final int a = 15;
        String s = "t1";
        new Aclass() {
            public void testA() {
                System.out.println(TOTAL_NUMBER);
                System.out.println(id);
                System.out.println(a);
                System.out.println(s);//不合法，只能访问本地
                                      //方法的 final 变量
            }
        }.testA();
    }
```

```
    public static void main(String[] args) {
        Test t = new Test();
            t.t1();
    }
}
```

注意:匿名内部类定义在一条语句中,所以后面需要加分号(;)。

匿名类的规则如下。

(1) 匿名类没有构造方法。

(2) 匿名类不能定义静态成员。

(3) 匿名类不能用 public、private、protected、default、static、final、abstract 定义。

(4) 只可以创建一个匿名类实例。

观察下面的代码。

```
public class Outter {
    public Contents getCont() {
        return new Contents() {
            private int i = 11;
            public int value() {
                return i;
            }
        };
    }
    public static void main(String[] args) {
        Outter p = new Outter();
        Contents c = p.getCont();
    }
}
```

3.2.7 任务实现

本任务实现了对班干部信息和班级信息的描述。在着手编写代码前有必要思考如下几个问题:班干部与普通学生的关系以及他们个人信息的差异?编写一个独立的班干部类是否要完全从头开始编写?可否利用已经写好的普通学生类来简化班干部类?分析班干部与班级的关系。

班干部学生类的参考代码如下。

```
package Ok;
public class BGBStudent extends Student{
    private String zhiwu="";    //用于保存班干部学生的职务
    private String zhize="";    //用于保存班干部学生的职责
    BGBSStudent (){
    }
    BGBSStudent (String number, String name, String sex, String classnumber,
                String birthday, String phone, String ruxiaoday, String
```

```
            introduction,String zhiwu,String zhize){
        super(number,name,sex,classnumber,birthday,phone,ruxiaoday,
            introduction);
        this.zhiwu=zhiwu;    this.zhize=zhize;
    }
    public String getZhiwu (){
        return zhiwu;
    }
    public void setZhiwu (String szhiwu){
        number=szhiwu;
    }
    public String getZhize (){
        return zhize;
    }
    public void setZhize (String szhize){
        number=szhize;
    }
}
```

任务 3.3 工具类的实现

学生信息管理系统里有很多操作都要访问数据库,如查询、插入、更新以及删除等,这时可以用工具类把用户的操作组织到一块,具体代码见 3.3.7 小节。

Windows 操作系统对文件的管理是以文件夹为单位的。在一个系统里,往往需要写很多类,那么 Java 又是怎样管理这些类的呢?

通常,在程序开发阶段根本不知道到底需要多少个数量的对象,甚至不知道它的准确类型,只有在程序运行时才知道创建了多少个对象。为了满足这些常规的编程需要,要求能在任何时候、任何地点创建任意数量的对象,而这些对象用什么来容纳呢?

3.3.1 包

1. 包的定义

Java 组织类的方式与 Windows 操作系统对文件的管理类似。Java 要求文件名与主类名相同,若将多个类放在一起,则必须保证类名不重复。当声明多个类时,类名冲突的可能性增大,这时需要 Java 用包(package)实现对类的管理。包是 Java 提供的文件管理机制。包把功能相似的类,按照 Java 命名空间(namespace)的命名规范,以压缩文件的方式存储在指定的文件类中,达到有效管理和提取文件的目的。在应用软件开发中,所有类都以包的方式存储和管理。一个包就相当于操作系统的文件夹,包中的类就相当于文件。

程序员可以使用 package 关键字指明源文件中的类属于哪个具体的包。定义包的语句格式如下:

```
package  pkg1[.pkg2[.pkg3...]];
```

package 是定义包的关键字，pkg1、pkg2、pkg3 是包名。包的名字有层次关系，各层之间以点分隔。包层次必须与 Java 开发系统的文件系统结构相同。通常包名中全部用小写字母，并要避免使用 Java API 包名，如 java.lang、javax.swing 等。

程序中如果有 package 语句，则该语句一定是源程序中的第一条可执行语句，它的前面只能有注释或空行。另外，一个文件中最多只能有一条 package 语句。

所有流行的 Java IDE，如 Eclipse、NetBeans、BlueJ 等，都以包和项目为基础管理 Java 文件。毫无疑问，了解和掌握包的概念和技术在应用软件开发中十分重要。

2. 包的使用

包的应用使文件不必存储在相同的目录中。可以想象在具有成千上万个文件的复杂应用程序中，不使用目录组织结构管理文件是不可能的。包文件可以通过 import 提取，如同在程序的开始用 import 包括 API 类一样，增强了代码的实用度。

引入包的语法格式如下。

```
import pkg1[.pkg2[.pkg3...]].(类名|*);
```

在程序中，可以引入包的所有类或若干类。要引入所有类时，可以使用通配符 *。引入整个包时，可以方便地访问包中的每一个类。这样做，语句写起来很方便，但会占用过多的内存空间，而且代码下载的时间将会延长，初学者完全可以引入整个包，但是建议在了解了包的基本内容后，实际用到哪个类，就引入哪个类，尽量不造成资源的浪费。

【例 3-38】 类 AA 与类 BB 存放在包 mypackage 中，而类 Example3_43 不在包 mypackage 中。

```
package mypackage;              //定义包
public class AA{
    int x,y;
    public AA(int x,int y){
        this.x=x;
        this.y=y;
        System.out.println("x="+x+"   y="+y);
    }
    public void show(){
        System.out.println("This is class is a AA");
    }
}
package mypackage;              //定义包
public class BB{
    int a,b;
    public BB(int a,int b){
        this.a=a;
        this.b=b;
        System.out.println("a="+a+" b="+b);
    }
```

```
    public void show(){
        System.out.println("This is class is a BB");
    }
}
import mypackage.AA;              //引用包
import mypackage.BB;              //引用包
public class Example3_43{
    public static void main(String args[]){
        AA aa=new AA(10,20);
        aa.show();
        BB bb=new BB(5,8);
        bb.show();
    }
}
```

3.3.2 封装

面向对象的另一个重要的特征就是封装。在前面的例子中,类的属性和方法没有设置访问限制,这种方式使得类中或类之外访问类成员没有区别,都可以任意修改类中的成员,调用类中的方法对数据进行操作,使对象具有潜在危险的不稳定状态。因此,人们希望有一个更好的符合面向对象程序设计思想的解决办法,这就是类的封装原则。

封装也称为信息隐藏,是指利用抽象数据类型将数据和基于数据的操作封装在一起,使其构成一个不可分割的独立实体,数据被保护在抽象数据类型的内部,尽可能地隐藏内部的细节,只保留一些对外接口使之与外部发生联系。

在一个类中定义的属性由该类自身进行操作,不希望别的类对类中的属性进行直接操作,而是通过声明一些公有的方法提供给其他类来调用,达到访问类中属性的目的。

封装反映了事物的相对独立性。

封装是面向对象系统的一个重要特性,是抽象数据类型思想的具体体现。

封装在编程上的作用是使对象以外的部分不能随意访问对象的内部数据(属性),从而有效地避免了外部错误对它的"交叉感染"。

另外,当对象的内部做了某些修改时,由于它只通过少量的接口对外提供服务,因此大大减少了内部的修改对外部的影响。

面向对象系统的封装单位是对象,类概念本身也具有封装的意义,因为对象的特性是由它所属的类说明来描述的。

在引入了继承机制的面向对象系统中,对象依然是封装得很好的实体,其他对象与它进行通信的途径仍然只有一条,那就是发送消息。类机制是一种静态机制,不论是基类还是派生类,对于对象来说,它仍然是一个类的实例,既可能是基类的实例,也可能是派生类的实例。因此,继承机制的引入丝毫没有影响对象的封装性。继承和封装机制还具有一定的相似性,它们都是一种共享代码的手段。

继承是一种静态共享代码的手段,通过派生类对象的创建,可以接收某一消息,启动其基类所定义的代码段,从而使基类和派生类共享这一段代码。

封装机制所提供的是一种动态共享代码的手段,通过封装,可将一段代码定义在一个类中,在另一个类定义的操作中,可以通过创建该类的实例,并向它发送消息而启动这一段代码,同样也达到共享的目的。

3.3.3 多态性

多态是指一个程序中同名的不同方法共存的情况。

这些方法同名的原因是它们的最终功能和目的都相同,但是由于在完成同一功能时,可能遇到不同的具体情况,所以需要定义含不同的具体内容的方法来代表多种具体实现形式。

面向对象系统中采用多态,大大提高了程序的抽象程度和简洁性,更重要的是,它最大限度地降低了类和程序模块之间的耦合性,提高了类模块的封闭性,使得它们不需了解对方的具体细节,就可以很好地共同工作。这一点对程序的设计、开发和维护都有很大的好处。Java 提供两种多态机制:方法重载与方法覆盖。

1. 方法重载

在同一类中定义了多个同名而不同内容的成员方法时,称这些方法是重载(override)的方法。重载的方法主要通过形式参数列表中参数的个数、参数的数据类型和参数的顺序等方面的不同来区分的。在编译期间,Java 编译器检查每个方法所用的参数数目和类型,然后调用正确的方法。

2. 方法覆盖

由于面向对象系统中的继承机制,子类可以继承父类的方法。但是,子类的某些特征可能与从父类中继承来的特征有所不同,为了体现子类的这种个性,Java 允许子类对父类的同名方法重新进行定义,即在子类中定义与父类中已定义的相同名而内容不同的方法。这种多态被称为覆盖(overload)。

由于覆盖的同名方法存在于子类对父类的关系中,所以只须在方法引用时指明引用的是父类的方法还是子类的方法,就可以很容易地把它们区分开来。

3.3.4 系统类库 API

Java 的类库是系统提供的已实现的标准类的集合,是 Java 编程的 API(application program interface),它可以帮助开发者方便、快捷地开发 Java 程序。

学习 Java 语言程序设计,一是要学习其语法规则中的基本数据类型、基本运算和基本语句等,这是编写 Java 程序的基本功;二是要学习使用类库,这是提高编程效率和质量的必由之路,甚至从一定程度上来说,能否熟练自如地掌握尽可能多的 Java 类库,决定了一个 Java 程序员编程能力的高低。

在 Java 系统中,系统定义好的类根据实现的功能不同,可以划分成不同的集合。每个集合称为一个包,所有包称为类库。根据功能的不同,Java 类库的每个包中都有若干个具有特定功能和相互关系的类和接口。使用类库中系统定义好的类有 3 种方式:①直接使用系统类;②继承系统类,在用户程序里创建系统类的子类;③创建系统类的对象。

无论采用哪种方式,使用系统类的前提是这个系统类应该是用户程序可见的类。为此用户程序需要用 import 语句引入它所用到的系统类或系统类所在的包。

类库包中的程序都是字节码形式的程序,利用 import 语句将一个包引入程序,就相当于在编译过程中将该包中的所有系统类的字节码加入用户的 Java 程序中,这样用户的 Java 程序就可以使用这些系统类及其中的各种功能了。

1. Java 程序常用的包

(1) java.lang 包:它是 Java 语言的核心类库,包含了运行 Java 程序必不可少的系统类,如基本数据类型、基本数学函数、字符串处理、线程、异常处理类等。每个 Java 程序运行时,系统都会自动地引入 java.lang 包,所以这个包的加载是默认的。

(2) java.io 包:它包含了实现 Java 程序与操作系统、用户界面以及其他 Java 程序之间进行数据交换所使用的类,如基本输入/输出流、文件输入/输出流、过滤输入/输出流、管道输入/输出流、随机输入/输出流等。凡是需要完成与操作系统有关的较底层的输入/输出操作的 Java 程序,都要用到 java.io 包。

(3) java.awt 包:它是 Java 语言用来构建图形用户界面(GUI)的类库,包括了许多界面元素和资源。java.awt 包主要在 3 个方面提供界面设计支持:①低级绘图操作;②图形界面组件和布局管理;③界面用户交互控制和事件响应。

(4) java.awt.event 包:它是对 JDK 1.0 版本中原有的 Event 类的一个扩充,使得程序可以用不同的方式来处理不同类型的事件,并使每个图形界面的元素本身可以拥有处理它上面事件的能力。

(5) java.awt.image 包:用来处理和操作来自网上的图片的 Java 工具类库。

(6) java.applet 包:用来实现运行于 Internet 浏览器中的 Java Applet 的工具类库,它仅包含少量几个接口和一个非常有用的类 java.applet.Applet。

(7) java.net 包:它是 Java 语言用来实现网络功能的类库。目前已经实现的 Java 网络功能主要有:底层网络通信;编写用户自己的 Telnet、FTP、邮件服务等实现网上通信的类;用于访问 Internet 上资源和进行 CGI 网关调式的类。利用 java.net 包中的类,开发者可以编写自己的具有网络功能的程序。

(8) java.util 包:包括了 Java 语言中的一些低级的实用工具,如时间的处理、变长数组的处理、栈和哈希(散列)表的处理。

(9) java.sql 包:它是实现 JDBC(Java database connection)的类库。利用这个包可以使 Java 程序具有访问不同种类的数据库的功能。只要安装了合适的驱动程序,同一个 Java 程序不需要修改就可以存取、修改这些不同的数据库中的数据。JDBC 的这种功能,再加上 Java 程序本身具有的平台无关性,大大拓宽了 Java 程序的应用范围,特别是商业应用的使用领域。

(10) Java 扩展包:扩展包的包名以 javax 开始,如 javax.swing 包、javax.swing.

event 包。

2. javax 包和 Java 包的区别

Java 包是核心包,javax 包是 Java 的扩展包,是对原 Java 包的一些优化处置。这些扩展包有些是随 Java 版本的升级使之功能更强大而增加的包,有些是为了改进原有包的性能和改善与平台无关性而增加的包。

3. Java API 文档

Java 的核心是 Java API。为了方便程序员编程,避免代码重复、预防可能的错误,提高编程效率,程序员可以利用这些标准类库中的类来编写解决实际问题的程序。因此,了解和掌握这些包中的类对编写高质量的 Java 程序是非常重要的。但是要完全掌握类库中的各个包中的大量类的属性和方法是不可能的,例如,继承自 Applet 类的 JApplet 类,由于处于类层次结构的低层,继承了其直接父类或间接父类的所有非私有域和非私有方法,加上该类自己的成员,就有 300 多个。整个 J2SE 的类库中类有 1000 多个,方法有 10000 多个。因此,为了给程序员编写程序提供方便,Java 提供了所有这些类库中类的使用的 Java API 英文和中文帮助文档。因此,必须养成经常查阅 Java API 帮助文档的习惯,熟悉各个常用类及其方法的功能和使用,并在实际编程中灵活使用它们来解决问题。

一个类文档包括：类层次关系、已实现的接口、已知子类、成员变量列表和详细信息、构造方法列表和详细信息、方法列表和方法详细信息、超链接所有继承方法等。

4. 几个常用的系统类

1) Java Object 类

java.lang 包中定义的 Object 类是所有 Java 类的父类,其中定义了一些实现和支持面向对象机制的重要方法。任何 Java 对象,如果没有父类,就默认它继承自 Object 类。因此,实际上以前的定义是下面定义的简化版。

```
public class Employee extends Object
public class Manager extends Employee
```

Object 类了定义许多有用的方法,由于是根类,这些方法在其他类中都存在,一般被进行了重载或覆盖,以实现了各自的具体功能。

(1) equals() 方法：Object 类定义的 equals() 方法用于判别某个指定的对象与当前对象(调用 equals() 方法的对象)是否等价。在 Java 语言中数据等价的基本含义是两个数据的值相等。在用 equals 和＝＝进行比较的时候,引用类型数据比较的是引用,即内存地址；基本数据类型比较的是值。

注意：equals() 方法只能比较引用类型,＝＝可以比较引用类型及基本类型；当用 equals() 方法进行比较时,对类 File、String、Date 及包装类来说,是比较类型及内容而不考虑引用的是否是同一个实例；用＝＝进行比较时,符号两边的数据类型必须一致(可自动转换的数据类型除外),否则编译出错。

（2）hashCode()方法：hashCode()是按照一定的算法得到的一个数值，是对象的哈希码。主要用来在集合中实现快速查找等操作，也可以用于对象的比较。

在 Java 中，对 hashCode()的规定如下。

在同一个应用程序执行期间，对同一个对象调用 hashCode()，必须返回相同的整数结果——前提是 equals()所比较的信息都不曾被改动过。至于同一个应用程序在不同执行期所得的调用结果，无须一致。

如果两个对象被 equals(Object)方法视为相等，那么对这两个对象调用 hashCode()必须获得相同的整数结果。

如果两个对象被 equals(Object) 方法视为不相等，那么对这两个对象调用 hashCode()不必产生不同的整数结果。然而程序员应该意识到，对不同对象产生不同的整数结果，有可能提升 hashTable 类的效率。

简单地说：如果两个对象相同，那么它们的 hashCode 值一定要相同；如果两个对象的 hashCode 相同，它们并不一定相同。在 Java 标准中规定，覆盖 equals()方法时应该连带覆盖 hashCode()方法。

（3）toString()方法：toString()方法是 Object 类中定义的另一个重要方法，是对象的字符串表现形式，其格式如下。

```
public String toString(){...}
```

该方法的返回值是 String 类型，用于描述当前对象的有关信息。Object 类中实现的 toString()方法返回当前对象的类型和内存地址信息，但在一些子类（如 String、Date 等）中进行了重写，也可以根据需要在用户自定义类型中重写 toString()方法，以返回更适用的信息。

除显式调用对象的 toString()方法外，在进行 String 与其他类型数据的连接操作时，会自动调用 toString()方法。

以上几个方法在 Java 中是经常用到的，这里仅做简单介绍，让大家对 Object 类和其他类有所了解，后面还会进行详细说明。

2）Math 类

Math 类提供了常用的数学运算方法以及 Math.PI 和 Math.E 两个数学常量。该类是终止类，不能被继承，类中的方法和属性全部是静态的，不允许在类的外部创建 Math 类的对象。因此，只能使用 Math 类的方法而不能对其做任何更改。表 3-2 列出了 Math 类的主要方法。

表 3-2　Math 类的主要方法

方　　法	功　　能
int abs(int i)	求整数的绝对值（另有针对 long、float、double 的方法）
double ceil(double d)	不小于 d 的最小整数（返回值为 double 型）
double floor(double d)	不大于 d 的最大整数（返回值为 double 型）
int max(int i1,int i2)	求两个整数中最大数（另有针对 long、float、double 的方法）
int min(int i1,int i2)	求两个整数中最小数（另有针对 long、float、double 的方法）

续表

方法	功能
double random()	产生 0~1 的随机数
int round(float f)	求最靠近 f 的整数
long round(double d)	求最靠近 d 的长整数
double sqrt(double a)	求平方根
double sin(double d)	求 d 的 sin 值(另有求其他三角函数的方法如 cos、tan、atan)
double log(double x)	求自然对数
double exp(double x)	求 e 的 x 次幂(e^x)
double pow(double a, double b)	求 a 的 b 次幂

【例 3-39】 产生 10 个 10~100 的随机整数。

```
class ep3_31{
    public static void main(String args[]){
        int a;
        System.out.print("随机数为:");
        for(int i=1;i<=10;i++){
            a=(int)((100-10+1) * Math.random()+10);
                System.out.print(" "+a);
        }
        System.out.println();
    }
}
```

运行结果如下。

随机数为: 12 26 21 68 56 98 22 69 68 31

由于产生的是随机数,例 3-39 每次运行的结果都不会相同。产生[a,b]区间的随机数的表达式为(b−a+1) * Math. random()+a。

3) Random(随机数类)

此类的实例用于生成伪随机数流,在 java. util 包中。其构造方法为 public Random(),用于创建 Random 对象。

常用方法有:①方法 nextInt()生成 int 类型的随机整数;②方法 nextInt(int n)生成 0~n(不含 n)的随机正整数;③方法 nextDouble()生成 0.0~1.0(不含 1.0)的随机 double 数。

【例 3-40】 猜数字游戏。

```
import java.util.Random;
import java.io.*;
public class UseRandom {
    public static void main(String args[]) throws IOException {
        Random rd1=new Random();          //创建 Random 类的对象
        int num=rd1.nextInt(100);         //生成 0~100 的随机数
        System.out.println("猜测一个 100 以内的正整数");
```

```
    System.out.print("请输入您猜的数:");
    BufferedReader br=new  BufferedReader(
                new InputStreamReader(System.in));//接收键盘输入
    String s=br.readLine();              //读取从键盘输入的一行字符串
    int guess=Integer.parseInt(s);       //转化为整数:第 1 次用户猜数
    int i=1;                             //存放猜数的次数
    while(guess!=num){                   //没有猜中则继续循环
        System.out.println("第"+(i++)+"次猜数"+guess+(guess>num?"大
                了!":"小!"));
        System.out.print("请输入您猜的数:");
        s=br.readLine();                 //读取从键盘输入的一行字符串
        guess=Integer.parseInt(s);// //转化为整数:第 i 次用户猜数
    }
    System.out.println("第"+i+"次猜数"+guess +",恭喜你猜中!");
    }
}
```

4) 字符串类

字符串是字符的序列。在 Java 中,字符串无论是常量还是变量都是用类的对象来实现的。java.lang 提供了两个字符串类:String 类和 StringBuffer 类。

(1) String 类。String 类的作用是实现一种不能改变的静态字符串。例如,把两个字符串连接起来的结果是生成一个新的字符串,而不会使原来的字符串改变。实际上,所有改变字符串的结果都是生成新的字符串,而不是改变原来字符串。

字符串与数组的实现很相似,也是通过 index 编号来指出字符在字符串中的位置的,编号从 0 开始,第 2 个字符的编号为 1,以次类推。如果要访问的编号不在合法的范围内,系统会抛出 StringIndexOutOfBoundsExecption 异常。如果 index 的值不是整数,则会产生编译错误。

String 类提供了如表 3-3 所示的几种字符串创建方法。

表 3-3 String 类创建字符串的方法

方 法	功 能
String s="Hello!"	用字符串常量自动创建 String 实例
String s=new String(String s)	通过 String 对象或字符串常量传递给构造方法
public String(char value[])	将整个字符数组赋给 String 构造方法
public String(char value[], int offset, int count)	将字符数组的一部分赋给 String 构造方法,offset 为起始下标,count 为子数组长度

【例 3-41】 测试字符串类。

```
public class test {
    public static void main(String[] args) {
        String s1 ="Hello";
        String s2 ="Hello";
        String s4 =new String("Hello");
        char c1 =' ';
        String s3 ="";
```

```java
        int len = s1.length();                    //取字符串长度
        System.out.println("len = " + len);
        //取字符串中一段
        c1 = s1.charAt(1);
        System.out.println("c1 = " + c1);
        s3 = s1.substring(1,3);
        System.out.println("s3 = " + s3);
        s3 = s1 + s2;                              //字符串连接
        System.out.println("s3 = " + s3);
        //去空格
        s3 = " te st ";
        System.out.println("s3 = " + s3);
        s3 = s3.trim();
        System.out.println("s3 = " + s3);
        //字符串转换
        int a = Integer.parseInt("123");
        String s = Integer.toString(123);
        //字符串比较
        s1 = s1 + "";
        if (s1 == s2) System.out.println("s1 = s2");
        else System.out.println("s1 != s2");
        if (s1.equals(s2)) System.out.println("s1 = s2");
        else System.out.println("s1 != s2");
    }
}
```

【例 3-42】 字符串类的应用。

```java
public class UseStringMethod {
    public static void main( String args[] ) {
        System.out.println("===================================");
        String s1 = new String( "UseStringMethod.java" );
        String s2 = new String( "Usestringmethod.java" );
        if ( s1.equals(s2) )                //判断两个字符串的内容是否相等
            System.out.println(s1+"和"+s2+"相等(区分大小写)");
        else
            System.out.println(s1+"和"+s2+"不相等");
        if ( s1.equalsIgnoreCase( s2 ) )    //忽略大小写,两串是否相等
            System.out.println(s1+"和"+s2+"相等(忽略大小写)");
        if(s2.endsWith("java"))             //判断字符串是否以"java"结尾
            System.out.println(s2+"是 Java 源文件");
        int   k = s2.indexOf(".");          //得到串中第 1 次出现字符'.'的索引值
        if ( !s1.regionMatches( 0,s2,0,k) ) //两串从索引 0 开始的 k 个字符是否相等
            System.out.println(s1+"和"+s2+"是不同的 Java 源文件");
        System.out.println(s1.substring(0,k)+"是公共类名");
                                            //索引 0 开始的 k 个字符索引 k(含)后子串
        System.out.println(s1.substring(k)+"是 Java 源文件的扩展名");
        System.out.println("===================================");
        String s3="      abcde        ",s4="       ABCDE        ";
        System.out.println(s3+s4);
```

```
        String   s5=s3.trim()+s4.trim();        //去掉字符串前后空格
        System.out.println(s5+";已去掉字符串前后的空格");
        System.out.println("=====================================");
        byte [] byteArray=s5.getBytes();        //把字符串转化为字节数组
        for(int  i=0;i<byteArray.length;i++)//输出数组中的元素
            System.out.print((char)byteArray[i]+"   ");
        System.out.println("\n=====================================");
    }
}
```

（2）StringBuffer 类。String 类不能改变字符串对象中的内容，只能通过创建一个新串来实现字符串的变化。如果字符串需要动态改变，就需要用 StringBuffer 类。StringBuffer 类主要用来实现字符串内容的添加、修改、删除，也就是说该类对象实体的内存空间可以自动改变大小，以便于存放一个可变的字符序列。StringBuffer 类的 3 种构造方法及常用方法如表 3-4 和表 3-5 所示。

表 3-4　StringBuffer 类的 3 种构造方法

构 造 方 法	说　　明
StringBuffer()	使用该无参数的构造方法创建的 StringBuffer 对象，初始容量为 16 个字符，当对象存放的字符序列大于 16 个字符时，对象的容量自动增加。该对象可以通过 length()方法获取实体中存放的字符序列的长度，通过 capacity()方法获取当前对象的实际容量
StringBuffer(int length)	使用该构造方法创建的 StringBuffer 对象，其初始容量为参数 length 指定的字符个数，当对象存放的字符序列的长度大于 length 时，对象的容量自动增加，以便存放所增加的字符
StringBuffer(String str)	使用该构造方法创建的 StringBuffer 对象，其初始容量为参数字符串 str 的长度再加上 16 个字符

表 3-5　StringBuffer 类常用的方法

方　　法	说　　明
append()	将其他 Java 类型数据转化为字符串后再追加到 StringBuffer 的对象中
insert（int index，String str）	将一个字符串插入对象的字符序列中的某个位置
setCharAt（int n，char ch）	将当前 StringBuffer 对象中的字符序列 n 处的字符用参数 ch 指定的字符替换，n 的值必须是非负的，并且小于当前对象中字符串序列的长度
reverse()	将对象中的字符序列翻转
delete(int n, int m)	从当前 StringBuffer 对象中的字符序列删除一个子字符序列。这里的 n 指定了需要删除的第一个字符的下标，m 指定了需要删除的最后一个字符的下一个字符的下标
replace（int n，int m，String str）	用 str 替换对象中的字符序列，被替换的子字符序列由下标 n 和 m 指定

【例 3-43】　StringBuffer 类的应用。

```
public class test {
    public static void main(String args[]){
```

```
            String str ="Hello World !";
            StringBuffer strBuf1 =new StringBuffer(str);
            StringBuffer strBuf2 =new StringBuffer("Hello World !");
            System.out.println(strBuf1);
            System.out.println(strBuf1.length());         //strBuf1存放的字符序列的长度
            System.out.println(strBuf1.capacity());       //strBuf1的实际容量
            System.out.println(strBuf1.append(strBuf2));  //连接
            System.out.println(strBuf1.insert(6,strBuf2));//在第6的位置上插入strBuf2
            System.out.println(strBuf1);
            strBuf1.setCharAt(0,'X');    //将strBuf1的第0处的字符用X替换
            System.out.println(strBuf1);
            strBuf1.setLength(500);       //改变长度
            System.out.println(strBuf1.length());
      }
}
```

5) Java 日期和时间类

Java 的日期和时间类包含在 Java 实用程序包(java.util)中。利用日期时间类提供的方法,可以获取当前的日期和时间,创建日期和时间参数,计算和比较时间。

(1) Date 类。Date 类是 Java 中的日期时间类,其构造方法为 Date()。

例如,使用当前的日期和时间初始化一个对象:

```
Date(long millisec)
```

该构造方法带有一个参数,使用这个参数从 1970 年 01 月 01 日 00 时(格林尼治时间)开始以毫秒计算时间。例如:

```
Date dt1=new Date(1000);
```

如果运行 Java 程序的本地时区是北京时区(与格林尼治时间相差 8 小时),那么对象 dt1 就是 1970 年 01 月 01 日 08 时 00 分 01 秒。

【例 3-44】 显示日期时间。

```
import java.util.Date;
class ep3_49{
    public static void main(String args[]){
        Date da=new Date();              //创建日期时间对象
        System.out.println(da);          //显示时间和日期
        long msec=da.getTime();
        System.out.println("从1970年1月1日0时到现在共有:"+msec+"毫秒");
    }
}
```

程序运行结果如下。

Mon Feb 05 22:50:05 CST 2007
从 1970 年 1 月 1 日 0 时到现在共有:1170687005390 毫秒

Date 类的一些常用方法如表 3-6 所示。

表 3-6 Date 类的一些常用方法

方　　法	功　　能
boolean after(Date date)	若 Date 对象所包含的日期比 date 指定的对象所包含的日期晚,返回 true,否则返回 false
boolean before(Date date)	若 Date 对象所包含的日期比 date 指定的对象所包含的日期早,返回 true,否则返回 false
public boolean equals(Object o)	若 Date 对象所包含的日期与 date 指定的对象所包含的日期相同,返回 true,否则返回 false
Object clone()	复制 Date 对象
int compareTo(Date date)	比较对象所包含的日期和指定的对象包含的日期,若相等返回 0;若前者比后者早,返回负值;否则返回正值
long getTime()	以毫秒数返回从 1970 年 01 月 01 日 00 时到目前的时间
int hashCode()	返回对象的哈希值
void setTime(long time)	根据 time 的值设置时间和日期
String toString()	把 Date 对象转换成字符串并返回结果
public static String valueOf(type variable)	把 variable 转换为字符串

Date 对象表示时间的默认顺序是星期、月、日、小时、分、秒、年。若需要修改时间显示的格式可以使用 SimpleDateFormat(String pattern)方法。

【例 3-45】 用不同的格式输出时间。

```
import java.util.Date;
import java.text.SimpleDateFormat;
class ep3_34{
    public static void main(String args[]){
        Date da=new Date();
        System.out.println(da);
        SimpleDateFormat ma1=new SimpleDateFormat("yyyy年 MM月 dd 日 E 北京时间");
        System.out.println(ma1.format(da));
        SimpleDateFormat ma2=new SimpleDateFormat("北京时间:yyyy 年 MM 月 dd 日
                                HH 时 mm 分 ss 秒");
        System.out.println(ma2.format(-1000));
    }
}
```

程序运行结果如下。

Mon Feb 05 23:20:00 CST 2007
2007 年 02 月 05 日星期一 北京时间
北京时间: 1970 年 01 月 01 日 07 时 59 分 59 秒

(2) Calendar 类。抽象类 Calendar 提供了一组方法,允许把以毫秒为单位的时间转换成一些有用的时间组成部分。不能直接创建 Calendar 对象,但可以使用其静态方法 getInstance()获得代表当前日期的日历对象,例如:

Calendar calendar=Calendar.getInstance();

该对象可以调用下面的方法将日历翻到指定的日期时间。

```
void set(int year,int month,int date);
void set(int year,int month,int date,int hour,int minute);
void set(int year,int month,int date,int hour,int minute,int second);
```

若要调用有关年份、月份、小时、星期等信息,可以通过调用下面的方法实现。

```
int get(int field);
```

其中,参数 field 的值由 Calendar 类的静态常量决定。其中 YEAR 代表年,MONTH 代表月,HOUR 代表小时,MINUTE 代表分,例如:

```
calendar.get(Calendar.MONTH);
```

如果返回值为 0 代表当前日历是 1 月,如果返回 1 代表 2 月,以次类推。Calendar 类的一些常用方法如表 3-7 所示。

表 3-7 Calendar 类的一些常用方法

方 法	功 能
abstract void add(int which,int val)	将 val 加到 which 所指定的时间或者日期中,如果需要实现减的功能,可以加一个负数。which 必须是 Calendar 类定义的字段之一,如 Calendar.HOUR
boolean after(Object calendarObj)	如果 Calendar 对象所包含的日期比 calendarObj 指定的对象所包含的日期晚,返回 true,否则返回 false
boolean before(Object calendarObj)	如果 Calendar 对象所包含的日期比 calendarObj 指定的对象所包含的日期早,返回 true,否则返回 false
final void clear()	将对象包含的所有时间组成部分清零
final void clear(int which)	将对象包含的 which 所指定的时间组成部分清零
boolean equals(Object calendarObj)	如果 Calendar 对象所包含的日期与 calendarObj 指定的对象所包含的日期相等,返回 true,否则返回 false
int get(int calendarField)	返回 Calendar 对象的一个时间组成部分的值,这个组成部分由 calendarField 指定,可以返回的组成部分有 Calendar.YEAR,Calendar.MONTH 等
static Calendar getInstance()	返回使用默认地域和时区的 Calendar 对象
final Date getTime()	返回一个和对象时间相等的 Date 对象
final boolean isSet(int which)	如果对象所包含的 which 指定的时间部分被设置了,返回 true,否则返回 false
final void set(int year,int month)	设置对象的各种日期和时间部分
final void setTime(Date d)	从 Date 对象 d 中获得日期和时间部分
void setTimeZone(TimeZone t)	设置对象的时区为 t 指定的那个时区

(3) GregorianCalendar 类。GregorianCalendar 是一个具体实现 Calendar 类的类,该类实现了公历日历。Calendar 类的 getInstance()方法返回一个 GregorianCalendar 对象,它被初始化为默认的地域和时区下的当前日期和时间。

GregorianCalendar 类定义了两个字段:AD 和 BC,分别代表公元前和公元后。其默认的构造方法 GregorianCalendar()以默认的地域和时区的当前日期和时间初始化对象，另外也可以指定地域和时区来建立一个 GregorianCalendar 对象，例如：

```
GregorianCalendar(Locale locale);
GregorianCalendar(TimeZone timeZone);
GregorianCalendar(TimeZone timeZone,Locale locale);
```

GregorianCalendar 类提供了 Calendar 类中所有的抽象方法的实现，同时还提供了一些附加的方法，其中用来判断闰年的方法如下。

```
Boolean isLeapYear(int year);
```

如果 year 是闰年，该方法返回 true；否则返回 false。

3.3.5 集合

通常在程序开发阶段，根本不知道到底需要多少对象，甚至不知道它的准确类型，只有在程序运行时才知道创建了多少个对象。为了满足这些常规的编程需要，要求能在任何时候、任何地点创建任意数量的对象，而这些对象用什么来容纳呢？这时首先想到了数组，但是数组只能放统一类型的数据，而且其长度是固定的，那怎么办呢？集合便应运而生了。

Java 集合是一个用来存放对象的容器，存放于 java.util 包中。Java 集合框架如图 3-11 所示。

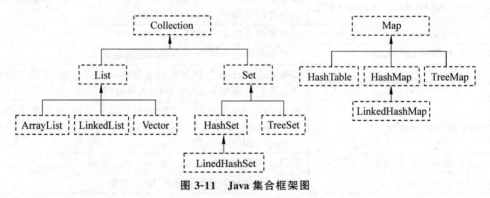

图 3-11　Java 集合框架图

从 Java 集合框架图中可以看出以下信息。

(1) 集合主要分为 Collection 和 Map 两个接口。
(2) Collection 又分别被 List 和 Set 继承。
(3) List 被 AbstractList 实现，然后分为 3 个子类：ArrayList、LinkedList 和 Vector。
(4) Set 被 AbstractSet 实现，又分为 2 个子类：HashSet 和 TreeSet。
(5) Map 被 AbstractMap 实现，又分为 3 个子类：HashTable、HashMap 和 TreeMap。

注意：

(1) 集合只能存放对象。比如将一个 int 型数据 1 存放在集合中，其实它是自动转换成 Integer 类后存入的,Java 中每一种基本类型都有对应的引用类型。

(2) 集合存放的是多个对象的引用,对象本身还是放在堆内存中。

(3) 集合可以存放不同类型,不限数量的数据类型。

1. Collection 接口

Collection 接口是集合类的根接口,Java 中没有提供这个接口的直接的实现类。但是让其被继承产生了两个接口,就是 Set 和 List。Collection 接口的常用方法如表 3-8 所示。

表 3-8 Collection 接口的常用方法

方 法	功 能
boolean add(E e)	向集合添加元素 e,若指定集合元素改变了则返回 true
boolean addAll(Collection<? extends E> c)	把集合 C 中的元素全部添加到集合中,若指定集合元素改变了则返回 true
void clear()	清空集合
boolean contains(Object o)	判断集合是否包含对象 o
boolean containsAll(Collection<?> c)	判断集合是否包含集合 c 的所有元素
boolean isEmpty()	判断集合的 size 是否为 0
boolean remove(Object o)	删除集合中的元素 o,若集合中有多个 o 元素,则只删除第一个元素
boolean removeAll(Collection<?> c)	删除集合中同时包含在集合 c 中的元素
boolean retainAll(Collection<?> c)	从集合中保留包含在集合 c 中的元素,其他元素则删除
int size()	集合的元素个数
T[] toArray(T[] a)	将集合转换为 T 类型的数组

1) List 接口

由于 List 接口继承自 Collection 接口,所以常用的方法也如表 3-8 所示。

List 是一个元素有序的、可以重复、可以为 null 的集合(有时候也叫它"序列"),存储内容时直接在内存中开辟一块连续的空间,然后将空间地址与索引对应。Java 集合框架中最常使用的 List 实现类是 ArrayList、Vector 和 LinkedList。

```
List list1=new ArrayList();//底层数据结构是数组,查询快,增删慢;线程不安全,效率高
List list2=new Vector();    //底层数据结构是数组,查询快,增删慢;线程安全,效率低
List list3=new LinkedList();//底层数据结构是链表,查询慢,增删快;线程不安全,效率高
```

其中,ArrayList 和 Vector 使用数组实现。可以认为 ArrayList 或者 Vector 封装了对内部数组的操作,如向数组中添加、删除、插入新的元素或者对数组的扩展和重定义。对 ArrayList 或者 Vector 的操作等价于对内部对象数据的操作。

LinkedList 使用循环双向链表数据结构。与 ArrayList 相比,LinkedList 的添加和删除的操作效率更高,而查找和修改的操作效率较低。

在各种 List 中,最常用的是 ArrayList,而当插入、删除频繁时,使用 LinkedList。Vector 总是比 ArrayList 慢,所以要尽量避免使用 Vector。

(1) ArrayList。ArrayList 继承自 AbstractList，并实现了 List 接口。ArrayList 类是一个可以动态修改的数组，与普通数组的区别就是它是没有固定大小的限制，可以添加或删除元素。ArrayList 类位于 java.util 包中，使用前需要引入它，语法格式如下。

```
import java.util.ArrayList;                              //引入 ArrayList 类
ArrayList<E> objectName = new ArrayList< E >();          //初始化
```

参数说明：E 为泛型数据类型，用于设置 objectName 的数据类型，只能为引用数据类型。objectName 为对象名。

ArrayList 类的常用方法如表 3-9 所示。

表 3-9　ArrayList 类的常用方法

方法名	说明
add(E e)	将指定的元素添加到列表的尾部
get(int index)	访问 ArrayList 中指定位置上的元素
set(int index，E element)	用指定的元素替换此列表指定位置上的元素
remove(int index)	移除列表中指定位置上的元素
size()	计算 ArrayList 中的元素个数

【例 3-46】　使用 ArrayList。

```
import java.util.ArrayList;
public class ArrayLisDemo {
    public static void main(String[] args) {
        ArrayList<String> list = new ArrayList<String>(); //创建 ArrayList 集合
        list.add("stu1");                                  //向集合中添加元素
        list.add("stu2");
        list.add("stu3");
        list.add("stu4");
        System.out.println("集合的长度:" + list.size());    //获取集合中元素的个数
        System.out.println("第 2 个元素是:" + list.get(1)); //输出指定位置上的元素
    }
}
```

程序运行结果如下。

```
集合的长度：4
第 2 个元素是：stu2
```

(2) Iterator 遍历器。Iterator 是一个用来遍历集合中元素的接口，主要有 hashNext()、next()、remove() 3 个方法。它的子接口 ListIterator 在其基础上又添加了 3 个方法，分别是 add()、previous()、hasPrevious()。

Object next() 方法返回遍历器中当前元素的引用，返回值是 Object，需要强制转换成自己需要的类型。

boolean hasNext() 方法判断容器内是否还有可供访问的元素。

void remove() 方法删除遍历器中当前的元素。

Iterator 类位于 java.util 包中,使用前需要引入它,语法格式如下。

```
import java.util.Iterator;  // 引入 Iterator 类
```

【例 3-47】 使用 Iterator。

```java
import java.util.*;
public class IteratorDemo {
    public static void main(String[] args) {
        ArrayList<String>list =new ArrayList<String>();//创建 ArrayList 集合
        list.add("data_1");         //向集合中添加字符串
        list.add("data_2");
        list.add("data_3");
        list.add("data_4");
        Iterator it =list.iterator();    //获取 Iterator 对象
        while (it.hasNext()) {           //判断 ArrayList 集合中是否存在下一个元素
            Object obj =it.next();       //取出 ArrayList 集合中的元素
            System.out.println(obj);
        }
    }
}
```

执行以上代码,输出结果如下。

```
data_1
data_2
data_3
data_4
```

2) Set 接口

Set 接口和 List 接口一样,同样继承自 Collection 接口,与 Collection 接口中的方法基本一致。Set 接口并没有对 Collection 接口进行功能上的扩充,只是比 Collection 接口更加严格。Set 是一个无序的、不重复的集合。

Set 接口主要有两个实现类,分别是 HashSet 和 TreeSet。其中,HashSet 根据对象的哈希值来确定元素在集合中的存储位置,具有良好的存取和查找性能。TreeSet 以二叉树的方式存储元素,可以对集合中的元素进行排序。

HashSet 类位于 java.util 包中,使用前需要引入它,语法格式如下。

```
import java.util.HashSet;        //引入 HashSet 类
```

【例 3-48】 使用 HashSet。

```java
import java.util.HashSet;
public class HashSetDemo {
    public static void main(String[] args) {
        HashSet<String>sites =new HashSet<String>();    //创建 HashSet 集合
        sites.add("北京");   //向该集合中添加字符串
        sites.add("上海");
        sites.add("天津");
```

```
            sites.add("成都");
            sites.add("北京");   //重复的元素不会被添加
            for (String i : sites) {
                System.out.print(i+" ");
            }
        }
    }
```

执行以上代码,输出结果如下。

北京 上海 天津 成都

2. Map 接口

Map 是 Java.util 包中的另一个接口,它和 Collection 接口没有关系,但是都属于集合类的一部分。Map 包含了 key-value 对。Map 不能包含重复的 key,但是可以包含相同的 value。

严格来说,Map 并不是一个集合,而是两个集合之间的映射关系。这两个集合每一条数据通过映射关系,可以看成是一条数据。因为 Map 集合既没有实现 Collection 接口,也没有实现 Iterable 接口,所以不能对 Map 集合进行 foreach 遍历。

HashMap 实现了 Map 接口,HashMap 是一个哈希表,是无序的,即不会记录插入的顺序。它存储的内容是键值对映射。根据键的 HashCode 值存储数据,具有很快的访问速度,最多允许一条记录的键为 null,不支持线程同步。HashMap 的 key 与 value 类型可以相同也可以不同,可以是字符串(String)类型的 key 和 value,也可以是整型(Integer)的 key 和字符串(String)类型的 value。

HashMap 类位于 java.util 包中,使用前需要引入它。

【例3-49】 使用 HashMap。

```
import java.util.HashMap;
public class HashMapDemo{
    public static void main(String[] args) {
        //创建 HashMap 对象 Sites
        HashMap< Integer, String>Sites =new HashMap< Integer, String>();
        //添加键值对
        Sites.put(1, "北京");
        Sites.put(2, "上海");
        Sites.put(3, "天津");
        Sites.put(4, "成都");
        //输出 key 和 value
        for (Integer i : Sites.keySet()) {
            System.out.println("key: "+i+" value: "+Sites.get(i));
        }
        //返回所有 value 值
        for(String value: Sites.values()) {
          //输出每一个 value
          System.out.print(value +", ");
```

```
        }
    }
}
```

程序运行结果如下。

```
key: 1 value: 北京
key: 2 value: 上海
key: 3 value: 天津
key: 4 value: 成都
北京, 上海, 天津, 成都,
```

3.3.6 拓展训练——Java 增强特性

1. JDK 5.0

虽然 JDK 已经更新到了 1.9,但是 1.5(5.0)的变化是最大的。JDK 1.5 增加了以下主要功能。

1) 增强 for 循环

增强 for 循环是 JDK 1.5 以后出来的一个高级 for 循环,专门用来遍历数组和集合的。它其实是个 Iterator 遍历器,所以在遍历的过程中,不能对集合中的元素进行增删操作。

语法格式如下。

```
for( 元素类型 变量名 : Collection集合 & 数组 ) {
    ...
}
```

参数说明:第一个参数是声明一个变量;第二个参数是需要遍历的容器。

【例 3-50】 使用增强 for 语句遍历数组。

```
public class Test {
    public static void main(String[] args) {
        int[] intary = { 1,2,3,4};
        System.out.println("使用 foreach 循环数组");
        for (int a  : data) {
            System.out.print(a+" ");
        }
    }
}
```

注意:在使用增强 for 循环时不能对元素进行赋值,例如:

```
int[] arr ={1, 2, 3};
for(int num : arr) {
    num =0; //不能改变数组的值
}
```

```
System.out.println(arr[1]);          //2 还是原来的值
```

2) 泛型

Java 泛型是 JDK 5 中引入的一个新特性,泛型提供了编译时类型安全检测机制,该机制允许程序员在编译时检测到非法的类型。泛型的本质是参数化类型,也就是说所操作的数据类型被指定为一个参数。

(1) 泛型方法。泛型方法在调用时可以接收不同类型的参数。根据传递给泛型方法的参数类型,编译器适当地处理每一个方法调用。定义泛型方法的规则如下。

① 所有泛型方法声明都有一个类型参数声明部分(由尖括号分隔),该类型参数声明部分在方法返回类型之前。

② 每一个类型参数声明部分包含一个或多个类型参数,参数间用逗号隔开。泛型参数也称为类型变量,是用于指定一个泛型类型名称的标识符。

③ 类型参数能被用来声明返回值类型,并且能作为泛型方法得到的实际参数类型的占位符。

④ 泛型方法体的声明和其他方法一样。注意类型参数只能代表引用型类型,不能是原始类型(如 int、double、char 等)。

【例 3-51】 比较三个值并返回最大值。

```
public class MaximumTest{
    public static <T extends Comparable<T>>T maximum(T x, T y, T z){

        T max =x;                        //假设 x 是初始最大值
        if ( y.compareTo( max ) >0 ){
            max =y;                      //y 更大
        }
        if ( z.compareTo( max ) >0 ){
            max =z;                      //现在 z 更大
        }
        return max;                      //返回最大对象
    }
    public static void main( String args[] ) {
        System.out.printf("%d, %d 和 %d 中最大的数为 %d\n\n",
                    3, 4, 5, maximum( 3, 4, 5 ) );
        System.out.printf("%.1f, %.1f 和 %.1f 中最大的数为 %.1f\n\n",6.6, 8.8,
                    7.7, maximum( 6.6, 8.8, 7.7 ) );
        System.out.printf( "%s, %s 和 %s 中最大的数为 %s\n","pear","apple",
                    "orange", maximum( "pear", "apple", "orange" ) );
    }
}
```

编译以上代码,运行结果如下。

```
3, 4 和 5 中最大的数为 5
6.6, 8.8 和 7.7 中最大的数为 8.8
pear, apple 和 orange 中最大的数为 pear
```

(2) 泛型类。泛型类的声明和非泛型类的声明类似，但泛型类声明时在类名后面添加了类型参数声明部分。

```java
class Tool<Q>{
    private Q obj;
    public void setObject(Q obj) {
        this.obj =obj;
    }
    public Q getObject() {
        return obj;
    }
}
```

【例3-52】 使用泛型类。

```java
public class Box<T>{
    private T t;
    public void add(T t) {
        this.t =t;
    }
    public T get() {
        return t;
    }
    public static void main(String[] args) {
        Box<Integer> integerBox =new Box<Integer>();
        Box<String> stringBox =new Box<String>();

        integerBox.add(new Integer(10));
        stringBox.add(new String("软件学院"));

        System.out.printf("整型值为 :%d\n\n", integerBox.get());
        System.out.printf("字符串为 :%s\n", stringBox.get());
    }
}
```

输出结果如下。

整型值为 :10
字符串为 :软件学院

(3) 泛型中的通配符。

① 类型通配符一般是使用"?"代替具体的类型参数。例如 List<?> 在逻辑上是 List<String>、List<Integer> 等所有 List<具体类型实参>的父类。

【例3-53】 通配符的使用。

```java
import java.util.*;
public class GenericTest {
    public static void main(String[] args) {
        List<String> name =new ArrayList<String>();
        List<Integer> age =new ArrayList<Integer>();
```

111

```
        List<Number>number =new ArrayList<Number>();
        name.add("icon");
        age.add(18);
        number.add(314);
        getData(name);
        getData(age);
        getData(number);
    }
    public static void getData(List<? >data) {
        System.out.println("data :" +data.get(0));
    }
}
```

输出结果如下。

```
data :icon
data :18
data :314
```

分析：因为 getData()方法的参数是 List 类型的，所以 name、age、number 都可以作为这个方法的实参，这就是通配符的作用。

② 类型通配符上限通过如 List 的格式来定义，如此定义就是通配符泛型值接收 Number 及其下层子类类型。

【例 3-54】 通配符上限的使用。

```
import java.util.*;
public class GenericTest {
    public static void main(String[] args) {
        List<String>name =new ArrayList<String>();
        List<Integer>age =new ArrayList<Integer>();
        List<Number>number =new ArrayList<Number>();
        name.add("icon");
        age.add(18);
        number.add(314);
        //getUperNumber(name);         //1
        getUperNumber(age);            //2
        getUperNumber(number);         //3
    }
    public static void getData(List<? >data) {
        System.out.println("data :" +data.get(0));
    }
    public static void getUperNumber(List<? extends Number>data) {
        System.out.println("data :" +data.get(0));
    }
}
```

输出结果如下。

```
data :18
data :314
```

分析：在"//1"处会出现错误，因为 getUperNumber()方法的参数已经限定了参数泛型上限为 Number，泛型 String 不在这个范围之内，所以会报错。

③ 类型通配符下限通过如 List<? super Number>的格式来定义，表示类型只能接收 Number 及其三层父类类型，如 Object 类型的实例。

2. JDK 7.0

在 JDK 7.0 中，switch 语句的表达式增加了对字符串类型的支持。

3. JDK 8.0

Java 8 新增了非常多的特性，如下所述。

（1）Lambda 表达式：Lambda 允许把方法作为一个方法的参数（方法作为参数传递到方法中）。

（2）方法引用：方法引用提供了非常有用的语法，可以直接引用已有 Java 类或对象（实例）的方法或构造方法。与 Lambda 联合使用，方法引用可以使语言的构造更紧凑简洁，减少冗余代码。

（3）默认方法：默认方法就是在接口中已被实现的方法。

（4）新工具：新的编译工具，如 Nashorn 引擎 jjs、类依赖分析器 jdeps。

（5）Stream API：新添加的 Stream API（java.util.stream）把真正的函数式编程风格引入 Java 中。

（6）Date Time API：加强对日期和时间的处理。

（7）Optional 类：Optional 类已经成为 Java 8 类库的一部分，用来解决空指针异常。

（8）Nashorn JavaScript 引擎：Java 8 提供了一个新的 Nashorn javascript 引擎，它允许在 JVM 上运行特定的 JavaScript 应用。

4. JDK 9

Java 9 发布于 2017 年 9 月 22 日，带来了很多新特性，其中最主要的变化是已经实现的模块系统。

（1）模块系统：模块是一个包的容器，Java 9 最大的变化之一是引入了模块系统（Jigsaw 项目）。

（2）REPL(JShell)：交互式编程环境。

（3）HTTP 2 客户端：HTTPClient API 支持 WebSocket 和 HTTP2 流以及服务器推送特性。

（4）改进的 Javadoc：Javadoc 现在支持在 API 文档中进行搜索。另外，JavaDoc 的输出现在符合兼容 HTML5 标准。

（5）多版本兼容 JAR 包：多版本兼容 JAR 功能能让用户创建仅在特定版本的 Java 环境中运行库程序时选择使用的类版本。

（6）集合工厂方法：在 List、Set 和 Map 接口中，新的静态工厂方法可以创建这些集合的不可变实例。

(7) 私有接口方法：在接口中可以使用私有方法。

(8) 进程 API：改进的 API 用于控制和管理操作系统进程。

(9) 改进的 Stream API：改进的 Stream API 使流处理更容易，并使用收集器编写复杂的查询。

(10) 改进的 try-with-resources：如果已经有一个资源是 final 的或等效于 final 变量，就可以在 try-with-resources 语句中使用该变量，而无须在 try-with-resources 语句中声明新变量。

(11) 改进的弃用注解 @Deprecated：注解 @Deprecated 可以标记 Java API 状态，可以表示被标记的 API 将会被移除，或者已经破坏。

(12) 改进的钻石操作符（diamond operator）：匿名类现在可以使用钻石操作符（diamond operator）。

(13) 改进的 Optional 类：java.util.Optional 添加了很多新的有用方法，Optional 可以直接转为 stream。

(14) 多分辨率图像 API：定义多分辨率图像 API，开发者可以很容易地操作和展示不同分辨率的图像。

(15) 改进的 CompletableFuture API：CompletableFuture 类的异步机制可以在 ProcessHandle.onExit() 方法退出时执行操作。

(16) 轻量级的 JSON API：内置了一个轻量级的 JSON API。

(17) 响应式流（reactive streams）API：Java 9 中引入了新的响应式流 API 来支持 Java 9 中的响应式编程。

3.3.7　任务实现

DBHelper 类封装了对数据库的所有操作。

任务 3.4　录入异常处理

考试结束后，要把成绩输入数据库中，以便统计总分，对于不合法的数据，系统应该能够发现并做出相应的处理，如图 3-12 所示。

一个好的程序应该能对多种不同的特殊情况做出不同的反应，对于突发情况也应有对应的处理方法。在编程时应考虑到各种突发情况，并在程序中给出解决方案，使程序的健壮性增强。

假设有一个司机从 A 地开车前往 B 地。若在某处有一岔路口，一般选择左边路程会近一些。但当司机选择左边，将车开到途中时发现正在修路（突发情况），无法通过。这时，司机就会掉头回到刚才的岔路口处，重新选择右边的路，继续前进。我们所编的程序也应该像这样，有一定的智能化的设计。这就要求在编写程序时，应该试着确定程序可能出现的错误，然后加入处理错误的代码。例如，当程序执行文件 I/O 操作时，应检测文件

图 3-12 成绩输入异常

打开以及读写操作是否成功,并且在出现错误时做出正确的反应。随着程序复杂性的增加,为处理错误而必须包括在程序中代码的复杂性也相应地增加了。

为使程序更易于检测和处理错误,Java 实现了异常处理机制,Java 语言的异常处理机制是 Java 语言健壮性的一个重要体现。

3.4.1 异常的概念

程序的错误,一种是编译错误,通常语法错误。如果使用了错误的语法、方法和类,程序就无法被生成运行代码。另一种是在运行时发生的错误,它分为不可预料的逻辑错误和可以预料的运行异常。

Java 把异常当作对象来处理,并定义一个基类 java.lang.Throwable 作为所有异常类的超类。在 Java API 中已经定义了许多异常类,这些异常类分为两大类:错误 Error 和异常 Exception。

Java 异常体系结构呈树状,如图 3-13 所示。

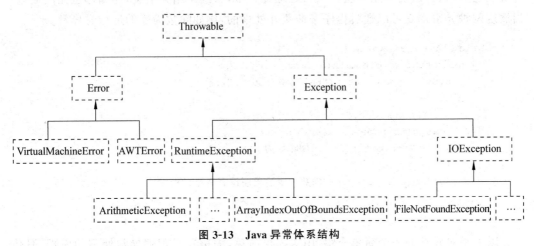

图 3-13 Java 异常体系结构

Thorwable类所有异常和错误的超类有两个子类Error和Exception，分别表示错误和异常。其中异常类Exception又分为运行时异常（RuntimeException）和非运行时异常，这两种异常有很大的区别，也称为不检查异常（unchecked exception）和检查异常（checked exception）。

1. Error 与 Exception

Error是Throwable的子类，用于指出应用程序不应该试图捕获的严重问题。比如OutOfMemoryError、ThreadDeath等。这些异常发生时，Java虚拟机（JVM）一般会选择终止线程。

Exception类及其子类是Throwable的一种形式，它指出应用程序想要捕获的条件。Exception是程序本身可以处理的异常，这种异常分两大类运行时异常和非运行时异常。程序中应当尽可能地处理这些异常。

2. 运行时异常和非运行时异常

运行时异常都是RuntimeException类及其子类，如NullPointerException、IndexOutOfBoundsException等，这些异常是不检查异常，程序中可以选择捕获处理，也可以不处理。这些异常一般是由程序逻辑错误引起的，程序应该从逻辑角度尽可能避免这类异常的发生。

非运行时异常是RuntimeException以外的异常，属于Exception类及其子类。从程序语法角度看是必须进行处理的异常，如果不处理，程序就不能编译通过。如IOException、SQLException等以及用户自定义的Exception异常，一般情况下不自定义检查异常。

运行时异常通常是无法让程序恢复运行的异常，导致这种异常的原因通常是由于执行了错误的操作。一旦出现错误，建议让程序终止。

非运行时异常通常是程序可以处理的异常。如果抛出异常的方法本身不处理或者不能处理它，那么方法的调用者就必须去处理该异常，否则调用会出错，连编译也无法通过。当然这两种异常都是可以通过程序来捕获并处理的，比如除数为零的运行时异常。

```
public class HelloWorld {
    public static void main(String[] args) {
        System.out.println("Hello World!!!");
        try{
            System.out.println(1/0);
        }catch(ArithmeticException e){
            System.out.println("除数为 0!");
        }
        System.out.println("除数为零后程序没有终止!");
    }
}
```

以上是对异常的一个简单介绍，用法都很简单，关键在于理解异常处理的原理，具体用法参看Java API文档。

3.4.2 异常处理机制

Java 异常处理是 Java 语言的一大特色,也是个难点,掌握异常处理可以让编写的代码更健壮和易于维护。

Java 异常处理的目的是提高程序的健壮性,你可以在 catch 和 finally 代码块中给程序一个修正机会,使得程序不因异常而终止或者流程发生意外的改变。同时,获取 Java 异常信息,也为程序的开发维护提供了方便,一般通过异常信息就能很快找到出现异常的问题(代码)所在。

Java 对异常的处理是按异常分类处理的,不同的异常有不同的分类,每种异常都对应一个类型,每个异常都对应一个异常(类的)对象。Java 异常处理通过 5 个关键字 try、catch、throw、throws、finally 进行管理。

(1) 在方法中用 try_catch 语句捕获并处理异常,catch 语句可以有多个,用来匹配多个异常。

基本过程是:用 try 语句块包含要监视的语句,如果在 try 语句块内出现异常,则异常会被抛出,你的代码在 catch 语句块中可以捕获到这个异常并做处理;还有以部分系统生成的异常在 Java 运行时自动抛出。你也可以通过 throws 关键字声明该方法要抛出异常,然后在方法内部通过 throw 抛出异常对象。finally 语句块会在方法执行 return 语句之前执行。语法格式如下。

```
try{
    代码 1
}catch(异常类型 1  异常的变量名 1){
    代码 2
}catch(异常类型 2  异常的变量名 2){
    代码 3
...
}finally{
    代码 n
}
```

catch 语句可以有多个,用来匹配多个异常,匹配其中的一个后,执行该异常对应的 catch 语句块。catch 的类型是 Java 语言中定义的或者程序员自己定义的,表示代码抛出异常的类型,异常的变量名表示抛出异常的对象的引用,如果 catch 捕获并匹配上了该异常,那么就可以直接用这个异常变量名,此时该异常变量名指向所匹配的异常,并且在 catch 代码块中可以直接引用。

如果每个方法都是简单地抛出异常,那么在方法调用方法的多层嵌套调用中,Java 虚拟机会从出现异常的方法代码块中往回找,直到找到处理该异常的代码块为止。然后将异常交给相应的 catch 语句处理。如果 Java 虚拟机追溯到方法调用栈最底部 main() 方法时,仍然没有找到处理异常的代码块,将按照下面的步骤处理。

① 调用异常的对象的 printStackTrace() 方法,输出方法调用栈的异常信息。

② 如果出现异常的线程为主线程,则整个程序运行终止;如果非主线程,则终止该线程,其他线程继续运行。

可以看出,越早处理异常消耗的资源和时间越小,产生影响的范围也越少。因此,不要把自己能处理的异常也抛给调用者。

还有一点不可忽视,finally 语句块在任何情况下都必须执行,这样可以保证一些在任何情况下都必须执行代码的可靠性。比如,在数据库查询异常的时候,应该释放 JDBC 连接等。finally 语句先于 return 语句执行,而不论其先后位置,也不管是否 try 块出现异常。finally 语句唯一不被执行的情况是方法执行了 System.exit()方法。System.exit()的作用是终止当前正在运行的 Java 虚拟机。finally 语句块中不能通过给变量赋新值来改变 return 的返回值,也建议不要在 finally 块中使用 return 语句,这样没有意义还容易导致错误。

以下情形,finally 块将不会被执行:finally 块中发生了异常;程序所在线程终止;在前面的代码中用了 System.exit();关闭 CPU。

【例 3-55】 捕获并处理异常。

```java
import java.util.*;
public class TestException{
    public static void main(String[] args)    {
        int network,dataBase,java,total=0;
        try {     //try语句块
            System.out.println("输入三门课的成绩:");
            network=Integer.parseInt(args[0]);
            dataBase=Integer.parseInt(args[1]);
            java=Integer.parseInt(args[2]);
            total=network+dataBase+java;
             System.out.print("该生三门课的总成绩为:"+total);
        }
        catch (ArrayIndexOutOfBoundsException aeb) { //捕获数组元素个数异常
            System.out.println("数组元素个数异常:必须输入 3 个数");
        }
        catch (NumberFormatException nfe) {          //捕获数字格式异常
            System.out.println("数字格式异常:程序只能接收整数参数");
        }
        catch (ArithmeticException ae) {             //捕获算术运算异常
           System.out.println("算术异常");
        }
        catch (Exception e) {
            System.out.println("不可知异常");
        }
        finally{
        }
    }
}
```

最后还应该注意以下异常处理的语法规则。

① try 语句不能单独存在,可以和 catch、finally 组成 try-catch-finally、try-catch、tryfinally 三种结构，catch 语句可以有一个或多个，finally 语句只能有一个，try、catch、finally 这三个关键字均不能单独使用。

② try、catch、finally 代码块中变量的作用域各自独立不能相互访问。如果要在三种块中都可以访问，则需要将变量定义到这些块的外面。

③ 有多个 catch 块时，Java 虚拟机会匹配其中一个异常类或其子类，就执行这个 catch 语句块，而不会再执行别的 catch 语句块。定义多个 catch 可精确地定位异常。如果为子类的异常定义了特殊的 catch 语句块，而父类的异常则放在另外一个 catch 语句块中，此时必须满足以下规则：子类异常的处理块必须在父类异常处理块的前面，否则会发生编译错误。所以，越特殊的异常越在前面处理，越普遍的异常越在后面处理。这类似于制定防火墙的规则次序：较特殊的规则在前，较普通的规则在后。

④ throw 语句后不允许紧跟其他语句，因为这些语句没有机会执行。

⑤ 如果一个方法调用了另外一个声明抛出异常的方法，那么这个方法要么处理异常，要么声明抛出。

(2) 对于处理不了的异常或者要转型的异常，在方法的声明处通过 throws 语句抛出异常。例如：

```
public void test1() throws MyException{
    ...
    if(...){
    throw new MyException();
    }
}
```

那怎么判断一个方法可能会出现异常呢？一般有 3 种情形：①方法在声明的时候用了 throws 语句；②方法中有 throw 语句；③方法调用的方法声明中有 throws 关键字。

throw 用来抛出一个异常，在方法体内。语法格式如下。

throw 异常对象

throws 用来声明方法可能会抛出什么异常，在方法名后，语法格式如下。

throws 异常类型 1,异常类型 2,...,异常类型 n

【例 3-56】 抛出异常。

```
public class TestThrows{
    public static void f2() throws Exception{     //f2 抛出 Exception 异常
        System.out.println("进入方法 2");
        throw new Exception("在方法 2 中产生异常");
    }
    public static void f1(){
        System.out.println("进入方法 1");
        try{
            f2();
        }
        catch (Exception e) {
```

```
            System.out.println(e.getMessage());
        }
        System.out.println("退出方法1");
    }
    public static void main(String arg[ ]) {
        System.out.println("进入main()方法");
        f1();
        System.out.println("退出main()方法");
    }
}
```

3.4.3 自定义异常类

创建 Exception 或者 RuntimeException 的子类即可得到一个自定义的异常类。

【例 3-57】 求圆的面积。

```
class Radius_Exception extends Exception{ //创建 Exception 子类
    public String getMessage(){
        return "半径不能为负数";
    }
}
public class CircleArea{
    static double area;
    static final double PI = 3.1415926;
    //声明抛出自定义异常
    public static void getArea(double r) throws Radius_Exception{
        if(r<0){
            throw new Radius_Exception();
        }
        area = PI * r * r;
        System.out.println("圆的面积是:"+area);
    }
    public static void main(String []args){
        try{
            getArea(10);
            getArea(-10);
        }
        catch(Radius_Exception re){
            System.out.println(re.getMessage());
        }
    }
}
```

3.4.4 实现机制

成绩异常处理的实现,参考以下代码。

```java
import javax.swing.*;
//定于低于0分的异常
class LowMarkException extends Exception{      //自定义异常 LowMarkException
    public LowMarkException ()     {
        super("分数低于0分异常");
    }
    public void printMessage()     {
        System.out.println("分数不能低于0分");
    }
}
//定义高于100分的异常
class HighMarkException extends Exception   { //自定义异常 HighMarkException
    public HighMarkException () {
        super("分数高于100分异常");
    }
    public void printMessage() {
        System.out.println("分数不能高于100分");
    }
}
public class ExceptionDemo{
    static final int number=2;
    int score[ ]=new int[number];
    //检查分数是否合法,抛出相应的异常
    public void check(int mark) throws LowMarkException,HighMarkException {
        if(mark >100) throw new HighMarkException();
        if(mark <0) throw new LowMarkException();
        System.out.println("分数 =" +mark);
    }
    //录入分数操作
    public void input(){
        int i;
        for(i=0;i<number;i++){
            try {
                score[i]=Integer.parseInt(JOptionPane.showInputDialog
                            ("请输入第"+(i+1)+"个同学的成绩"));
            }
            catch(Exception e) {
                System.out.println("非整数数据,请重新输入");
                JOptionPane.showMessageDialog(null,"请重新输入第"+(i+1)+"个
                            同学的成绩");
                i--;
                continue;
            }
            try{
                check(score[i]);
            }
            catch(HighMarkException e){
                e.printMessage();
                JOptionPane.showMessageDialog(null,"请重新输入第"+(i+1)+"个同
```

```
                学的成绩");
                i--;
                continue;
            }
            catch(LowMarkException e){
                e.printMessage();
                JOptionPane.showMessageDialog(null,"请重新输入第"+(i+1)+"个同
                学的成绩");
                i--;
                continue;
            }
        }
    }
    //输出分数操作
    public void output() {
        int i;
        for(i=0;i<number;i++) {
            System.out.println("第"+(i+1)+"名同学成绩为:"+score[i]);
        }
    }
    public static void main(String arg[ ]) {
        ExceptionDemo demo=new ExceptionDemo();
        demo.input();
        demo.output();
    }
}
```

3.4.5 拓展训练——异常转型和异常链

异常转型实际上就是捕获到异常后,将异常以新的类型的异常再抛出,这样做一般是为了使异常的信息更直观。例如:

```
public void run() throws MyException{
    ...
    try{
        ...
    }catch(IOException e){
        ...
        throw new MyException();
    }finally{
        ...
    }
}
```

在 JDK 1.4 以后版本中,Throwable 类支持异常链机制。Throwable 包含了线程创建时线程执行堆栈的快照,给出有关错误更多信息的消息字符串,以及抛出异常的原因。因为"原因"自身也会有"原因",以次类推,就形成了异常链,即每个异常都是由另一个异

常引起的。

通俗地说,异常链就是把原始的异常包装为新的异常类,并在新的异常类中封装了原始异常类,这样做的目的在于找到异常的根本原因。

通过 Throwable 类的两个构造方法可以创建自定义的包含异常原因的异常类型。

(1) Throwable(String message,Throwable cause):构造一个带指定详细消息和原因的新异常类。

(2) Throwable(Throwable cause):构造一个带指定原因和 cause==null? null:cause.toString()(它通常包含类和 cause 的详细消息)的详细消息的新异常类。

以下两个方法用于获取和初始化原因(cause)。

(1) getCause():返回此异常类的 cause;如果 cause 不存在或未知,则返回 null。

(2) initCause(Throwable cause):将此异常类的 cause 初始化为指定值。

在 Throwable 的子类 Exception 中,也有类似的指定异常原因的构造方法。

(1) Exception(String message,Throwable cause):构造带指定详细消息和原因的新异常。

(2) Exception(Throwable cause):根据指定的原因和 cause==null? null:cause.toString()的详细消息构造新异常类。

因此,可以通过扩展 Exception 类来构造带有异常原因的新的异常类。

习 题 3

一、选择题

1. 面向对象程序设计的基本特征是(   )。
   A. 抽象   B. 封装   C. 继承   D. 多态
2. 下面关于类的说法正确的是(   )。
   A. 类是 Java 语言中的一种复合数据类型
   B. 类中包含数据变量和方法
   C. 类是对所有具有一定共性的对象的抽象
   D. Java 语言的类只支持单继承
3. 下列选项中,用于在定义类时声明父类名的关键字是(   )。
   A. package   B. interface   C. class   D. extends
4. 定义类时可以使用的访问控制符是(   )。
   A. private   B. protected   C. public   D. default
5. 有一个类 A,对于其构造方法的声明正确的是(   )。
   A. void A(int x){...}   B. A(int x){...}
   C. A A(int x){...}   D. int A(int x){...}
6. 设 X 为已定义的类名,下列声明对象 x1 的语句中正确的是(   )。

A. static X x1;　　　　　　　　　　B. private X x1＝new X();
C. abstract X x1;　　　　　　　　　D. final X x1＝new X();

7. 设类 B 是类 C 的父类,下列声明对象 x1 的语句中不正确的是(　　)。
A. B x1＝new B();　　　　　　　　B. B x1＝new C();
C. C x1＝new C();　　　　　　　　D. C x1＝new B();

8. 运行下面的程序,结果是(　　)。

```
public class A {
  public static void main (String[] args){
    B b=new B();
    b.test();
  }
  public void test() {
    System.out.print ("A");
  }
}
class B extends A{
  void test() {
    super.test();
    System.out.println("B");
  }
}
```

A. 产生编译错误,因为类 B 覆盖类 A 的方法 test()时,降低了其访问控制的级别
B. 代码可以编译运行,并输出结果：AB
C. 代码可以编译运行,但没有输出
D. 代码可以编译运行,并输出结果：A

9. 以下程序运行的结果是(　　)。

```
public class A implements B{
  public static void main (String[] args){
    int m,n;
    A t=new A();
    m=t.k;
    n=B.k;
    System.out.println(m+","+n);
  }
}
interface B { int k =5;}
```

A. 5,5　　　　B. 0,5　　　　C. 0,0　　　　D. 产生编译错误

10. 为了使包 abc 中的所有类在当前程序中可见,可以使用的语句是(　　)。
A. import abc.*;　　　　　　　　　B. package abc.*;
C. import abc;　　　　　　　　　　D. package abc;

11. 为了区分重载同名的不同方法,要求(　　)。
A. 采用不同的形式参数列表　　　　B. 返回值类型不同

C. 参数名不同 D. 以上都对

12. 设 X,Y 为已定义的类名,下列声明 X 类的对象 x1 的语句中正确的是(　　)。
    A. static X x1;　　　　　　　　B. public X x1=new X(int 123);
    C. Y x1;　　　　　　　　　　　D. X x1=X();

13. Java 语言类间的继承关系是(　　)。
    A. 多重的　　B. 单重的　　C. 线程的　　D. 不能继承

14. 现有两个类 M、N,以下描述中表示 N 继承自 M 的是(　　)。
    A. class M extends N　　　　　B. class N implements M
    C. class M implements N　　　 D. class N extends M

15. 为了捕获一个异常,代码必须放在(　　)语句块中。
    A. try　　B. catch　　C. throws　　D. finally

16. finally 块中的代码将(　　)。
    A. 总是被执行
    B. 如果 try 块后面没有 catch 块时,finally 块中的代码才会执行
    C. 异常发生时才被执行
    D. 异常没有发生时才被执行

17. 一个异常将终止(　　)。
    A. 整个程序　　　　　　　　　　B. 抛出异常的方法
    C. 产生异常的 try 块　　　　　　D. 以上都不对

18. 抛出异常时应该使用的语句是(　　)。
    A. throw　　B. catch　　C. finally　　D. throws

19. 自定义异常类时,可以继承的类是(　　)。
    A. Error　　B. Applet　　C. Exception　　D. AssertionError

20. 下列描述中错误的是(　　)。
    A. 一个程序抛出异常,任何运行中的程序都可以捕获
    B. 算术溢出需要进行异常处理
    C. 在方法中检测到错误但不知如何处理时,方法就声明异常
    D. 没有被程序捕获的异常最终默认被处理程序处理

二、填空题

1. 如果子类中的某个变量名与父类中的某个变量名完全一致,则称子类中的这个变量_____了父类的同名变量。

2. 如果子类中的某个方法名、返回值类型和_____与父类中的某个方法完全一致,则称子类中的这个方法覆盖了父类的同名方法。

3. 抽象方法只有方法头,没有_____。

4. 接口中所有的属性均为_____、_____和_____的。

5. 一个类如果实现一个接口,那么它就必须实现接口中定义的所有方法,否则该类就必须定义为_____。

6. 在 Java 语言中用于表示类间继承的关键字是_____。

7. 下面是一个类的定义,请将其补充完整。

```
_____ A{
    String s;
    _____ int a=666;
    A(String s1){
        s=s1;
    }
    static int geta(){
        return a;
    }
}
```

8. 自定义异常类必须继承自_____类或其子类。

9. 异常处理机制允许根据具体的情况选择在何处处理异常,可以在_____捕获并处理,也可以用 throws 子句把它交给_____处理。

10. 数组下标越界对应的异常类是_____。

11. 为达到高效运行的要求,_____的异常可以直接交给 Java 虚拟机系统来处理,而类派生出的非运行异常,则要求编写程序捕获或者声明。

三、编程题

1. 定义一个学生类 Student,属性包括学号、姓名、性别、年龄。构造方法用于给各属性赋值;普通方法有两个,一个用于修改学号、姓名、性别、年龄,另一个 toString()方法将 Student 类中的所有属性组合成一个字符串输出。

2. 为学生类派生出一个子类研究生类(GraduateStudent)。研究生类在学生类的属性上增加一个专业(profession)属性。构造方法要继承父类的构造方法并加以扩充;普通方法增加修改专业的方法;重写父类中的 toString()方法,使它能除了显示学生类的信息外,还要显示它的专业属性。

3. 设计一个人员类 Person,其中包含一个方法 pay()方法,代表人员的工资支出。在从 Person 类派生出助教类 Assistant、讲师类 Instructor 和教授类 Professor。其中:

工资支出=基本工资+授课时数×每课时酬金

助教基本工资为 2000 元,每课时酬金为 35 元;讲师基本工资为 2800 元,每课时酬金为 40 元;教授基本工资为 4000 元,每课时酬金为 45 元。将 pay()方法定义在接口中,设计实现多态性。

4. 定义一个名为 MyRectangle 的矩形类,类中有 4 个私有的整型域,分别是矩形的左上角坐标(xUp,yUp)和右下角坐标(xDown,yDown);类中定义没有参数的构造方法和有 4 个 int 参数的构造方法,用来初始化类对象。类中还有以下方法:getW()——计算矩形的宽度;getH()——计算矩形的高度;area()——计算矩形的面积;toString()——把矩形的宽、高和面积等信息作为为字符串返回。编写应用程序使用 MyRectangle 类。

5. 设计一个长方体类 MyCube,该类包含第 4 题中的 MyRectangle 类的对象作为类的成员,表示长方体的底面;此外还包含一个整型变量 d,表示长方体的高。类中定义构造方法初始化类对象、定义求体积和表面积的方法。编写应用程序测试 MyCube 类。

6. 定义一个抽象基类 Shape,它包含一个抽象方法 getArea()。从 Shape 类派生出 Rectangle 和 Circle 类,这两个类都用 getArea()方法计算对象的面积。编写应用程序使用 Rectangle 类和 Circle 类。

7. 定义一个接口 ClassName,接口中只有一个抽象方法 getClassName()。设计一个类 Horse,该类实现接口 ClassName 中的方法 getClassName(),功能是获取该类的类名。编写应用程序使用 Horse 类。

8. 编写程序,要求输入若干整数,输入的同时计算前面输入各数据的乘积。当乘积超过 100000 时,则认为是异常,捕获这个异常并处理。

9. 简述 List、Set、Map 三个接口存取元素时各有什么特点。

10. 编写一个程序,向 ArrayList 集合中添加 5 个对象,然后使用遍历器输出集合中的对象。

11. 编写一个程序,向 Properties 集合存入 5 个配置项,并遍历出所有的配置项。

12. 编写一个程序,接收一个字符串,将字符串中每个单词的首字母改为大写。

项目 4　设计系统 GUI 界面——图形用户界面设计

技能目标

（1）能运用布局管理器及各种可视组件设计应用程序图形界面。
（2）能绘制简单的图形。

知识目标

（1）了解 AWT 和 Swing 组件的基础知识。
（2）掌握各种可视组件的用法。
（3）掌握容器组件的布局样式。
（4）掌握 Java 的事件处理机制。
（5）掌握绘制简单图形的方法。

项目任务

本项目的任务是输入学生的姓名、性别、个人爱好与籍贯信息并输出。学生的信息输入形式是借助于图形化的用户界面实现的。为方便用户的输入，在图形化界面中使用了很多可视组件。

本项目通过 4 个任务向读者展现 Java 的 GUI 界面设计，包括系统登录界面设计、系统主界面设计、学生成绩的图形绘制以及电子相册。

任务 4.1　系统登录界面设计

通常，运行一个应用系统都会先启动一个登录界面，本任务的目标是为用户提供进入学生信息管理系统的登录界面，只有正确输入用户名和密码后才能进入系统。登录界面的实现涉及 Java 最基础的 GUI 编程，目标效果如图 4-1 所示。

当用户输入正确的登录信息后，单击"登录"按钮，系统将获取该界面中的用户名、密码和用户权限信息，再与后台的数据库进行匹配。若匹配成功，系统将进入主界面，否则将弹出错误提示信息，如图 4-2 所示。

要实现系统的登录界面，就需要学习 Java GUI 编程的相关知识。可以带着如下的问题来学习。

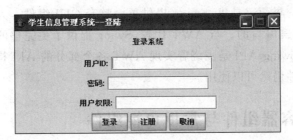

图 4-1 系统登录界面

图 4-2 系统登录错误提示

(1) 如何建立登录界面?
(2) 如何去掉窗口中的标题栏?
(3) 如何把组件(如按钮等)放在窗体里面?
(4) 如何把组件定位在界面中的合适位置?

Java 平台为图形应用和图形用户界面(GUI)提供了一个复杂的跨平台体系结构,包括众多的高级组件(如 AWT/Swing、SWT/JFace),以及功能丰富并独立于设备的图形系统和多媒体扩展(如 Java 2D/3D API)。

4.1.1 图形界面基础——AWT

GUI(graphical user interfaces,图形用户界面)是用户与程序之间的操作界面,程序通过 GUI 为用户提供方便操作的图形化界面,通常包括窗口、菜单、按钮、选择按钮、文本框、工具栏等元素。

在 Windows 操作系统中使用的都是图形用户界面,要在 Java 中实现图形用户界面就要导入 java.awt 包,并使用其中的组件类。

AWT(abstract window toolkit,抽象窗口工具包)是 Java API 为 Java 程序提供的建立图形用户界面的基本工具集,AWT 可用于 Java Application 和 Java Applet 的图形用户界面的创建。

4.1.2 Swing

从 JDK 1.2 开始,AWT 添加了称为 Swing 的新 GUI 库。Swing 是基于 AWT 基本

结构创建的二级用户界面工具集,Swing 提供了一整套 GUI 组件。为了保证可移植性,它是完全用 Java 语言编写的。与 AWT 比较,Swing 提供了更完整的组件,引入了许多新的特性和能力。Swing API 是围绕着实现 AWT 各个部分的 API 构筑的,这保证了所有早期的 AWT 组件仍然可以使用。

4.1.3　组件、容器组件与常用可视组件

1. 组件

组件是 GUI 的基本组成元素,凡是能够以图形化方式显示在屏幕上并能与用户交互的对象均称为组件,如窗口、对话框、面板、按钮、标签等。Component 抽象类定义了 GUI 组件的基本特性和功能。Component 的常用属性和方法如表 4-1 所示。

表 4-1　Component 的常用属性和方法

属性名	含义	设置属性的方法	获取属性的方法
visible	可见性	void setVisible(boolean)	boolean getVisible()
background	背景色	void setBackground(Color)	Color getBackground()
bounds	边界	void setBounds(Rectangle) void setBounds(int x,int y,int w,int h)	Rectangle getBounds()
size	尺寸	void setSize(Dimension)	Dimension getSize()
location	位置	void setLocation(Point) void setLocation(int x,int y)	Point getLocation()
font	字体	void setFont(Font)	Font getFont()
layoutMgr	布局	void setLayout(LayoutManager)	LayoutManager getLayout()
foreground	前景色	void setForeground(Color)	Color getForeground()
dropTarget	拖放目标	void setDropTarget(DropTarget)	DropTarget getDropTarget()
enabled	使能	void setEnabled(boolean)	boolean getEnabled()
cursor	光标	void setCursor(Cursor)	Cursor getCursor()
locale	地区	void setLocale(Locale)	Locale getLocale()
name	组件名称	void setName(String)	String getName()

2. 容器

容器是能容纳和排列组件的组件,以实现图形界面上的布局,如窗口、对话框、Applet 和面板等。容器又分为顶层容器和非顶层容器。顶层容器能够独立存在,而非顶层容器则需要依赖顶层容器而存在。

AWT 和 Swing 中组件的层次关系如图 4-3 所示。

1) 顶层容器 JFrame、JDialog

(1) JFrame 是一个不被其他窗体所包含的独立的窗体,是在 Java 图形化应用中容纳其他用户界面组件的基本单位。JFrame 类用来创建一个窗体。

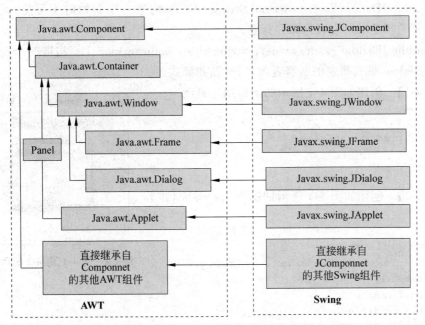

图 4-3　AWT 和 Swing 中组件的层次关系

JFrame 类的构造方法如下。

① public JFrame()：构造 JFrame 的一个新实例(初始时不可见)。

② public JFrame(String title)：构造一个新的、初始不可见的、具有指定标题的 JFrame 对象。

(2) JDialog：是一个带标题和边界的顶层窗口，一般用于从用户处获得输入。JDialog 的大小包括边界所指定的任何区域。JDialog 在构造时必须有一个框架，或者将另一个 JDialog 定义为它的所有者。当可见的 JDialog 的所有者窗口被最小化时，JDialog 会自动隐藏为对用户不可见。当所有者窗口被还原时，JDialog 重新又变为用户可见的。JDialog 可以是无模式的(默认情况下)或有模式的。有模式的 JDialog 将阻断输入应用程序中其他所有顶层窗口的内容(将此 JDialog 作为其所有者创建的窗口除外)。

JDialog 类的构造方法如下。

① public JDialog(Dialog owner)：构造一个初始时不可见、无模式的 JDialog，带有空标题和指定的所有者窗口。

② public JDialog(Dialog owner，String title)：构造一个初始时不可见、无模式的 JDialog，带有指定的所有者窗口和标题。

③ public JDialog(Dialog owner，String title，boolean modal)：构造一个初始时不可见的 JDialog，带有指定的所有者窗口、标题和模式。

④ public JDialog(Frame owner)：构造一个初始时不可见、无模式的 JDialog，带有空标题和指定的所有者窗口。

⑤ public JDialog(Frame owner，boolean modal)：构造一个初始时不可见的 JDialog，带有空标题、指定的所有者窗口和模式。

⑥ public JDialog(Frame owner，String title)：构造一个初始时不可见、无模式的 JDialog，带有指定的所有者框架和标题。

⑦ public JDialog(Frame owner，String title，boolean modal)：构造一个初始时不可见的 JDialog，带有指定的所有者窗口、标题和模式。

【例 4-1】 创建如图 4-4 所示的图形用户界面。

```
import java.awt.*;
public class FirstFrame {


}
```

【例 4-2】 创建如图 4-4 所示的图形用户界面(推荐写法)。

图 4-4 例 4-1、例 4-2 的运行结果

```
import java.awt.*;
public class FirstFrame2 extends Frame{
    Label l;
    Button b;
    Dialog dialog;
    public FirstFrame2(){
        super("第一个图形用户界面");
        l =new Label("这是我的第一个图形用户界面");
        b =new Button("按钮");
        setBackground(Color.yellow);
        l.setBackground(Color.pink);
        setBounds(100, 200, 300, 200);
        dialog =new Dialog(f, "Demo Dialog", false);
        dialog.setLocation(200, 200);
        dialog.setSize(100, 100);
        dialog.setVisible(true);
        add(l);
        add(b);
        setVisible(true);
        setLayout(new FlowLayout());
    }
    public static void main(String[] args) {
        new FirstFrame2();
    }
}
```

2) 非顶层容器

JPanel 是一个轻量容器组件，用于容纳界面元素，以便在布局管理器的设置下可容纳更多的组件，实现容器的嵌套。窗口与面板尽管都是容器，但窗口可以独立显示，面板一般要嵌入到框架中显示，窗口带标题栏、菜单栏等，但面板不带。

【例 4-3】 创建如图 4-5 所示的容器组件。

```
import java.awt.*;
public class PaneDemo {
```

```
public static void main(String[] args) {
    Frame f = new Frame("容器组件Pane的使用");
    Panel p = new Panel();
    Button b = new Button("确定");
    p.setBackground(Color.pink);
    p.setBounds(50,50,80,60);
    f.setLayout(null);
    f.add(p);
    p.add(b);
    f.setBounds(200,200,200,160);
    f.setVisible(true);
}
}
```

图 4-5 例 4-3 的运行结果

3. 其他非容器类组件

以 Java 菜单(菜单栏、菜单和菜单项)为例,它有两种类型的菜单:下拉式菜单和弹出式菜单。下面讨论下拉式菜单的编程方法。

下拉式菜单通过出现在菜单栏上的名字可视化表示,菜单栏(JMenuBar)通常出现在 JFrame 的顶部,一个菜单栏显示多个下拉式菜单。可以用两种方式来激活下拉式菜单:①按下鼠标左键,并保持按下状态,移动鼠标,直至释放鼠标左键完成选择,高亮显示的菜单项即为所选择的;②当光标位于菜单栏中的菜单名上时,单击鼠标,在这种情况下菜单会展开,且高亮显示菜单项。

一个菜单栏可以放多个菜单(JMenu),每个菜单又可以有许多菜单项(JMenuItem)。例如,Eclipse 环境的菜单栏有 File、Edit、Source、Refactor 等,每个菜单又有许多菜单项,如 File 菜单有 New、Open File、Close、Close All 等菜单项。

向窗口增设菜单的方法是:先创建一个菜单栏对象,然后创建若干菜单对象,把这些菜单对象放在菜单栏里,再按要求为每个菜单对象添加菜单项。菜单中的菜单项也可以是一个完整的菜单。由于菜单项又可以是另一个完整菜单,因此可以构造一个多层次的菜单结构。

(1) 菜单栏:JMenuBar 类的实例就是菜单栏。例如,以下代码创建菜单栏对象 menubar。

JMenuBar menubar = new JMenuBar();

在窗口中增设菜单栏,必须使用 JFrame 类中的 setJMenuBar()方法。例如:

setJMenuBar(menubar);

JMenuBar 类的常用方法如下。

① add(JMenu m):将菜单 m 加入菜单栏中。
② countJMenus():获得菜单栏中菜单个数。
③ getJMenu(int p):取得菜单栏中的菜单。
④ remove(JMenu m):删除菜单栏中的菜单 m。

(2) 菜单：由 JMenu 类创建的对象就是菜单。JMenu 类的常用方法如下。

① JMenu()：创建一个无标题的菜单。
② JMenu(String s)：创建一个标题为 s 的菜单。
③ add(JMenuItem item)：向菜单添加由参数 item 指定的菜单项。
④ add(JMenu menu)：向菜单添加由参数 menu 指定的菜单，实现嵌入子菜单。
⑤ addSeparator()：在菜单项之间画一条分隔线。
⑥ getItem(int n)：得到指定索引处的菜单项。
⑦ getItemCount()：得到菜单项数目。
⑧ insert(JMenuItem item,int n)：在菜单的位置 n 处插入菜单项 item。
⑨ remove(int n)：删除菜单位置 n 处的菜单项。
⑩ removeAll()：删除菜单的所有菜单项。

(3) 菜单项：JMenuItem 类的实例就是菜单项。JMenuItem 类的常用方法如下。

① JMenuItem()：创建无标题的菜单项。
② JMenuItem(String s)：创建有标题的菜单项。
③ setEnabled(boolean b)：设置当前菜单项是否可被选择。
④ isEnabled()：返回当前菜单项是否可被用户选择。
⑤ getLabel()：得到菜单项的名称。
⑥ setLabel()：设置菜单项的名称。
⑦ addActionListener(ActionListener e)：为菜单项设置监视器。监视器接收单击某个菜单的动作事件。

(4) 嵌入子菜单：先创建一个菜单，为其创建多个菜单项，其中某个菜单项又是一个（含其他菜单项的）菜单，这就构成菜单嵌套。例如：

```
Menu menu1,menu2,item4;
MenuItem item3,item5,item6,item41,item42;
```

然后使用以下代码创建 item41 和 item42 菜单项，并把它们加入 item4 菜单中。

```
item41=new MenuItem("东方红");
item42 =new MenuItem("牡丹");
item4.add(item41);
item4.add(item42);
```

此时单击 item4 菜单时，又会打开两个菜单项供选择。

设置菜单项快捷键的方法有以下两种。

① 用 MenuShortcut 类为菜单项设置快捷键。其构造方法是 MenuShortcut(int key)。其中，key 可以取值 KeyEvent.VK_A～KeyEvent.VK_Z，也可以取"a"到"z"键的值。使用 setShortcut(MenuShortcut k)方法为菜单项设置快捷键。例如，以下代码设置字母 e 为快捷键。

```
class Herwindow extends Frame implements ActionListener{
    MenuBar menbar;
    Menu menu;
```

```
    MenuItem item;
    MenuShortcut shortcut = new MenuShortcut(KeyEvent.VK_E);
    ...
    item.setShortcut(shortcut);
    ...
}
```

② 用 setMnemonic()方法为菜单项设置快捷键。

```
JMenuItem mi1 = new JMenuItem("New");
mi1.setMnemonic(KeyEvent.VK_N);
```

菜单也可以包含具有持久的选择状态的菜单项,这种特殊的菜单项可由 JCheckBoxMenuItem 类来定义。JCheckBoxMenuItem 对象像是选框一样,能表示一个选项被选中与否,也可以作为一个菜单项加到下拉菜单中。单击 JCheckBoxMenuItem 菜单项时,就会在它的左边出现打钩符号或清除打钩符号。例如,在程序的类 MenuWindow 中,将代码

```
addItem(menu1,"跑步",this);addItem(menu1,"跳绳",this);
```

改写成以下代码,就将两个普通菜单项"跑步"和"跳绳"改成两个选择框菜单项。

```
JCheckBoxMenuItem item1 = new JCheckBoxMenuItem("跑步");
JCheckBoxMenuItem item2 = new JCheckBoxMenuItem("跳绳");
item1.setActionCommand("跑步");
item1.addActionListener(this);
menu1.add(item1);
item2.setActionCommand("跳绳");
item2.addActionListener(this);
menu1.add(item2);
```

【例 4-4】 创建如图 4-6 所示的菜单。

```
import javax.swing.JFrame;
public class MenuBarDemo1 extends JFrame {
    public static void main(String[] args) {
        MenuBarDemo1 frame = new MenuBarDemo1();
    }
    public MenuBarDemo1(){
        setSize(200, 200);
        JMenuBar mb = new JMenuBar();
        JMenu m1 = new JMenu("File");
        JMenuItem mi1 = new JMenuItem("New");
        mi1.setMnemonic(KeyEvent.VK_N);
        JMenuItem mi2 = new JMenuItem("Load");
        mi2.setMnemonic(KeyEvent.VK_L);
        JMenuItem mi3 = new JMenuItem("Save");
        mi3.setMnemonic(KeyEvent.VK_S);
        JMenuItem mi4 = new JMenuItem("Quit");
        mi4.setMnemonic(KeyEvent.VK_Q);
```

图 4-6 例 4-4 的运行结果

```
            m1.add(mi1);
            m1.add(mi2);
            m1.add(mi3);
            m1.addSeparator();//添加分隔线
            m1.add(mi4);
            JMenu m2 =new JMenu("Edit");
            JMenu m3 =new JMenu("Help");
            mb.add(m1);
            mb.add(m2);
            mb.add(m3);
            setJMenuBar(mb);
            setVisible(true);
    }
}
```

4.1.4 布局管理器

布局管理器是定义如何布置 Container 类的接口。每个容器组件都有固定的默认布局管理器，JFrame 与 JDialog 的默认布局管理器为 BorderLayout，面板与 Applet 的默认布局管理器是 FlowLayout。setLayout 方法是用来设置此容器的布局管理器，getLayout()获得此容器的布局管理器。

1. BorderLayout：边界布局

BorderLayout 是窗口及其子容器如 JFrame、JDialog 等组件的默认布局管理器。它可以对容器组件进行安排，并调整其大小，使其适合南、北、东、西、中 5 个区域，并通过相应的常量进行标识：NORTH、SOUTH、EAST、WEST、CENTER。当使用边界布局将一个组件添加到容器中时，要使用这 5 个常量之一。每个区只能加入一个组件，如加入多个，先前的组件会被覆盖。

在使用边界布局的容器中，组件的尺寸也被布局管理器强行控制，即与其所在区域的尺寸相同。当容器的尺寸发生变化时，其中各组件相对位置不变，尺寸随所在区域进行缩放调整。调整原则是：北、南两个区域只能在水平方向缩放（宽度可调），东、西两个区域只能在垂直方向缩放（高度可调），中部区域都可缩放。

构造方法有以下两个。

（1）public BorderLayout()：创建一个组件之间没有间距的新边界布局。

（2）public BorderLayout(int hgap,int vgap)：用指定的组件之间的水平间距创建一个边界布局。

【例 4-5】 创建如图 4-7 所示的边界布局。

```
import java.awt.*;
public class BorderLayoutDemo extends Frame {
    Button bNorth,bSouth,bWest,bEast,bCenter;
    public BorderLayoutDemo(){
```

```
        super("边界布局");
        bNorth =new Button("按钮 1");
        bSouth =new Button("按钮 2");
        bWest =new Button("按钮 3");
        bEast =new Button("按钮 4");
        bCenter =new Button("按钮 5");
        add(bNorth,"North");
        add(bSouth,"South");
        add(bWest,"West");
        add(bEast,"East");
        add(bCenter,"Center");
        setBounds(200,200,300,300);
        setVisible(true);
    }
    public static void main(String[] args){
        new BorderLayoutDemo();
    }
}
```

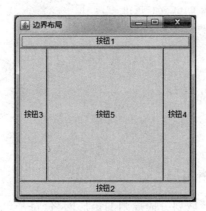

图 4-7　边界布局

2. FlowLayout：流式布局

FlowLayout 是 JPanel 类及其子类默认的布局管理器。流式布局用于安排按顺序排列的组件，这非常类似于段落中的文本行。流的方向取决于容器的 componentOrientation 属性，它可能是以下两个值中的一个：ComponentOrientation.LEFT_TO_RIGHT 与 ComponentOrientation.RIGHT_TO_LEFT。流式布局一般用来安排面板中的按钮。它使得按钮呈水平放置，直到同一行中再也没有适合的按钮。对齐方式由 align 属性确定。可能的值如下。

LEFT：左对齐。
RIGHT：右对齐。
CENTER：居中。
LEADING：与容器方向的开始边对齐，例如，对于从左到右的方向，与左边对齐。

TRAILING：与容器方向的结束边对齐，例如，对于从左到右的方向，与右边对齐。

FlowLayout 类的构造方法有以下几个。

（1）public FlowLayout()：创建一个新的流式布局，居中对齐，默认的水平和垂直间隙是 5 个单位。

（2）public FlowLayout(int align)：创建一个新的流式布局，对齐方式由 align 指定，默认的水平和垂直间隙是 5 个单位。

（3）public FlowLayout(int align,int hgap,int vgap)：创建一个新的流式布局，具有指定的对齐方式以及指定的水平和垂直间隙。

【例 4-6】 创建如图 4-8 所示的流式布局。

```
import java.awt.*;
public class FlowLayoutDemo{
    public static void main(String[] args) {
        Frame f =new Frame("流式布局");
        Button b1 =new Button("按钮 1");
        Button b2 =new Button("按钮 2");
        Button b3 =new Button("按钮 3");
        f.setLayout(new FlowLayout());
        f.add(b1);
        f.add(b2);
        f.add(b3);
        f.setSize(200,300);
        f.setVisible(true);
    }
}
```

图 4-8 流式布局

3. GridLayout：网格布局

网格布局是指将容器区域划分成规则的矩形网格，每个单元格大小相等的一种布局。组件被添加到每个单元格中，按组件加入顺序先从左到右填满一行后换行。行数为设置值，列数通过指定的行数和布局中的组件总数确定。正常情况下使用网格布局时，向容器中加入的组件数目应与容器划分出来的单元格总数相等，但如果两者数目不等，程序也不会出错，而是保证行数为设置值，列数通过指定的行数和布局中的组件总数确定。

GridLayout 类的构造方法有以下几个。

（1）public GridLayout()：创建具有默认值的网格布局，即每个组件占据一行一列。

（2）public GridLayout(int rows,int cols)：创建具有指定行数和列数的网格布局。

（3）public GridLayout(int rows,int cols,int hgap,int vgap)：创建具有指定行数和列数，以及水平和垂直间隙的网格布局。

【例 4-7】 创建如图 4-9 所示的网格布局。

图 4-9 网格布局

```
import java.awt.*;
public class GridLayoutDemo extends Frame {
    Button[] b =new Button[5];
```

```
public GridLayoutDemo(){
    super("网格布局");
    for(int i=0; i<b.length; i++){
        b[i]=new Button("按钮"+i);
    }
    setLayout(new GridLayout(3,2));
    add(b[0]);
    add(b[1]);
    add(b[2]);
    add(b[3]);
    add(b[4]);
    pack();
    setSize(300,100);
    setLocation(100,200);
    //setBounds(200.100,300,100);
    setVisible(true);
}
public static void main(String[] args) {
    new GridLayoutDemo();
}
}
```

4. CardLayout：选项卡布局

卡片布局容器中的每个组件看作一个选项卡，一次只能看到一张卡片。当容器第一次显示时，第一个添加到 CardLayout 对象的组件为可见组件。选项卡的顺序由组件对象本身在容器内部的顺序决定。CardLayout 类定义了一组方法，这些方法允许用户按顺序地浏览这些选项卡，或者显示指定的选项卡。

CardLayout 类的构造方法有以下几个。

（1）public CardLayout()：创建一个间隙大小为 0 的选项卡布局。

（2）public CardLayout(int hgap, int vgap)：创建一个具有指定的水平和垂直间隙的卡片布局。

其他方法如下。

（1）public void first(Container parent)：显示第一个选项卡。

（2）public void last(Container parent)：显示最后一个选项卡。

（3）public void previous(Container parent)：显示前一个选项卡。

（4）public void next(Container parent)：显示后一个选项卡。

（5）public void show(Container parent,String name)：跳转到指定名称的选项卡，若不存在不发生操作。

选项卡布局的设计步骤是：先创建 CardLayout 布局对象，然后使用 setLayout()方法为容器设置布局，然后调用容器的 add()方法将组件加入容器。

向 CardLayout 布局中加入组件的方法是：add(组件号,组件)。其中,组件号是字符串,是另给的,与组件名无关。

例如,以下代码为一个 JPanel 容器设定选项卡布局。

```
CardLayout myCard =new CardLayout();//创建 CardLayout 对象
JPanel p =new JPanel();                //创建 Panel 对象
p.setLayout(myCard);
```

用 CardLayout 类提供的方法显示某一组件的方式有两种。

(1) 使用 show(容器名,组件号)形式的代码,指定某个容器中的某个组件显示。例如,以下代码指定容器 p 的组件号 k,显示这个组件。

```
myCard.show(p,k);
```

(2) 按组件加入容器的顺序显示组件。

first(容器),如 myCard.first(p)。

last(容器),如 myCard.last(p)。

next(容器),如 myCard.next(p)。

previous(容器),如 myCard.previous(p)。

【例 4-8】 创建如图 4-10 所示的选项卡布局。

```
import java.awt.*;
public class CardLayoutDemo {
    public static void main(String[] args) {
        Frame f=new Frame("CardLayout Example");
        CardLayout c1=new CardLayout();
        f.setLayout(c1);
        Label lbl[]=new Label[4];
        for(int i=0;i<4;i++){
            lbl[i]=new Label("第"+i+"选项卡");
            f.add(lbl[i],"card"+i);
        }
        while(true){
            try{
                Thread.sleep(1000);
            }
            catch(InterruptedException e){
                e.printStackTrace();
            }
            c1.next(f);
        }
    }
}
```

图 4-10 选项卡布局

5. GridBagLayout:网格包布局

GridBagLayout 类是一个灵活的布局管理器,它不要求组件的大小相同即可将组件垂直和水平对齐。每个 GridBagLayout 对象维持一个动态的矩形单元网格,每个组件占用一个或多个这样的单元,称为显示区域。

每个由网格包管理的组件都与 GridBagConstraints 的实例相关联。Constraints 对象指定组件在网格中的显示区域以及组件在其显示区域中的放置方式。除了 Constraints 对象之外,网格包还考虑每个组件的最小和首选大小,以确定组件的大小。

网格包所使用的基本单位为单元(cell,一个长方形的空间),而一个组件可占用一个以上的单元。将一个组件所占有的区域称为该组件的显示区,而各组件放置的方式由 GridBagConstraints 对象限制。在将各组件加入容器之前,必须先定义这些容器。可供使用的限制变量如下。

gridx、gridy:用来确定组件的放置位置坐标如(0,0)。若其值为 RELATIVE(默认值),则分别表示置于前一个组件的右面(gridx)或下方(gridy)。

gridwidth、gridheight:用来确定组件的大小,分别表示组件将占用多少行和多少列,默认值为 1。

weightx、weighty:根据权重值的比例来分配组件之间额外的空间,分别表示行列的方向,默认值为 0(不会分配到额外的空间)。若使用变量 fill 来改变某方向组件的大小,则该方向的权重会失效。

ipadx、ipady:指定组件内部的最小高度和宽度。

fill:指定在单元大于组件的情况下,组件如何填充此单元,HORIZONTAL 表示改变水平方向的大小(宽度),VERTICAL 表示改变垂直方向的大小(高度),BOTH 表示改变水平和垂直方向的大小,NONE 表示不改变大小(默认值)。

anchor:当显示区大于组件时,指定将组件放置在单元中的位置,共有 9 个可选值 CENTER(默认值)、NORTH、NORTHEAST、EAST、SOUTHEAST、SOUTH、SOUTHWEST、WEST、NORTHWEST。

Insets:定义组件和显示区边界之间的最小空间。为一个 Insets 对象。

GridBagLayout 类的构造方法。GridBagLayout()用于创建网格包布局管理器。

【例 4-9】 创建如图 4-11 所示的网格包布局。

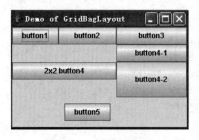

图 4-11 网格包布局

```
import java.awt.*;
import java.awt.event.*;
import javax.swing.*;
public class GridBagLayoutDemo {
    public static void main(String[] args){
        JFrame frame=new JFrame();
        frame.setTitle("Demo of GridBagLayout");
```

```java
Container content=frame.getContentPane();
GridBagLayout gridbag=new GridBagLayout();
GridBagConstraints cons=new GridBagConstraints();
content.setLayout(gridbag);
JButton button;
cons.fill=GridBagConstraints.HORIZONTAL;
//第一行
cons.gridx=0;
cons.gridy=0;
cons.weightx=0.5;
button=new JButton("button1");
gridbag.setConstraints(button, cons);
content.add(button);
cons.gridx=1;
cons.weightx=0.3;
button=new JButton("button2");
gridbag.setConstraints(button, cons);
content.add(button);
cons.gridx=2;
cons.weightx=0.2;
button=new JButton("button3");
gridbag.setConstraints(button, cons);
content.add(button);
//第二行
cons.gridx=0;
cons.gridy=1;
cons.gridwidth=2;              //横跨两列
cons.gridheight=2;             //为了在该列的后面放置两行元素
button=new JButton("2x2 button4");
gridbag.setConstraints(button, cons);
content.add(button);
cons.gridx=2;
cons.gridy=1;
cons.gridwidth=1;
cons.gridheight=1;
button=new JButton("button4-1");
gridbag.setConstraints(button, cons);
content.add(button);
cons.gridx=2;
cons.gridy=2;
cons.gridwidth=1;
cons.gridheight=1;
cons.ipadx=30;
cons.ipady=30;
button=new JButton("button4-2");
gridbag.setConstraints(button, cons);
content.add(button);
//第三行
cons.gridx=1;
```

```
        cons.gridy=3;
        cons.gridwidth=1;
        cons.gridheight=1;
        cons.ipadx=0;
        cons.ipady=0;
        cons.fill=GridBagConstraints.NONE;
        cons.insets=new Insets(10,10,10,10);
        cons.anchor=GridBagConstraints.SOUTHEAST;
        button=new JButton("button5");
        gridbag.setConstraints(button, cons);
        content.add(button);
        frame.pack();
        frame.setVisible(true);
        frame.addWindowListener(new WindowAdapter(){
            public void windowClosing(WindowEvent e){
                System.exit(0);
            }
        });
    }
}
```

6. BoxLayout：箱式布局

在 javax.swing 包中，箱式布局管理器允许纵向或横向布置多个组件。这些组件将不包装，不会因为重新调整框架的大小而改变排列。用横向组件和纵向组件不同组合的嵌套多面板的作用类似于网格包，但没那么复杂。

箱式布局管理器是基于 axis 参数创建的，该参数指定了将进行的布局类型，有以下 4 个选择。

(1) X_AXIS：从左到右横向布置组件。

(2) Y_AXIS：从上到下纵向布置组件。

(3) LINE_AXIS：根据容器的 ComponentOrientation 属性，按照文字在一行中的排列方式布置组件。如果容器的 ComponentOrientation 表示横向，则将组件横向放置，否则将它们纵向放置。对于横向方向，如果容器的 ComponentOrientation 表示从左到右，则组件被从左到右放置，否则将它们从右到左放置。对于纵向方向，组件总是从上到下放置。

(4) PAGE_AXIS：根据容器的 ComponentOrientation 属性，按照文本行在一页中的排列方式布置组件。如果容器的 ComponentOrientation 表示横向，则将组件纵向放置，否则将它们横向放置。对于横向方向，如果容器的 ComponentOrientation 表示从左到右，则组件被从左到右放置，否则将它们从右到左放置。对于纵向方向，组件总是从上向下放置。

许多情况下，程序使用 Box 类，而不是直接使用 BoxLayout 类。Box 类是使用箱式布局的轻量级容器。它提供了一些方便使用 BoxLayout 的便利方法。

BoxLayout 类的构造方法。BoxLayout(Container target，int axis)用于创建一个将

沿给定轴放置组件的布局管理器。

【例 4-10】 创建如图 4-12 所示的箱式布局。

```
import java.awt.*;
import javax.swing.*;
public class BoxLayoutDemo{
    public static void main(String[] args){
        JFrame f=new JFrame("BoxLayoutText");
        JPanel p=new JPanel();
        p.setLayout(new BoxLayout(p,BoxLayout.Y_AXIS));
        JButton b1=new JButton("按钮 1");
        b1.setAlignmentX(Component.CENTER_ALIGNMENT);
        p.add(b1);
        JButton b2=new JButton("按钮 2");
        b2.setAlignmentX(Component.CENTER_ALIGNMENT);
        p.add(b2);
        JButton b3=new JButton("比较长的按钮 3");
        b3.setAlignmentX(Component.CENTER_ALIGNMENT);
        p.add(b3);
        JButton b4=new JButton("按钮 4");
        b4.setAlignmentX(Component.CENTER_ALIGNMENT);
        p.add(b4);
        JButton b5=new JButton("按钮 1");
        b5.setAlignmentX(Component.CENTER_ALIGNMENT);
        p.add(b5);
        f.add(p);
        f.setSize(220,180);
        f.setVisible(true);
    }
}
```

图 4-12　箱式布局

7. NoLayout：无布局

无布局是指把一个容器的布局方式设置为 null，并采用 setBounds() 方法设置组件本身的大小和在容器中的位置。

```
setBounds(int x,int y,int width,int height)
```

组件所占区域是一个矩形，参数 x、y 是组件的左上角在容器中的位置坐标；参数 width、height 是组件的宽和高。无布局安置组件的办法分两个步骤：先使用 add() 方法为容器添加组件，然后调用 setBounds() 方法设置组件在容器中的位置和组件本身的大小。

【例 4-11】 创建如图 4-13 所示的无布局界面。

```
import java.awt.*;
import java.awt.event.WindowAdapter;
import java.awt.event.WindowEvent;
public class NoLayoutDemo{
```

```
public static void main(String[] args) {
    Frame f = new Frame();
    f.setLayout(null);
    Choice cb = new Choice();
    cb.addItem("item 1");
    cb.addItem("item 2");
    cb.addItem("item 3");
    Button b1 = new Button("Button 1");
    Button b2 = new Button("Button 2");
    Button b3 = new Button("Button 3");
    f.add(cb);
    f.add(b1);
    f.add(b2);
    f.add(b3);
    b1.setBounds(25, 25, 60, 26);
    b2.setBounds(100, 40, 90, 22);
    b3.setBounds(220, 30, 70, 55);
    cb.setBounds(50, 80, 70, 18);
    f.setSize(300, 150);
    f.setVisible(true);
    f.addWindowListener(new WindowAdapter() {
        public void windowClosing(WindowEvent e) {
            System.exit(0);
        }
    });
}
}
```

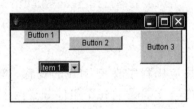

图 4-13　无布局界面

4.1.5　拓展训练——边框、观感

1. 边框

边框是指围绕 Swing 组件边缘的对象,是一种创建 Swing 组件边缘四周的装饰的机制,它围绕组件的边缘设置某种形式的边框,起到美化组件和在视觉上分隔组件的作用。

常用的边框有 BevelBorder、CompoundBorder、LineBorder、EmptyBorder、EtchedBorder、MatteBorder 及 TitleBorder 等。

一般情况下,应用程序使用 BorderFactory 系列静态方法创建各种边框对象,而不是直接用 BorderFactory 类的方法创建对象。BorderFactory 类的常用方法如表 4-2 所示。

表 4-2 BorderFactory 类的常用方法

名　　称	描　　述
Border createBevelBorder(int type)	创建一个指定类型的斜面边框,将组件当前背景色的较亮的色度用于突出显示,较暗的色度用于阴影
Border createBevelBorder(int type, Color highlight,Color shadow)	使用指定突出显示和阴影显示方式来创建一个指定类型的斜面边框。突出显示区域的外边缘使用突出显示颜色的较明亮的色度。突出阴影区域的内边缘使用阴影颜色的较明亮的色度
Border createEtchedBorder()	创建一个具有"浮雕化"外观效果的边框,将组件的当前背景色用于突出显示和阴影显示
TitledBorder createTitledBorder(String title)	创建一个新标题边框,使用默认边框(浮雕化)、默认文本位置(位于顶线上)以及由当前外观确定的默认字体和文本颜色,并指定标题文本
Border createEmptyBorder()	创建一个不占用空间的空边框(顶线、底线、左边框线和右边框线的宽度都为零)
CompoundBorder createCompoundBorder()	创建一个具有 null 内部边缘和 null 外部边缘的合成边框
MatteBorder createMatteBorder(int top, int left,int bottom, int right,Color color)	使用纯色创建一个类似衬边的边框

例如:

```
Border blackLine=BorderFactory.createLineBorder(Color.black);
p1.setBorder(BorderFactory.createTiletledBorder(blackLine,"first"));
```

2. 观感

Swing 在结构设计上支持应用程序改变 GUI 的观感。"观"是指 GUI 组件的外观。"感"是指 GUI 组件的行为方式。Swing 将每个组件分成两个类:JComponent 子类和相应 ComponentUI 子类,并以此实现插件外观。

Swing 提供的"观感"有以下 4 种形式。

(1)跨平台观感(CrossPlatformLookAndFeel):这种观感在不同的平台上具有相同的外观和风格,是 Java 默认采用的观感,也叫作金属观感。

(2)系统观感(SystenLookAndFeel):Java 采用本地操作系统的观感。此时的 Java 程序在不同的系统上具有不同的外观和风格。

(3) Synth:用 XML 文件创建自己的观感。

(4)组合观感(Multiplexing):组合两个或多个观感。

除了这 4 种方式以外,程序员还可以使用第三方的观感。使用方法非常简单,只须将观感 JAR 文件放到相关路径里即可正常使用。

【例 4-12】创建如图 4-14 所示的各种观感效果。

```
public class LookAndFeelTest {
    public Component createComponents(){        //创建界面的主要组件
        JButton button=new JButton("这是 Swing 按钮!");
        JPanel pane=new JPanel();
        pane.add(button);
        pane.setBorder(BorderFactory.createEmptyBorder(10,10,10,10));
        return pane;
    }
    public static void initLookAndFeel(){       //设置观感的方法
        String lookandfeel=null;
        lookandfeel=UIManager.getCrossPlatformLookAndFeelClassName();
        try {
            UIManager.setLookAndFeel(lookandfeel);
        }
        catch (Exception e) {    }
    }
    public static void createGUI(){
        initLookAndFeel();
        JFrame frame=new JFrame("观感测试");
        LookAndFeelTest app=new LookAndFeelTest();
        Component contents=app.createComponents();
        frame.getContentPane().add(contents,BorderLayout.CENTER);
        frame.pack();
        frame.setVisible(true);
    }
    public static void main(String[] args) {
        javax.swing.SwingUtilities.invokeLater(new Runnable(){
            public void run() {
                createGUI();    }
        });
    }
}
```

(a) 跨平台的观感　　(b) XP 系统下的观感　　(c) motif 模拟的观感

图 4-14　观感测试

4.1.6　实现机制

登录界面参考代码如下。

```
public class LoginJFrame extends JFrame {
    Statement ps;
    ResultSet rs;
```

```java
Connection con =null;
String url="jdbc:mysql://127.0.0.1:3306/数据库名";
String user="root";
String password="密码";
private JTextField nameTextField,quanxTextField;
private JPasswordField passwordField;
public LoginJFrame() {
    init();
}
private void init() {                                   //界面初始化
    setBounds(300, 300, 450, 200);
    setResizable(false);
    setTitle("学生信息管理系统--登录");
    setContentPane(createContentPanel());
    setDefaultCloseOperation(JFrame.EXIT_ON_CLOSE);
    setVisible(true);
}
private JPanel createContentPanel() {                   //内容面板
    JPanel content =new JPanel(new BorderLayout());
    content.add(BorderLayout.NORTH, createTitlePanel());
    content.add(BorderLayout.SOUTH, createBtnPanel());
    content.add(BorderLayout.CENTER, createNamePwdPanel());
    return content;
}
private JPanel createNamePwdPanel() {                   //用户名密码面板
    JPanel p4 =new JPanel(new BorderLayout());
    p4.add(BorderLayout.NORTH, createNamePwd());
    return p4;
}
private JPanel createNamePwd() {                        //创建用户名密码
    JPanel p5 =new JPanel(new GridLayout(3, 1));
    p5.add(createName());
    p5.add(createPwd());
    p5.add(createQuanx());
    return p5;
}
private JPanel createPwd() {                            //创建密码
    JPanel p7 =new JPanel(new FlowLayout());
    JLabel password =new JLabel("密码:");
    passwordField=new JPasswordField(15);
    p7.add(password);
    p7.add(passwordField);
    return p7;
}
private JPanel createName() {                           //创建用户名
    JPanel p6 =new JPanel(new FlowLayout());
    JLabel id =new JLabel("用户ID:");
    nameTextField=new JTextField(15);
    p6.add(id);
```

```java
        p6.add(nameTextField);
        return p6;
    }
    private JPanel createQuanx() {                    //创建权限
        JPanel p8 =new JPanel(new FlowLayout());
        JLabel id =new JLabel("用户权限:");
        quanxTextField=new JTextField(15);
        p8.add(id);
        p8.add(quanxTextField);
        return p8;
    }
    private JPanel createTitlePanel() {               //创建标题
        JPanel panel =new JPanel(new BorderLayout());
        panel.setBorder(new EmptyBorder(10,10,10,10)); //加缝
        panel.add(BorderLayout.CENTER, new JLabel("登录系统", JLabel.CENTER));
        return panel;
    }
    private JPanel createBtnPanel() {                 //创建登录退出面板
        JPanel p =new JPanel(new FlowLayout());
        JButton loging =new JButton("登录");
        JButton zhuce =new JButton("注册");
        JButton concel =new JButton("取消");
        loging.addActionListener(new ActionListener() {
            public void actionPerformed(ActionEvent arg0) {
                if (!(getId()==null && getPsw() ==null)) {
                    try {
                        //加载特定的驱动程序
                        Class.forName("com.mysql.jdbc.Driver");
                        //连接数据库
                        conn=DriverManager.getConnection(url,user,password);
                        ps =con.createStatement (ResultSet. TYPE_SCROLL_INSENSITIVE,
                                    ResultSet.CONCUR_READ_ONLY);
                        try {
                            rs =ps.executeQuery("select * from users ");
                            while(rs.next()){
                                if (!(rs.getArray(1).equals(getId())))
                                    JOptionPane.showMessageDialog(null, "不存在此用户!");
                                else if (!(rs.getString(2).trim().equals(getPsw())))
                                    JOptionPane.showMessageDialog(null, "密码错误!");
                                else if (!(rs.getString(3).trim().equals(getQx())))
                                    JOptionPane.showMessageDialog(null, "权限错误");
                                else {
                                    if(getQx()=="系统管理员")
                                        new MainFrm("学生信息管理系统--系统管理员登录");
                                    if(getQx()=="教师")
                                        new MainFrmTeacher("学生信息管理系统--教师登录");
                                    if(getQx()=="学生")
                                        new MainFrmTeacher("学生信息管理系统--学生登录");
                                }
```

```
                }
            } catch (SQLException sqle) {
                String error =sqle.getMessage();
                JOptionPane.showMessageDialog(null, error);
                sqle.printStackTrace();
            }
        }
        catch (Exception err) {
            String error =err.getMessage();
            JOptionPane.showMessageDialog(null, error);
        }
      }
     }
    });
    p.add(loging);
    p.add(zhuce);
    p.add(concel);
    return p;
}
public void showView() {//显示
    setVisible(true);
}
public  String getId(){
    String id=nameTextField.getText();
    return id;
}
public String getPsw(){
    char[] psw=passwordField.getPassword();
    return new String(psw);
}
public String getQx(){
    String qx=quanxTextField.getText();
    return qx;
}
}
```

任务 4.2　系统主界面设计

系统各个界面(见图 4-15)设计好了之后,如何实现呢?
对于图形编程来说,如何处理鼠标及键盘的单击及输入等动作事件是非常重要的。

4.2.1　Java 事件处理机制

1. 事件

事件本身就是一个抽象的概念,它是一种表现对象状态变化的对象。在面向对象的

图 4-15　系统主界面

程序设计中,事件消息是对象间通信的基本方式。

在图形用户界面程序中,GUI 组件对象根据用户的交互产生各种类型的事件消息,这些事件消息由应用程序的事件处理代码捕获,在进行相应的处理后驱动消息响应对象做出反应。在 GUI 上进行操作时,在单击某个可响应的对象(如按钮、菜单项)时,人们都会期待某个事件的发生。

其实围绕 GUI 的所有活动都会发生事件,但 Java 事件处理机制却可以让你挑选出你需要处理的事件。事件在 Java 中和其他对象基本是一样的,但有一点不同的是,事件是由系统自动生成并自动传递到适当的事件处理程序。

2. 事件源

当在一个用户界面上单击鼠标或者按下键盘时,都是针对具体的组件而发生的动作,如单击一个文本框并输入内容。在这个过程中,动作所操纵的对象或者说是空间称为事件源,如按钮、密码输入框、进度条等。当针对每一个事件源发生一个动作时,就会产生一个事件。

事件是一个比较抽象的内容,很难用具体的语言来表述。为了理解方便,可以将事件作为一种消息来理解,当按下一个 yellow 按钮时,yellow 按钮是事件源,而产生的事件就是"用户按下了 yellow 按钮"。而当用鼠标调整一个组件的大小时,事件源就是被调整的组件,而产生的事件就是"用户调整了组件的大小"。这些事件会被事件源传送给事件监听器。

3. Java 事件处理的演变

当 Java 的开发者开始解决用 Java 创建应用程序这一问题时,他们就认识到 Java 事件模型的必要性。下面对 Java 事件处理的发展做简要的概括。

在 JDK 1.0 的版本采用事件模型,并提供了基本的事件处理功能。这是一种包容模型,所有事件都封装在单一的类 Event 中,所有事件对象都由单一的方法 handleEvent()

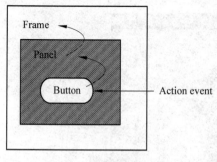

来处理,这些定义都在 Component 类中。为此,只有 Component 类的子类才能充当事件处理程序,事件处理传递到组件层次结构,如果目标组件不能完全处理事件,事件被传递到目标组件的容器。

例如,在图 4-16 中,Button 对象(包含在一个 Frame 上的 Panel 中)上的鼠标单击首先向 Button 发送一个动作事件。如果它没有被 Button 处理,这个事件会被送往 Panel,如果它在

图 4-16 层次事件模型

那儿仍然没有被处理,这个事件会被送往 Frame。

层次事件模型有一个显著的优点:它简单,而且非常适合面向对象的编程环境。总的来说,所有的组件都继承自 java.awt.Component 类,而 handleEvent()就在 java.awt.Component 类中。然而,这种模型也存在以下缺点。

(1) 事件只能由产生这个事件的组件或包含这个组件的容器处理。这个限制违反了面向对象编程的一个基本原则:功能应该包含在最合适的类中。而最适合处理事件的类往往并不是源组件的容器层次中的成员。

(2) 该模型中,大量的 CPU 周期浪费在处理不相关的事件上。任何对于程序来说不相关或者并不重要的事件会沿容器层次一路传播,直到最后被抛弃。处理的过程中不存在一种简单的方法来过滤事件。

(3) 为了处理事件,你必须定义接收这个事件的组件的子类,或者在基容器创建一个庞大的 handleEvent()方法。

JDK 1.1 是编程界的一次革命,修正了前面版本的一些缺陷,同时增加了一些重要的新功能如 RMI、JNI、JDBC、JavaBean。在事件模型上基本框架完全重写,并从 Java 1.0 模型迁移到委托事件模型,在委托模型中事件源生成事件,然后事件处理委托给另一段代码,如图 4-17 所示。

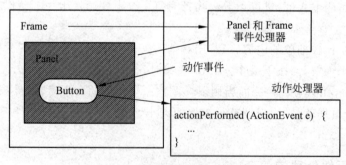

图 4-17 委托事件模型

委托事件模型有以下优点。

(1) 事件不会被意外地处理。在层次模型中,一个事件可能传播到容器,并在非预期的层次被处理。

(2) 有可能创建并使用适配器类对事件动作进行分类。

(3) 委托模型有利于把工作分布到各个类中。

(4) 新的事件模型提供对 JavaBean 的支持。

委托事件模型也有一个缺点：尽管当前的 JDK 支持委托模型和 JDK 1.0 事件模型，但不能混合使用 JDK 1.0 和 JDK 1.1。

从 JDK 1.2 开始，引入了 Swing 包事件处理模型，功能更强大，可定制 GUI 组件与它们相关联的支持类。在后面的版本基本保持了整个事件模型，但加入了一些附加事件类和接口。在 1.3 版本开始引入 Rebot 类，它能模拟鼠标和键盘事件，并用于自动化测试、自动运行演示以及其他要求鼠标和键盘控制的应用程序。

JDK 1.0 事件处理模型称为 Java 1.0 事件模型，而从 JDK 1.1 后的事件处理模型称为 Java 2 事件处理模型。

事件处理与人们平时所操作的 Windows 系统一样，需要不断地单击鼠标与按下键盘，系统或者程序会根据人们按下不同的按钮或者输入不同的内容而执行不同的任务。一个图形界面系统或者是一个图形应用程序，需要与用户进行不断的交互，也就需要程序不断地监听用户的各种动作，接着程序会根据这些动作给出相应处理的结果。

4.2.2 AWT 事件及其相应的监听器接口

由于 Java 是面向对象的编程语言，所有的内容都是对象，那如何去定义这些消息呢？在 Java 中所有的事件都是被封装在对象中，所有的事件都是从 java.uitl.EventObject 类派生出来的。所有的事件都位于 java.awt.event 包中，在这个包中定义了 Java 中所有可能遇到的事件，当然每一个事件类型都是一个子类，每种类型的事件类名都是以 XXXEvent 命名的，如 ActionEvent、AdjustmentEvent、ItemEvent，如图 4-18 所示。

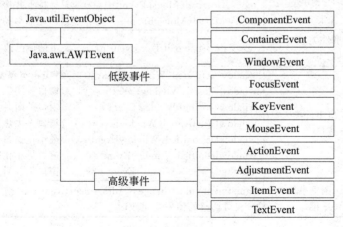

图 4-18 事件类型

低级事件是指基于组件和容器的事件，当一个组件发生事件，如鼠标的进入、单击、拖放或组件的窗口开关等，就触发了组件事件。

高级事件是指基于语义的事件,它可以不和特定的动作相关联,而依赖于触发此事件的类。

对于每类事件,都有一个接口,这个接口必须由想接收这个事件的类的对象实现。这个接口还要求定义一个或多个方法,当发生特定的事件时,就会调用这些方法。表 4-3 列出了这些(事件)类型,并给出了每个类型对应的接口名称,以及所要求定义的方法。这些方法的名称是易于记忆的,名称表示了会引起这个方法被调用的源或条件。

Java 事件处理机制——事件监听器有以下 4 种实现方式。

(1) 自身类作为事件监听器。
(2) 外部类作为事件监听器。
(3) 匿名内部类作为事件监听器。
(4) 内部类作为事件监听器。

表 4-3　Java 的常用事件类/接口名称及接口方法与说明

事件类/接口名称	接口方法与说明
ActionEvent 动作事件类 ActionListener 接口	actionPerformed(ActionEvent e) //单击按钮、选择菜单项或在文本框中按 Enter 键时
FocusEvent 焦点事件类 FocusListener 接口	focusGained(FocusEvent e)　　//组件获得键盘焦点时 focusLost(FocusEvent e)　　//组件失去键盘焦点时
KeyEvent 键盘事件类 KeyListener 接口	keyPressed(KeyEvent e)　　//按下某个键时 keyReleased(KeyEvent e)　　//释放某个键时 keyTyped(KeyEvent e)　　//输入某个键时
MouseEvent 鼠标事件类 MouseListener 接口 MouseMotionListener 接口	mouseClicked(MouseEvent e)　　//单击鼠标时 mouseEntered(MouseEvent e)　　//鼠标进入时 mouseExited(MouseEvent e)　　//鼠标离开时 mousePressed(MouseEvent e)　　//鼠标按下时 mouseReleased(MouseEvent e)　　//鼠标释放时 mouseDragged(MouseEvent e)　　//鼠标按下并拖动时 mouseMoved(MouseEvent e)　　//鼠标光标移动但无按键按下时
TextEvent 文本事件类 TextListener 接口	textValueChanged(TextEvent e)　　//文本的值已改变时
WindowEvent 窗口事件类 WindowListener 接口	windowActivated(WindowEvent e)　　//Window 激活时 windowClosed(WindowEvent e)　　//窗口关闭后 windowClosing(WindowEvent e)　　//窗口关闭时 windowDeactivated(WindowEvent e)　　//窗口失去焦点时 windowDeiconified(WindowEvent e)　　//最小化窗口还原时 windowIconified(WindowEvent e)　　//窗口最小化时 windowOpened(WindowEvent e)　　//窗口打开后
AdjustmentEvent 调整事件类 AdjustmentListener 接口	adjustmentValueChanged(AdjustmentEvent e) //在可调整的值发生更改时

1. 自身类作为事件监听器

【例 4-13】 自身类作为事件监听器。

```java
public class ThisClassEvent extends JFrame implements ActionListener{
    JButton btn;
    public ThisClassEvent(){
        super("Java事件监听机制");
        setLayout(new FlowLayout());
        setDefaultCloseOperation(JFrame.EXIT_ON_CLOSE);
        btn=new JButton("单击");
        btn.addActionListener(this);
        getContentPane().add(btn);
        setBounds(200,200,300,160);
        setVisible(true);
    }
    public void actionPerformed (ActionEvent e){
        Container c=getContentPane();
        c.setBackground(Color.red);
    }
    public static void main(String args[]){
        new ThisClassEvent();
    }
}
```

2. 外部类作为事件监听器

【例 4-14】 外部类作为事件监听器。

```java
public class OuterClassEvent extends JFrame{
    JButton btn;
    public OuterClassEvent(){
        super("Java事件监听机制");
        setLayout(new FlowLayout());
        setDefaultCloseOperation(JFrame.EXIT_ON_CLOSE);
        btn=new JButton("单击");
        btn.addActionListener(new OuterClass(this));
        getContentPane().add(btn);
        setBounds(200,200,300,160);
        setVisible(true);
    }
    public static void main(String args[]){
        new OuterClassEvent();
    }
}
class OuterClass implements ActionListener{      //外部类
    OuterClassEvent oce;
    public OuterClass(OuterClassEvent oce){
        this.oce =oce;
    }
    public void actionPerformed(ActionEvent e){
        Container c=oce.getContentPane();
        c.setBackground(Color.red);
```

        }
    }

3. 内部类作为事件监听器

内部类即被定义于某一个类内部的类。使用内部类的优势是：一个内部类的对象可以访问外部类的成员方法和变量，包括其私有的成员；采用内部类编程非常容易实现事件监听器功能。因此内部类能够应用的地方往往是在Java的事件处理机制中。

【例4-15】 内部类作为事件监听器。

```java
public class InnerClassEvent extends JFrame{
    JButton btn;
    public InnerClassEvent(){
        super("Java事件监听机制");
        setLayout(new FlowLayout());
        setDefaultCloseOperation(JFrame.EXIT_ON_CLOSE);
        btn=new JButton("单击");
        btn.addActionListener(new InnerClass());
        getContentPane().add(btn);
        setBounds(200,200,300,160);
        setVisible(true);
    }
    class InnerClass implements ActionListener{           //内部类
        public void actionPerformed (ActionEvent e){
            Container c=getContentPane();
            c.setBackground(Color.red);
        }
    }
    public static void main(String args[]){
        new InnerClassEvent();
    }
}
```

4. 匿名内部类作为事件监听器

匿名内部类即定义于某一个方法内部且没有名称的类，因此它只是在创建此类对象时用一次。由于匿名类本身无名，因此它也就不存在构造方法，它需要显式地调用一个无参的父类的构造方法，并且重写父类的方法。匿名类是一种创建事件监听器类的有效方法。

【例4-16】 匿名内部类作为事件监听器。

```java
public class AnonymousEvent extends JFrame{
    JButton btn;
    public AnonymousEvent(){
        super("Java事件监听机制");
        setLayout(new FlowLayout());
        setDefaultCloseOperation(JFrame.EXIT_ON_CLOSE);
```

```
        btn=new JButton("单击");
        btn.addActionListener(new ActionListener(){      //匿名内部类
            public void actionPerformed(ActionEvent e){
                Container c=getContentPane();
                c.setBackground(Color.red);
            }
        });
        getContentPane().add(btn);
        setBounds(200,200,300,160);
        setVisible(true);
    }
    public static void main(String args[]){
        new AnonymousEvent();
    }
}
```

4.2.3 事件适配器

接口都是抽象的,实现接口时需要实现接口中的所有抽象方法,以 MouseListener 为例,其中定义了 5 个方法。

```
mouseClicked(MouseEvent e)     //单击鼠标时
mouseEntered(MouseEvent e)     //鼠标进入时
mouseExited(MouseEvent e)      //鼠标离开时
mousePressed(MouseEvent e)     //鼠标按下时
mouseReleased(MouseEvent e)    //鼠标释放时
```

但是有时候只需要处理 Click 事件,只想实现 mouseClicked(MouseEvent e)方法。

为了方便起见,Java 语言为某些 Listener 接口提供了适配器类,这些适配器类已经实现了监听器接口,如表 4-4 所示。当使用事件处理机制时,只需要让该类继承事件对应的适配器类,仅仅重写需要的方法就可以了。

表 4-4 Java 的监听器与对应的适配器

接口名称	适配器名称	接口名称	适配器名称
ActionListene	ActionAdapter	WindowListene	WindowAdapter
FocusListene	FocusAdapter	KeyListene	KeyAdapter
MouseListene	MouseAdapter	MouseMotionListene	MouseMotionAdapter
TextListene	TextAdapter	AdjustmentListene	AdjustmentAdapter

需要注意的是,Java 是单继承机制,当需要多种监听器或者该类已经有父类时,仅仅依靠适配器类是不够的。

【例 4-17】 事件适配器。

```
public class AnonymousEvent extends JFrame{
    JButton btn;
```

```java
    public AnonymousEvent(){
        super("Java事件监听机制");
        setLayout(new FlowLayout());
        setDefaultCloseOperation(JFrame.EXIT_ON_CLOSE);
        btn=new JButton("单击");
        btn.addMouseListener(new MouseAdapter(){//事件适配器
          public void mouseClicked(MouseEvent e){
              Container c=getContentPane();
              c.setBackground(Color.red);
           }
        });
        getContentPane().add(btn);
        setBounds(200,200,300,160);
        setVisible(true);
    }
    public static void main(String args[]){
        new AnonymousEvent();
    }
}
```

4.2.4 拓展训练——可供用户选择的可视组件

1. 复选框

复选框(JCheckBox)提供两种状态,一种是选中;另一种是未选中,用户通过单击该组件切换状态。复选框的常用方法如下。

(1) public JCheckBox():创建一个没有名字的复选框。

(2) public JCheckBox(String text):创建一个名为 text 的复选框。

(3) public boolean isSelected():如果复选框处于选中状态该方法返回 true,否则返回 false。

当复选框获得监视器之后,复选框选中状态发生变化时就触发 ItemEvent 事件,ItemEvent 类将自动创建一个事件对象。触发 ItemEvent 事件的事件源获得监视器的方法是 addItemListener(ItemListener listener)。由于复选框可以触发 ItemEvent 事件,JCheckBox 类提供了 addItemListener()方法。处理 ItemEvent 事件的接口是 ItemListener,创建监视器的类必须实现 ItemListener 接口,该接口中只有一个方法。

【例 4-18】 使用复选框(JCheckBox)。

```java
public class ExamRadioCheck implements ActionListener{
    JFrame f;
    JLabel l1,l2;
    JRadioButton r1,r2,r3,r4;
    ButtonGroup g;
    JCheckBox c1,c2,c3,c4;
    JPanel p,p1,p2;
```

```java
    JButton b;
    JTextArea t;
    public ExamRadioCheck( ) {
        f=new JFrame( );
        l1=new JLabel("选择你已学过的课程:");
        l2=new JLabel("选择你最喜欢的课程:");
        g=new ButtonGroup( );    //创建按钮组对象
        c1=new JCheckBox("网络技术",false);
        c2=new JCheckBox("JavaScript 程序设计",true);
        c3=new JCheckBox("网页设计",false);
        c4=new JCheckBox("文化基础",false);
        r1=new JRadioButton("网络技术");
        r2=new JRadioButton("Java 程序设计");
        r3=new JRadioButton("网页设计");
        r4=new JRadioButton("文化基础");
        g.add(r1);                    //将单选按钮加入按钮组
        g.add(r2);
        g.add(r3);
        g.add(r4);
        b=new JButton("确定");
        b.addActionListener(this);
        t=new JTextArea( );
        p=new JPanel( );
        p1=new JPanel( );
        p2=new JPanel( );
        p1.add(l1);
        p1.add(c1);
        p1.add(c2);
        p1.add(c3);
        p1.add(c4);
        p2.add(l2);
        p2.add(r1);
        p2.add(r2);
        p2.add(r3);
        p2.add(r4);
        p2.add(b);
        p.add(p1);
        p.add(p2);
        f.setLayout(new GridLayout(2,1,10,10));
        f.add(p);
        f.add(t);
        f.setSize(540,200);
        f.setVisible(true);
    }
    public static void main(String args[ ]) {
        new ExamRadioCheck( );
    }
    public void actionPerformed(ActionEvent e) {
        String s="";
```

```java
        if(c1.isSelected())        //判断c1是否被选中
            s=s+c1.getLabel()+" ";
        if(c2.isSelected())
            s=s+c2.getLabel()+" ";
        if(c3.isSelected())
            s=s+c3.getLabel()+" ";
        if(c4.isSelected())
            s=s+c4.getLabel();
        t.append("你已学过的课程有:"+s+"\n");
        if(r1.isSelected())        //判断r1是否被选中
            t.append("你最喜欢的课程是:"+r1.getLabel());
        if(r2.isSelected())
            t.append("你最喜欢的课程是:"+r2.getLabel());
        if(r3.isSelected())
            t.append("你最喜欢的课程是:"+r3.getLabel());
        if(r4.isSelected())
            t.append("你最喜欢的课程是:"+r4.getLabel());
    }
}
```

2. 单选按钮

单选按钮(JRadioButton)和复选框类似,不同的是:在若干个复选框中可以同时选中多个,而一组单选按钮同一时刻只能有一个被选中。

单选按钮的常用方法如下。

(1) JRadioButton(String text):创建一个名为text的单选按钮。

(2) JRadioButton(String text,boolean selected):创建一个名为text的单选按钮,同时指定了单选按钮的选中状态。

(3) public boolean isSelected():如果单选按钮处于选中状态,该方法返回true,否则返回false。

要将单选按钮分组,需要创建ButtonGroup的一个实例,并用add()方法把单选按钮添加到该实例中,归到同一组的单选按钮每一时刻只能选一个。

【例4-19】 使用单选按钮(JRadioButton)。

```java
public class ExamRadioCheck implements ActionListener{
    JFrame f;
    JLabel l1,l2;
    JRadioButton r1,r2,r3,r4;
    ButtonGroup g;
    JCheckBox c1,c2,c3,c4;
    JPanel p,p1,p2;
    JButton b;
    JTextArea t;
    public ExamRadioCheck() {
        f=new JFrame();
        l1=new JLabel("选择你已学过的课程:");
```

```
        l2=new JLabel("选择你最喜欢的课程:");
        g=new ButtonGroup( );        //创建按钮组对象
        c1=new JCheckBox("网络技术",false);
        c2=new JCheckBox("JavaScript 程序设计",true);
        c3=new JCheckBox("网页设计",false);
        c4=new JCheckBox("文化基础",false);
        r1=new JRadioButton("网络技术");
        r2=new JRadioButton("Java 程序设计");
        r3=new JRadioButton("网页设计");
        r4=new JRadioButton("文化基础");
        g.add(r1);               //将单选按钮加入按钮组
        g.add(r2);
        g.add(r3);
        g.add(r4);
        b=new JButton("确定");
        b.addActionListener(this);
        t=new JTextArea( );
        p=new JPanel( );
        p1=new JPanel( );
        p2=new JPanel( );
        p1.add(l1);
        p1.add(c1);
        p1.add(c2);
        p1.add(c3);
        p1.add(c4);
        p2.add(l2);
        p2.add(r1);
        p2.add(r2);
        p2.add(r3);
        p2.add(r4);
        p2.add(b);
        p.add(p1);
        p.add(p2);
        f.setLayout(new GridLayout(2,1,10,10));
        f.add(p);
        f.add(t);
        f.setSize(540,200);
        f.setVisible(true);
    }
    public static void main(String args[ ]) {
        new ExamRadioCheck( );
    }
    public void actionPerformed(ActionEvent e) {
        String s="";
        if(c1.isSelected( ))     //判断 c1 是否被选中
            s=s+c1.getLabel( )+" ";
        if(c2.isSelected( ))
            s=s+c2.getLabel( )+" ";
        if(c3.isSelected( ))
```

```
        s=s+c3.getLabel()+" ";
    if(c4.isSelected())
        s=s+c4.getLabel();
    t.append("你已学过的课程有:"+s+"\n");
    if(r1.isSelected())              //判断 r1 是否被选中
        t.append("你最喜欢的课程是:"+r1.getLabel());
    if(r2.isSelected())
        t.append("你最喜欢的课程是:"+r2.getLabel());
    if(r3.isSelected())
        t.append("你最喜欢的课程是:"+r3.getLabel());
    if(r4.isSelected())
        t.append("你最喜欢的课程是:"+r4.getLabel());
    }
}
```

3. 组合框

组合框(JComboBox)的常用方法如下。

(1) public JComboBox()：使用该构造方法创建一个没有选项的下拉列表。

(2) public JComboBox(Object[] items)：创建包含指定数组中的元素的 JComboBox。默认情况下，选择数组中的第一项。

(3) public void addItem(Object anObject)：增加下拉列表选项。

(4) public int getSelectedIndex()：返回当前下拉列表中被选中的选项的索引，索引的起始值是 0。

(5) public Object getSelectedItem()：返回当前下拉列表中被选中的选项。

(6) public void removeItemAt(int anIndex)：从下拉列表的选项中删除索引值是 anIndex 选项。

(7) public void removeAllItems()：删除全部下拉列表选项。

组合框的事件与复选框一样，组合框的事件也是 ItemEvent，可以通过 addItemListener(ItemListener listener)为组件注册事件监听器。

【例 4-20】 使用组合框(JComboBox)。

```
public class JComboxDemo extends JFrame implements ItemListener{
    JLabel jLabel1,jLabel2;
    JComboBox jComboBox1,jComboBox2;
    String sf[],sh[];
    public JComboxDemo(){
        jLabel1=new JLabel("所在省");
        jLabel2=new JLabel("所在市");
        String sf[]={"山东省","江苏省"};
        jComboBox1=new JComboBox(sf);               //创建并初始化组合框
        String sh[]={"济南市","烟台市","潍坊市"};
        jComboBox2=new JComboBox(sh);
        setLayout(new GridLayout(2,2));
        add(jLabel1);
```

```
        add(jLabel2);
        add(jComboBox1);
        add(jComboBox2);
        jComboBox1.addItemListener(this);          //为组合框注册事件监听器
        setSize(220,100);
        setVisible(true);
        setDefaultCloseOperation(JFrame.EXIT_ON_CLOSE);
    }
    public static void main(String args[ ])    {
        new JComboxDemo( );
    }
    public void itemStateChanged(ItemEvent e) {   //编写事件处理程序
        jComboBox2.removeAll();
        if(jComboBox1.getSelectedItem( ).equals("山东省")) {
            jComboBox2.addItem("济南市");           //添加列表项
            jComboBox2.addItem("烟台市");
            jComboBox2.addItem("潍坊市");
        }
         if(jComboBox1.getSelectedItem( ).equals("江苏省")){
            jComboBox2.addItem("南京市");
            jComboBox2.addItem("无锡市");
            jComboBox2.addItem("扬州市");
        }
    }
}
```

4. 列表框

列表框(JList)的作用和组合框的作用基本相同,但它允许用户同时选择多项。列表框与组合框的方法大致相同,但须注意以下方法的使用。

(1) public Object getSelectedValue(): 返回所选的第一个值,如果选择为空,则返回null。

(2) public Object[] getSelectedValues(): 返回所选单元的一组值。返回值以递增的索引顺序存储。

(3) public int[] getSelectedIndexes(): 获取选项框中选中的多项位置索引编号。返回值是整型数组。

列表项较多时,列表框不会自动滚动。给列表框加滚动条的方法与文本区相同,只须创建一个滚动窗格并将列表框加入其中即可。

【例 4-21】 使用列表框(JList)。

```
public class ListExam extends JFrame implements ActionListener{
    JList jList1;
    JTextArea jTextArea;
    JButton jButton1;
    JPanel jPanel;
    public ListExam( ) {
```

```java
        String str[]={"数据库","计算机基础","网络基础","软件工程","程序设计"};
        jList1=new JList(str);
        jTextArea=new JTextArea();
        jButton1=new JButton(" 选择课程");
        jButton1.addActionListener(this);
        jPanel=new JPanel();
        jPanel.setLayout(new GridLayout(3,1));
        jPanel.add(new JLabel());
        jPanel.add(jButton1);
        jPanel.add(new JLabel());
        setLayout(new GridLayout(1,3,20,20));
        add(jList1);
        add(jPanel);
        add(jTextArea);
        setSize(400,250);
        setVisible(true);
        setDefaultCloseOperation(JFrame.EXIT_ON_CLOSE);
    }
    public static void main(String args[]) {
        new ListExam();
    }
    public void actionPerformed(ActionEvent e) {
        Object s[]=jList1.getSelectedValues();    //获取全部的选中列表项
        String s2="你选择的课程有:\n";
        for (int i=0;i<s.length;i++)
        s2=s2+s[i]+"\n";
        jTextArea.setText(s2);
    }
}
```

5. 滚动窗口

滚动窗口(JScrollPane)是带滚动条的面板,主要通过移动视口(JViewport)来实现。JViewport是一种特殊的对象,用于查看基层组件,滚动条实际就是沿着组件移动视口,同时描绘出它在下面"看到"的内容。滚动窗口的构造方法如下。

(1) public JScrollPane():创建一个空的JScrollPane,需要时水平和垂直滚动条都可显示。

(2) public JScrollPane(Component c):创建一个显示指定组件内容的JScrollPane,只要组件的内容超过视图大小就会显示水平和垂直滚动条。

向已有的滚动窗口添加组件的方法是getViewport().add(Component c),该方法向JViewport中添加组件c,即可把组件加入滚动窗口中。

6. 文本区

如想让用户输入多行文本,可以通过使用文本区(JTextArea),它允许用户输入多行文字。文本区常用构造方法如下。

(1) public JTextArea()：创建一个空的文本区。
(2) JTextArea(int rows, int columns)：创建一个指定行数和列数的文本区。
(3) JTextArea(String s, int rows, int columns)：创建一个指定文本、行数和列数的文本区。

文本区常用的方法如下。
(1) public void append(String s)：在文本区尾部追加文本内容 s。
(2) public void insert(String s, int position)：在文本区的 position 处插入文本 s。
(3) public void setText(String s)：设置文本区中的内容为文本 s。
(4) public String getText()：获取文本区的内容。
(5) public String getSelectedText()：获取文本区中选中的内容。
(6) public void replaceRange(String s, int start, int end)：把文本区中从 start 位置开始至 end 位置之间的文本用 s 替换。
(7) public void setCaretPosition(int position)：设置文本区中光标的位置。
(8) public int getCaretPosition()：获得文本区中光标的位置。
(9) public void setSelectionStart(int position)：设置要选中文本的起始位置。
(10) public void setSelectionEnd(int position)：设置要选中文本的终止位置。
(11) public int getSelectionStart()：获取选中文本的起始位置。
(12) public int getSelectionEnd()：获取选中文本的终止位置。
(13) public void selectAll()：选中文本区的全部文本。
(14) setLineWrap(boolean)：设定文本区是否自动换行。

【例 4-22】 简单记事本。

```java
public class Shixun extends JFrame implements ActionListener{
    JTextArea theArea;
    JPopupMenu pm;
    int size=10;
    public static void main(String[] args) {
        Shixun s=new Shixun();
    }
    public Shixun(){
        setSize(300,300);
        JMenuBar mb=new JMenuBar();
        JMenu m1=new JMenu("File");
        m1.setMnemonic(KeyEvent.VK_F);
        JMenuItem mi1=new JMenuItem("New ALT+N");
        mi1.setMnemonic(KeyEvent.VK_N);
        mi1.addActionListener(this);
        JMenuItem mi2=new JMenuItem("Load ALT+L");
        mi2.setMnemonic(KeyEvent.VK_L);
        mi2.addActionListener(this);
        JMenuItem mi3=new JMenuItem("Save ALT+S");
        mi3.setMnemonic(KeyEvent.VK_S);
        mi3.addActionListener(this);
```

```java
JMenuItem mi4=new JMenuItem("Quit ALT+Q");
mi4.setMnemonic(KeyEvent.VK_Q);
mi4.addActionListener(this);
m1.add(mi1);
m1.add(mi2);
m1.add(mi3);
m1.addSeparator();
m1.add(mi4);
JMenu m2=new JMenu("Edit");
m2.setMnemonic(KeyEvent.VK_E);
JMenuItem mi5=new JMenuItem("Font ALT+F");
mi5.setMnemonic(KeyEvent.VK_F);
mi5.addActionListener(this);
m2.add(mi5);
JMenu m3=new JMenu("Help");
m3.setMnemonic(KeyEvent.VK_H);
JMenuItem mi6=new JMenuItem("Welcome ALT+H");
mi6.setMnemonic(KeyEvent.VK_H);
mi6.addActionListener(this);
m3.add(mi6);
mb.add(m1);
mb.add(m2);
mb.add(m3);
setJMenuBar(mb);
pm=new JPopupMenu();
JMenu pm1=new JMenu("保存");
JMenuItem pm2=new JMenuItem("运行");
pm.add(pm1);
pm.add(pm2);
JButton b=new JButton("关于");
b.addMouseListener(new MouseAdapter(){
    public void mouseClicked(MouseEvent arg0) {
        new AboutDialog().setVisible(true);
    }
});
add(b,BorderLayout.SOUTH);
theArea=new JTextArea(8,10);
theArea.setText("单击菜单项可以设置文本区字体大小");
theArea.setFont(new Font("楷体_gb2312",Font.PLAIN,size));
theArea.setForeground(Color.blue);
theArea.setLineWrap(true);
add(new JScrollPane(theArea),BorderLayout.CENTER);
theArea.addMouseListener(new MouseAdapter(){
    @Override
    public void mouseClicked(MouseEvent e) {
        if(e.getButton()==3)
            pm.show(theArea,e.getX(),e.getY());
    }
});
```

```java
        setVisible(true);
    }
    public void actionPerformed(ActionEvent e) {
        String str=e.getActionCommand();
        if(str.equals("New ALT+N"))
            theArea.setText(" ");
        if(str.equals("Quit ALT+Q")){
            String s=JOptionPane.showInputDialog("确认要关闭吗? Y  N");
            if(s.equals("Y")) System.exit(1);
        }
        if(str.equals("Save ALT+S")){
            JFileChooser fc=new JFileChooser( );
            try{
                if(fc.showSaveDialog(this)==JFileChooser.APPROVE_OPTION) {
                    String filename =fc.getSelectedFile( ).getAbsolutePath( );
                    FileWriter fw=new FileWriter(filename);//创建字符输出流对象
                    BufferedWriter bw=new BufferedWriter(fw);//创建过滤器输出流对象
                    String s =theArea.getText( );
                    bw.write(s);
                    bw.close( );
                    fw.close( );
                }
            }
            catch(Exception ex){
                System.out.print(ex.toString( ));
            }
        }
        if(str.equals("Load ALT+L")){
            theArea.setText("");
            JFileChooser fc=new JFileChooser( );
            try{
                if(fc.showOpenDialog(this)==JFileChooser.APPROVE_OPTION){
                    String filename =fc.getSelectedFile( ).getAbsolutePath( );
                    FileReader fr =new FileReader(filename);  //创建字符输入流对象
                    BufferedReader br=new BufferedReader(fr);  //创建过滤器输入流对象
                    String s="";
                    while((s=br.readLine( ))!=null)
                        theArea.append(s+"\n");
                    br.close( );
                    fr.close( );
                }
            }
            catch(Exception ex){
                System.out.print(ex.toString( ));
            }
        }
        if(str.equals("关于"))
            new AboutDialog().setVisible(true);
        if(str.equals("Welcome ALT+H"))
```

```java
            new HelpDialog().setVisible(true);
        if(str.equals("Font ALT+F")){
            String s=JOptionPane.showInputDialog("字号大小");
            try{
                size=Integer.parseInt(s);
            }
            catch(NumberFormatException ee)
                JOptionPane.showMessageDialog(null,"输入的字体大小必须是整数");
            theArea.setFont(new Font("楷体_gb2312",Font.PLAIN,size));
        }
    }
}
class AboutDialog extends JDialog{
    AboutDialog(){
        JPanel p=new JPanel();
        p.setLayout(new BoxLayout(p,BoxLayout.Y_AXIS));
        JLabel l1=new JLabel("我爱 Java");
        l1.setAlignmentX(Component.LEFT_ALIGNMENT);
        JLabel l2=new JLabel("书名:");
        l2.setAlignmentX(Component.LEFT_ALIGNMENT);
        JLabel l3=new JLabel("作者:");
        l3.setAlignmentX(Component.LEFT_ALIGNMENT);
        JLabel l4=new JLabel("出版社:");
        l4.setAlignmentX(Component.LEFT_ALIGNMENT);
        JLabel l5=new JLabel("出版时间:");
        l5.setAlignmentX(Component.LEFT_ALIGNMENT);
        p.add(l1);
        p.add(l2);
        p.add(l3);
        p.add(l4);
        p.add(l5);
        JButton b=new JButton("关闭");
        b.setAlignmentX(Component.LEFT_ALIGNMENT);
        b.addMouseListener(new MouseAdapter(){
            @Override
            public void mouseClicked(MouseEvent arg0) {
                setVisible(false);
            }
        });
        p.add(b);
        add(p);
        setSize(100,200);
        setVisible(false);
    }
}
class HelpDialog extends JDialog{  }
```

4.2.5 实现机制

系统主界面的参考代码如下。

```java
public class LoginJFrame extends JFrame {
    Statement ps;
    ResultSet rs;
    Connection con =null;
    String url="jdbc:mysql://127.0.0.1:3306/数据库名";
    String user="root";
    String password="密码";
    private JTextField nameTextField,quanxTextField;
    private JPasswordField passwordField;
    public LoginJFrame() {                          //界面初始化
        setBounds(300, 300, 450, 200);
        setResizable(false);
        setTitle("学生信息管理系统--登录");
        setContentPane(createContentPanel());
        setDefaultCloseOperation(JFrame.EXIT_ON_CLOSE);
        setVisible(true);
    }
    private JPanel createContentPanel() {           //内容面板
        JPanel content =new JPanel(new BorderLayout());
        content.add(BorderLayout.NORTH, createTitlePanel());
        content.add(BorderLayout.SOUTH, createBtnPanel());
        content.add(BorderLayout.CENTER, createNamePwdPanel());
        return content;
    }
    private JPanel createNamePwdPanel() {           //用户名密码面板
        JPanel p4 =new JPanel(new BorderLayout());
        p4.add(BorderLayout.NORTH, createNamePwd());
        return p4;
    }
    private JPanel createNamePwd() {                //创建用户名密码
        JPanel p5 =new JPanel(new GridLayout(3, 1));
        p5.add(createName());
        p5.add(createPwd());
        p5.add(createQuanx());
        return p5;
    }
    private JPanel createPwd() {                    //创建密码
        JPanel p7 =new JPanel(new FlowLayout());
        JLabel password =new JLabel("密码:");
        passwordField=new JPasswordField(15);
        p7.add(password);
        p7.add(passwordField);
        return p7;
    }
    private JPanel createName() {                   //创建用户名
        JPanel p6 =new JPanel(new FlowLayout());
        JLabel id =new JLabel("用户ID:");
        nameTextField=new JTextField(15);
        p6.add(id);
```

```java
        p6.add(nameTextField);
        return p6;
    }
    private JPanel createQuanx(){                    //创建权限
        JPanel p8 =new JPanel(new FlowLayout());
        JLabel id =new JLabel("用户权限:");
        quanxTextField=new JTextField(15);
        p8.add(id);
        p8.add(quanxTextField);
        return p8;
    }
    private JPanel createTitlePanel() {              //创建标题
        JPanel panel =new JPanel(new BorderLayout());
        panel.setBorder(new EmptyBorder(10,10,10,10));  //加缝
        panel.add(BorderLayout.CENTER, new JLabel("登录系统", JLabel.CENTER));
        return panel;
    }
    private JPanel createBtnPanel() {                //创建登录退出面板
      JPanel p =new JPanel(new FlowLayout());
      JButton loging =new JButton("登录");
      JButton zhuce =new JButton("注册");
      JButton concel =new JButton("取消");
      loging.addActionListener(new ActionListener() {
        public void actionPerformed(ActionEvent arg0) {
          if (!(getId()==null && getPsw() ==null)) {
            try {
                //加载特定的驱动程序
                Class.forName("com.mysql.jdbc.Driver");
                //连接数据库
                conn=DriverManager.getConnection(url,user,password);
                ps =con.createStatement(ResultSet.TYPE_SCROLL_INSENSITIVE,
                                ResultSet.CONCUR_READ_ONLY);
                try {
                    rs =ps.executeQuery("select * from users ");
                    while(rs.next()){
                        if (!(rs.getArray(1).equals(getId())))
                            JOptionPane.showMessageDialog(null, "不存在此用户!");
                        else if (!(rs.getString(2).trim().equals(getPsw())))
                            JOptionPane.showMessageDialog(null, "密码错误!");
                        else if (!(rs.getString(3).trim().equals(getQx())))
                            JOptionPane.showMessageDialog(null, "权限错误");
                        else {if(getQx()=="系统管理员")
                            new MainFrm("学生信息管理系统--系统管理员登录");
                        if(getQx()=="教师")
                            new MainFrmTeacher("学生信息管理系统--教师登录");
                        if(getQx()=="学生")
                            new MainFrmTeacher("学生信息管理系统--学生登录");
                        }
                    }
```

```
            }
            catch (SQLException sqle) {
              String error =sqle.getMessage();
              JOptionPane.showMessageDialog(null, error);
              sqle.printStackTrace();
            }
          }
          catch (Exception err) {
            String error =err.getMessage();
            JOptionPane.showMessageDialog(null, error);
          }
        }
      }
    });
    p.add(loging);
    p.add(zhuce);
    p.add(concel);
    return p;
  }
  public void showView() {                              //显示
      setVisible(true);
  }
  public String getId(){
      String id=nameTextField.getText();
      return id;
  }
  public String getPsw(){
      char[] psw=passwordField.getPassword();
      return new String(psw);
  }
  public String getQx(){
      String qx=quanxTextField.getText();
      return qx;
  }
}
```

任务 4.3 学生成绩的图形绘制

学生信息管理系统的主要功能是对学生的成绩进行管理,用图形表示某门课程学生成绩的变化情况会比用表格表示更直观一些,如图 4-19 所示。

4.3.1 坐标系

要在平面上显示文字和绘图,首先要确定一个平面坐标系。Java 语言约定,显示屏上一个长方形区域为程序绘图区域,坐标原点(0,0)位于整个区域的左上角。一个坐标点

（x,y）对应屏幕窗口中的一个像素,是整数,如图 4-20 所示。

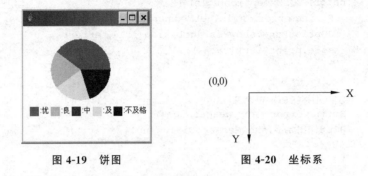

图 4-19　饼图　　　　　　　　图 4-20　坐标系

java.awt 包中提供了许多图形操作的类。

（1）Graphics 类：提供的功能有设置字体、设置显示颜色、显示图像和文本、绘制和填充各种几何图形。可以从图形对象或使用 Component.getGraphics() 方法得到 Graphics 对象。Graphics2D 类继承自 Graphics 类,并且增加了许多状态属性,使应用程序可以绘制出更加丰富多彩的图形。

（2）Color 类：包含了操作颜色的方法和常量。

（3）Font 类：包含了操作字体的方法和常量。

在某个组件中绘图,一般应该为这个组件所属的子类重写 paint() 方法,在该重写的方法中进行绘图。但要在 JComponent 子类中进行绘图,例如继承定义一个文本区子类,要在这样的文本区子对象中绘图,就应给这个文本区子类重写 paintComponent() 方法。系统自动为程序提供图形对象,并以参数 g 传递给 paint() 方法和 paintComponent() 方法。

4.3.2　Graphics 类的常用方法

Graphics 类提供基本的几何图形绘制方法,主要有画线、画矩形、画圆、画带颜色的图形、画椭圆、画圆弧、画多边形等。

1. 画线

在窗口画一条线段,可以使用 Graphics 类的 drawLine() 方法。

```
drawLine(int x1,int y1,int x2,int y2)
```

例如,以下代码在点(3,3)与点(50,50)之间画线,在点(100,100)处画一个点。

```
g.drawLine(3,3,50,50);            //画一条线
g.drawLine(100,100,100,100);      //画一个点
```

2. 画矩形

有两种矩形：普通型和圆角型。

(1) 画普通矩形有两个方法。

① drawRect(int x,int y,int width,int height):画带线框的矩形。其中参数 x 和 y 指定左上角的位置,参数 width 和 height 是矩形的宽和高。

② fillRect(int x,int y,int width,int height):用指定的颜色填充一个矩形,得到一个着色的矩形块。

以下代码是画矩形的例子。

```
g.drawRect(80,100,40,25);           //画线框
g.setColor(Color.yellow);g.fillRect(20,70,20,30); //画着色块
```

(2) 画圆角矩形也有两个方法。

① drawRoundRect(int x,int y,int width,int height,int arcWidth,int arcHeight):画带线框的圆角矩形。其中,参数 x 和 y 指定矩形左上角的位置;参数 width 和 height 是矩形的宽和高;arcWidth 和 arcHeight 分别是圆角弧的宽度和圆角弧的高度。

② fillRoundRect(int x,int y,int width,int height,int arcWidth,int arcHeight):画指定颜色填充的圆角矩形。各参数的意义同前一个方法。

以下代码是画矩形的例子。

```
g.drawRoundRect(10,10,150,70,40,25);      //画一个圆角矩形
g.setColor(Color.blue); g.fillRoundRect(80,100,100,100,60,40);   //画一个圆角矩形块
g.drawRoundRect(10,150,40,40,40,40);       //画圆
g.setColor(Color.red); g.fillRoundRect(80,100,100,100,100,100); //画红色填充圆
```

可以用画圆角矩形方法画圆形,当矩形的宽和高相等,圆角弧的宽度和高度也相等,并等于矩形的宽和高时,画的就是圆形。

3. 画三维矩形

画三维矩形有两个方法。

(1) draw3DRect(int x,int y,int width,int height,boolean raised):画一个凸出显示的矩形。其中,参数 x 和 y 指定矩形左上角的位置;参数 width 和 height 是矩形的宽和高;参数 raised 是凸出与否。

(2) fill3DRect(int x,int y,int width,int height,boolean raised):用指定的颜色填充一个凸出显示的三维矩形。

以下代码是画三维矩形的例子。

```
g.draw3DRect(80,100,40,25,true);
g.setColor(Color.yellow); g.fill3DRect(20,70,20,30,true);
```

4. 画椭圆形

画椭圆形有两个方法。

(1) drawOval(int x,int y,int width,int height):画带线框的椭圆形。其中,参数 x 和参数 y 指定椭圆形左上角的位置;参数 width 和 height 是宽度和高度。

（2）fillOval(int x,int y,int width,int height)：画用指定的颜色填充的椭圆形。也可以用画椭圆形的方法画圆形，当宽度和高度相等时，所画的椭圆形即为圆形。

以下代码是画椭圆形的例子。

```
g.drawOval(10,10,60,120);
g.setColor(Color.cyan);g.fillOval(100,30,60,60);
g.setColor(Color.magenta);g.fillOval(15,140,100,50);
```

5. 画圆弧

画圆弧有两个方法。

（1）drawArc(int x,int y,int width,int height,int startAngle, int arcAngle)：画椭圆的部分弧线。椭圆的中心是它的外接矩形的中心，其中，参数是外接矩形的左上角坐标（x,y），宽是 width,高是 heigh；参数 startAngle 的单位是"度"，起始角度 0 是指 3 点钟方位；参数 startAngle 和 arcAngle 表示从 startAngle 角度开始，逆时针方向画 arcAngle 度的弧，约定正值度数是逆时针方向，负值度数是顺时针方向，例如－90 度是 6 点钟方位。

（2）fillArc(int x, int y, int width, int height, int startAngle, int arcAngle)：用 setColor()方法设定的颜色填充椭圆的一部分。

以下代码是画圆弧的例子。

```
g.drawArc(10,40,90,50,0,180);
g.drawArc(100,40,90,50,180,180);
g.setColor(Color.yellow); g.fillArc(10,100,40,40,0,-270);
g.setColor(Color.green); g.fillArc(60,110,110,60,-90,-270);
```

6. 画多边形

多边形是用多条线段首尾连接而成的封闭平面图形。多边形线段端点的 x 坐标和 y 坐标分别存储在两个数组中，画多边形就是按给定的坐标点顺序用直线段将它们连起来。以下是画多边形常用的两个方法。

（1）drawPolygon(int xPoints[],int yPoints[],int nPoints)：画一个多边形。

（2）fillPolygon(int xPoints[],int yPoints[],int nPoints)：用方法 setColor()设定的颜色画多边形。其中,数组 xPoints[]存储 x 坐标点；yPoints[]存储 y 坐标点；nPoints 是坐标点个数。

注意：上述方法并不自动闭合多边形，要画一个闭合的多边形，给出的坐标点的最后一点必须与第一点相同。以下代码实现填充一个三角形和画一个八边形。

```
int px1[]={50,90,10,50};            //首末点相重,才能画多边形
int py1[]={10,50,50,10};
int px2[]={140,180,170,180,140,100,110,140};
int py2[]={5,25,35,45,65,35,25,5};
g.setColor(Color.blue);
g.fillPolygon(px1,py1,4);
g.setColor(Color.red);
```

```
g.drawPolygon(px2,py2,9);
```

也可以用多边形类 Polygon 对象画多边形。其主要方法如下。

（1）Polygon()：创建多边形对象，暂时没有坐标点。

（2）Polygon(int xPoints[],int yPoints[],int nPoints)：用指定的坐标点创建多边形对象。

（3）addPoint()：将一个坐标点加入 Polygon 对象中。

（4）drawPolygon(Polygon p)：绘制多边形。

（5）fillPolygon(Polygon p)：用指定的颜色填充多边形。

例如，以下代码画一个三角形和并将其用黄色填充。注意，用多边形对象画封闭多边形不要求首末点重合。

```
int x[]={140,180,170,180,140,100,110,100};
int y[]={5,25,35,45,65,45,35,25};
Polygon ponlygon1=new Polygon();
polygon1.addPoint(50,10);
polygon1.addPoint(90,50);
polygon1.addPoint(10,50);
g.drawPolygon(polygon1);
g.setColor(Color.yellow);
Polygon polygon2 =new Polygon(x,y,8);
g.fillPolygon(polygon2);
```

7. 用矩形块擦除着色

当需要在一个着色图形的中间擦除一块颜色时，可用背景色填充要擦除的位置相当于在该矩形块上使用了"橡皮擦"。实现的方法如下。

clearRect(int x,int y, int width,int height)：擦除一个由参数指定的矩形块的着色。
例如，以下代码实现在一个圆中擦除一个矩形块的着色。

```
g.setColor(Color.blue);
g.fillOval(50,50,100,100);g.clearRect(70,70,40,55);
```

8. 限定作图显示区域

限定作图显示区域是指用一个矩形表示图形的显示区域，要求图形在指定的范围内有效，不重新计算新的坐标值，自动实现超出部分不显示。方法是 clipRect(int x,int y, int width,int height)，它限制图形在指定区域内的显示，超出部分不显示。

当多个限制区域有覆盖时，得到限制区域的交集区域。例如，代码

```
g.clipRect(0,0,100,50);g.clipRect(50,25,100,50);
```

相当于

```
g.clipRect(50,25,50,25);
```

9. 复制图形

利用 Graphics 类的方法 copyArea() 可以实现图形的复制,其使用格式如下。

```
copyArea(int x,int y,int width,int height, int dx, int dy);
```

其中,dx 和 dy 分别表示将图形粘贴到原位置偏移的像素点数,正值为往右或往下偏移量,负值为往左或往上偏移量。位移的参考点是要复制矩形的左上角坐标。

例如,以下代码实现图形的复制,将一个矩形的一部分、另一个矩形的全部分别复制。

```
g.drawRect(10,10,60,90);
g.fillRect(90,10,60,90);
g.copyArea(40,50,60,70,-20,80);
g.copyArea(110,50,60,60,10,80);
```

【例 4-23】 简单图形绘制。

```java
public class SimpleDraw1{
    public static void main(String[] args) {
        DrawFrame frame =new DrawFrame();
        frame.setDefaultCloseOperation(JFrame.EXIT_ON_CLOSE);
        frame.setVisible(true);
    }
}
class DrawFrame extends JFrame{
    public DrawFrame(){
        setTitle("简单图形绘制");
        setSize(WIDTH, HEIGHT);
        DrawPanel panel =new DrawPanel();
        Container contentPane =getContentPane();
        contentPane.add(panel);
    }
    public static final int WIDTH =300;
    public static final int HEIGHT =200;
}
class DrawPanel extends JPanel {
    public void paintComponent(Graphics g) {
        super.paintComponent(g);
        int x1 =50,y1 =50;
        int x2 =50,y2 =150;
        int radius =100;              //半径
        int startAngle =-90;          //起始角度
        int arcAngle =180;            //弧的角度
        g.drawLine(x1, y1, x2, y2);   //画线
        g.drawArc(x1-radius/2,y1,radius,radius,startAngle,arcAngle); //画弧
        Polygon p =new Polygon();
        x1 +=150;
        y1 +=50;
        radius /=2;
```

```
    int i;
    //画六边形
    for (i =0; i <6; i++)
        p.addPoint( (int)(x1 +radius * Math.cos(i * 2 * Math.PI / 6)),
            (int)(y1 +radius * Math.sin(i * 2 * Math.PI / 6)));
    g.drawPolygon(p);
    }
}
```

4.3.3 Font 类

显示文字的方法主要有 3 个。

(1) drawString(String str,int x,int y)：在指定的位置显示字符串。

(2) drawChars(char data[],int offset,int length, int x, int y)：在指定的位置显示字符数组中的文字,从字符数组的 offset 位置开始,最多显示 length 个字符。

(3) drawBytes(byte data[],int offset,int length,int x,int y)：在指定的位置显示字符数组中的文字,从字符数组的 offset 位置开始,最多显示 length 个字符。

显示位置(x,y)为文字的基线的开始坐标,不是文字显示的矩形区域的左上角坐标。

文字字型有 3 个要素。

(1) 字体：常用的字体有 Times New Roman、Symbol、宋体、楷体等。

(2) 样式：常用的样式有正常、粗体和斜体,分别用 3 个常量表示：Font. PLAIN(正常)、Font. BOLD(粗体)和 Font. ITALIC(斜体)。样式可以组合使用,例如,Font.BOLD+Font.ITALIC。

(3) 字号：字号是字的大小,单位是磅。

在 Java 语言中,用类 Font 的对象设置字型。Font 类构造方法为 Font(String fontName,int style,int size),3 个参数分别表示字体、样式和字号。例如：

```
Font fnA =new Font("宋体",Font. PLAIN,12)
```

以上语句设置的字型是：宋体、正常样式、12 磅字号。

Font 类的其他常用方法如下。

(1) getStyle()：返回字体样式。

(2) getSize()：返回字体大小。

(3) getName()：返回字体名称。

(4) isPlain()：测试字体是否是正常字体。

(5) isBold()：测试字体是否是粗体。

(6) isItalic()：测试字体是否是斜体。

【例 4-24】 使用 Font 类绘制图形与设置文字格式。

```
public class ColorRect1 {
    public static void main(String[] args) {
        FillFrame frame =new FillFrame();
```

```java
            frame.setDefaultCloseOperation(JFrame.EXIT_ON_CLOSE);
            frame.setVisible(true);
        }
    }
    class FillFrame extends JFrame {
        public FillFrame() {
            setTitle("颜色设置");
            setSize(WIDTH, HEIGHT);
            FillPanel panel = new FillPanel();
            panel.setBackground(SystemColor.desktop);    //设置背景色为桌面颜色
            Container contentPane = getContentPane();
            contentPane.add(panel);
        }
        public static final int WIDTH = 400;
        public static final int HEIGHT = 250;
    }
    class FillPanel extends JPanel {
        public void paintComponent(Graphics g) {
            super.paintComponent(g);
            g.setColor(new Color(10, 10, 10));    //设置颜色,并绘制矩形、圆角矩形、椭圆
            g.drawRect(10, 10, 100, 30);
            g.setColor(new Color(100, 100, 100));
            g.drawRoundRect(150, 10, 100, 30, 15, 15);
            g.setColor(new Color(150, 150, 150));
            g.drawOval(280, 10, 80, 30);
            g.setColor(new Color(10, 10, 10));    //设置颜色,并填充矩形、圆角矩形、椭圆
            g.fillRect(10, 110, 100, 30);
            g.setColor(new Color(100, 100, 100));
            g.fillRoundRect(150, 110, 100, 30, 15, 15);
            g.setColor(new Color(150, 150, 150));
            g.fillOval(280, 110, 80, 30);
            g.setColor(Color.white);              //设置颜色和字体,并显示文本信息
            Font f = new Font("宋体", Font.BOLD + Font.ITALIC, 20);
            g.setFont(f);
            g.drawString("你好,Java!", 150, 200);
        }
    }
```

4.3.4 Color 类

用 Color 类的对象设置颜色,有两种方法生成各种颜色。

(1) 用 Color 类预定义的颜色：black、red、white、yellow 等。

(2) 通过红、绿、蓝的值合成颜色。

与颜色有关的常用方法如下。

(1) 用 Color 类的构造方法 Color(int R, int G, int B)创建一个颜色对象,参数 R、G、B 分别表示红色、绿色和蓝色,它们的取值为 0~255。

(2) 用 Graphics 类的方法 setColor(Color c)设置颜色。

(3) 用 Component 类的方法 setBackground(Color c)设置背景颜色。因为 Applet 是 Component 类的子类,可直接用 setBackground()方法改变背景色。

(4) 用 Graphics 类的方法 getColor()获取颜色。

【例 4-25】 使用 Graphics 类绘图。

```java
public class useGraphics extends Applet{
    int x[]={20,50,80,50,26,20};
    int y[]={130,120,150,180,165,130};
    public void paint(Graphics g){
        g.setColor(Color.blue);
        g.drawRect(20,30,60,50);
        g.drawOval(100,25,80,60);
        g.setColor(Color.red);
        g.drawLine(20,100,600,100);
        g.setColor(Color.green);
        g.drawPolygon(x,y,6);
        g.drawArc(90,130,80,60,0,240);
        g.setColor(Color.blue);
        g.fillRect(220,30,60,50);
        g.fillOval(300,25,80,60);
        g.setColor(Color.red);
        g.drawLine(200,15,200,180);
        g.setColor(Color.green);
        for (int i=0;i<=5;i++)
        x[i]=x[i]+200;
        Polygon p =new Polygon(x,y,5);
        g.fillPolygon(p);
        g.fillArc(290,130,80,60,0,240);
        g.setColor(Color.blue);
        g.drawRoundRect(420,30,60,50,20,20);
        g.fill3DRect(500,25,80,60,false);
        g.setColor(Color.red);
        g.drawLine(400,15,400,180);
        g.setColor(Color.green);
        for (int i=0;i<=5;i++)
        x[i]=x[i]+200;
        g.drawPolyline(x,y,5);
        g.fillArc(490,110,100,80,0,360);
        g.clearRect(510,125,60,50);
        Font f1 =new Font("Helvetica",Font.PLAIN,18);
        g.setFont(f1);
        g.drawString("18pt plain Helvetica",5,20);
    }
}
```

一般的绘图程序要继承 JFrame 类定义一个 JFrame 子类,还要继承 JPanel 类定义一个 JPanel 子类。在 JPanel 子类中重写方法 paintComponent(),在这个方法中调用绘图方法,绘制各种图形。

【例 4-26】 使用 XOR 绘图模式绘图。

```java
public class ExampleXOR extends JFrame{
    public static void main(String args[]){
        GraphicsDemo myGraphicsFrame =new GraphicsDemo();
    }
}
class ShapesPanel extends JPanel{
    SharpesPanel(){
        setBackground(Color.white);
    }
    public void paintComponent(Graphics g){
        super.paintComponent(g);
        setBackground(Color.yellow);      //背景色为黄色
        g.setXORMode(Color.red);          //设置 XOR 绘图模式,颜色为红色
        g.setColor(Color.green);
        g.fillRect(20, 20, 80, 40);
        g.setColor(Color.yellow);
        g.fillRect(60, 20, 80, 40);
        g.setColor(Color.green);
        g.fillRect(20, 70, 80, 40);
        g.fillRect(60, 70, 80, 40);
        g.setColor(Color.green);
        g.drawLine(80, 100, 180, 200);    //该直线是 green+yellow =gray
        g.drawLine(100, 100, 200, 200);   //同上
        g.drawLine(140, 140, 220, 220);
        g.setColor(Color.yellow);
        g.drawLine(20, 30, 160, 30);
        g.drawLine(20, 75, 160, 75);
    }
}
class GraphicsDemod extends JFrame{
    public GraphicsDemo(){
        this.getContentPane().add(new ShapesPanel());
        setTile("基本绘图方法演示");
        setSize(300, 300);
        setVisible(true);
    }
}
```

4.3.5 拓展训练——Graphics2D

除 Graphics 类外,Java 还提供了 Graphics2D 类,它拥有更强大的二维图形处理能力,提供坐标转换、颜色管理以及文字布局等更精确的控制。

Graphics2D 定义了一些方法,用于添加或改变图形的状态属性。编程时可以设定和修改状态属性,指定画笔宽度和画笔的连接方式;设定平移、旋转、缩放或修剪图形;设定

填充图形的颜色和图案等。图形状态属性用特定的对象存储。

1. stroke 属性

stroke 属性控制线条的宽度、笔触样式、线段连接方式或短画线图案。设置该属性需要先创建 BasicStroke 对象,再调用 setStroke()方法。创建 BasicStroke 对象的两个构造方法如下。

(1) BasicStroke(float w):指定线条宽度 w。

(2) BasicStroke(float w,int cap,int join):w 是线条宽度;cap 是端点样式——CAP_BUTT(无修饰)、CAP_ROUND(半圆形末端)、CAP_SQUARE(方形末端,默认值);join 定义两线段交会处的连接方式——JOIN_BEVEL(无修饰)、JOIN_MTTER(尖形末端,默认值)、JOIN_ROUND(圆形末端)。

2. paint 属性

paint 属性控制填充效果。先调用以下方法确定填充效果,利用 setPaint()方法设置。

(1) GradientPaint(float x1,float y1,Color c1,float x2,float y2,Color c2):位置从 (x1,y1)到(x2,y2)、颜色从 c1 渐变到 c2。即线段从点(x1,y1)出发到达点(x2,y2),颜色从 c1 变成 c2。

(2) GradientPaint(float x1,float y1,Color c1,float x2,float y2,Color c2,Boolean cyclic):如果希望渐变到终点又是起点的颜色,应将 cyclic 设置为 true。

3. transform 属性

transform 属性用来实现常用的图形平移、缩放和斜切等变换操作。首先创建 AffineTransform 对象,然后调用 setTransform()方法设置 transform 属性。最后用具有指定属性的 Graphics2D 对象绘制图形。创建 AffineTransform 对象的方法如下。

(1) getRotateInstance(double theta):旋转 theta 弧度。

(2) getRotateInstance(double theta,double x,double y):绕旋转中心(x,y)旋转。

(3) getScaleInstance(double sx,double sy):x 和 y 方向分别按 sx、sy 比例变换。

(4) getTranslateInstance(double tx,double ty):平移变换。

(5) getShearInstance(double shx,double shy):斜切变换,shx 和 shy 指定斜度。

也可以先创建一个没有 transform 属性的 AffineTransform 对象,然后用以下方法指定图形平移、旋转、缩放变换属性。

(1) transelate(double dx,double dy):将图形在 x 轴方向平移 dx 像素。

(2) scale(double sx,double sy):图形在 x 轴方向缩放 sx 倍,纵向缩放 sy 倍。

(3) rotate(double arc,double x, double y):图形以点(x,y)为轴点,旋转 arc 弧度。

例如,创建 AffineTransform 对象的代码如下。

```
AffineTransform trans =new AffineTransform();
```

为 AffineTransform 对象指定绕点旋转变换属性的代码如下。

```
Trans.rotate(50.0 * 3.1415927/180.0,90,80);
```

接着为 Graphics2D 的对象 g2d 设置具有上述旋转变换功能的"画笔",代码如下。

```
Graphics2D g2d = (Graphics2D)g;g2d.setTranstorm(trans);
```

最后,以图形对象为参数调用具有变换功能的 Graphics2D 对象的 draw()方法。例如,设已有一个二次曲线对象 curve,以下代码实现用上述旋转功能的 g2d 对象绘制这条二次曲线。

```
g2d.draw(curve);
```

4. clip 属性

clip 属性用于实现剪裁效果。设置 clip 属性可调用 setClip()方法确定剪裁区的形状。连续使用多个 setClip()可以得到它们交集的剪裁区。

5. composite 属性

composite 属性用于设置图形重叠的效果。先用方法 AlphaComposite.getInstance(int rule,float alpha)得到 AlphaComposite 对象,再通过 setComposite()方法设置混合效果。Alpha 值的范围为 0.0f(完全透明)~0.1f(完全不透明)。

Graphics2D 类仍然保留 Graphics 类的绘图方法,同时增加了许多新方法。新方法将几何图形(线段、圆等)作为一个对象来绘制。在 java.awt.geom 包中声明的一系列类,分别用于创建各种图形对象。主要有:Line2D 线段类、RoundRectangle2D 圆角矩形类、Ellipse2D 椭圆类、Arc2D 圆弧类、QuadCurve2D 二次曲线类、CubicCurve2D 三次曲线类。

要用 Graphics2D 类的新方法画一个图形,可先在方法 paintComponent()或 paint()中,把参数对象 g 强制转换成 Graphics2D 对象;然后用上述图形类提供的静态方法 Double()创建该图形的对象;最后以图形对象为参数调用 Graphics2D 对象的 draw()方法绘制这个图形。例如,以下代码用 Graphics2D 的新方法绘制线段和圆角矩形。

```
Graphics2D g2d =(Graphics2D)g;//将对象 g 的类型从 Graphics 转换成 Graphics2D
Line2D line =new Line2D.Double(30.0,30.0,340.0,30.0);
g2d.draw(line);
RoundRectangle2D rRect =new RoundRectangle2D.Double(13.0,30.0,100.0,70.0,
40.0,20.0);
g2d.draw(rRect);
```

也可以先用 java.awt.geom 包提供的 Shape 类,并用单精度 Float 坐标或双精度 Double 坐标创建 Shape 对象,然后用 draw()方法绘制。例如,以下代码先创建圆弧对象,然后绘制圆弧。

```
Shape arc =new Arc2D.Float(30,30,150,150,40,100,Arc2D.OPEN);
```

```
g2d.draw(arc)
```

Graphics2D 的几何图形类有以下几个。

(1) 线段。

```
Line2D line =new Line2D.Double(2,3,200,300);//声明并创建线段对象
//起点是(2,3),终点是(200,300)
```

(2) 矩形。

```
Rectangle2D rect =new Rectangle2D.Double(20,30,80,40);
//声明并创建矩形对象,矩形的左上角是(20,30),宽是 300,高是 40
```

(3) 圆角矩形。

```
RoundRectangle2D rectRound =new RoundRectangle2D.Double(20,30,130,100,18,15);
//左上角是(20,30),宽是 130,高是 100,圆角的宽度是 18,高度是 15
```

(4) 椭圆。

```
Ellipse2D ellipse =new Ellipse2D.Double(20,30,100,50);
//左上角 (20,30),宽是 100,高是 50
```

(5) 圆弧。

```
Arc2D arc1 =new Arc2D.Double(8,30,85,60,5,90,Arc2D.OPEN);
//外接矩形的左上角是(10,30),宽是 85,高 60,起始角是 5°,终止角是 90°
Arc2D arc2 =new Arc2D.Double(20,65,90,70,0,180,Arc2D.CHORD);
Arc2D arc3 =new Arc2D.Double(40,110,50,90,0,270,Arc2D.PIE);
```

参数 Arc2D.OPEN、Arc2D.CHORD、Arc2D.PIE 分别表示圆弧是开弧、弓弧和饼弧。

(6) 二次曲线。二次曲线用二阶多项式表示：
$$y = ax^2 + bx + c$$
一条二次曲线需要 3 个点确定：始点、控制点和终点。

```
QuadCurve2D curve1 =new QuadCurver2D.Double(20,10,90,65,55,115);
QuadCurve2D curve2 =new QuadCurver2D.Double(20,10,15,63,55,115);
QuadCurve2D curve3 =new QuadCurver2D.Double(20,10,54,64,55,115);
```

方法 Double()中的 6 个参数分别是二次曲线的始点、控制点和终点。以上 3 条二次曲线的开始点和终点分别相同。

(7) 三次曲线。三次曲线用三阶多项式表示：
$$y = ax^3 + bx^2 + cx + d$$
一条三次曲线需要 4 个点确定：始点、两个控制点和终点。

```
CubicCurve2D curve1 =new CubicCurve2D.Double(12,30,50,75,15,15,115,93);
CubicCurve2D curve2 =new CubicCurve2D.Double(12,30,15,70,20,25,35,94);
CubicCurve2D curve3 =new CubicCurve2D.Double(12,30,50,75,20,95,95,95);
```

方法 Double()中的 8 个参数分别是三次曲线的始点、两个控制点和终点。

一般的方程曲线的绘制用一个循环控制。通过循环产生自变量的值,按照方程计算出函数值,再作必要的坐标转换:原点定位的平移变换,图像缩小或放大的缩放变换,得到曲线的图像点,并绘制这个点。以绘制以下方程为例:

$$y = \sin x + \cos x$$

绘制的部分代码如下。

```
double x0,y0,x1,y1,x2,y2,scale;
x0=100;y0=80;
scale=20.0;
for(x1=-3.1415926d;x1<=2 * 3.1415926d;x1+=0.01d){
    y1=Math.sin(x1)+Math.cos(x1);
    x2=x0+x1 * scale;y2=y0+y1 * scale;   //(x2,y2)是图像点
    g.fillOval((int)x2,(int)y2,1,1);      //画一个圆点作为图像点
}
```

4.3.6 实现机制

参考代码如下。

```
class ScoreGra extends Frame{
    final int N=5;                        //N 表示要统计成绩的学生人数
    int x[]=new int[5];                   //数组 x 记录各分数段人数情况
    int y[]={50,100,80,95,60};            //数组 y 保存学生的成绩
    public ScoreGra(){
        setSize(220,220);
        setVisible(true);
        for(int i=0;i<5;i++)
            x[i]=0;
        for(int i=0;i<5;i++)
            switch(y[i]/10){
                case 10:
                case 9:x[0]++;break;
                case 8:x[1]++;break;
                case 7:x[2]++;break;
                case 6:x[3]++;break;
                default:x[4]++;
            }
        for(int i=0;i<5;i++)              //统计各分数段所占圆周比例
            x[i] * =360/5;
    }
    public void paint(Graphics g) {
        int s=0;
        for(int i=0;i<5;i++){
            switch(i)   {                 //确定 x 数组中各元素对应的颜色
                case 0:g.setColor(Color.red);break;
                case 1:g.setColor(Color.green);break;
                case 2:g.setColor(Color.blue);break;
                case 3:g.setColor(Color.yellow);break;
```

```
            case 4:g.setColor(Color.black);
        }
        if(i==0) {
            g.fillArc(50,50,100,100,0,x[i]);
        }
        else{
            s+=x[i-1];
            g.fillArc(50,50,100,100,s,x[i]);
        }
    }
    g.setColor(Color.red);              //显示分数段和颜色的对应关系
    g.fillRect(15,160,15,15);
    g.drawString(":优",32,170);
    g.setColor(Color.green);
    g.fillRect(50,160,15,15);
    g.drawString(":良",67,170);
    g.setColor(Color.blue);
    g.fillRect(85,160,15,15);
    g.drawString(":中",102,170);
    g.setColor(Color.yellow);
    g.fillRect(120,160,15,15);
    g.drawString(":及",137,170);
    g.setColor(Color.black);
    g.fillRect(155,160,15,15);
    g.drawString(":不及格",172,170);
}
public static void main (String[] args) {
    new ScoreGra ();
}
}
```

任务 4.4 电子相册

在学生信息管理系统中的功能也包括一些图片、声音文件的处理,如图 4-21 所示。

图 4-21 电子相册

4.4.1 Applet 概述

Java Applet 又称为小应用程序,是工作在 Internet 浏览器上的 Java 程序。Java Applet 主要用来将 Java 程序插入 HTML 网页中,在网络上传播,在一个网络浏览器的支持下可下载并运行。Java Applet 运行在一个窗口环境中,提供基本的绘画功能及动画和声音的播放功能,可实现内容丰富多彩的动态页面效果、页面交互功能和网络交流能力。Applet 的运行方式如图 4-22 所示。

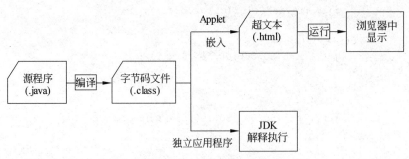

图 4-22 Applet 的运行方式

1. Applet 的工作原理

Applet 的工作原理如图 4-23 所示。

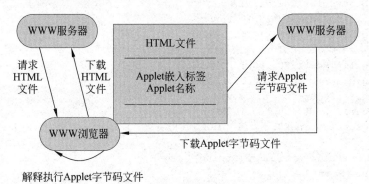

图 4-23 Applet 的工作原理

2. Applet 类

1) Applet 类的层次关系

所有的 Java Applet 都必须声明为 java.apple.Applet 类的子类或 javax.swing.JApplet 类的子类。通过这个 Applet 类或 JApplet 类的子类，才能完成 Applet 与浏览器的配合。

2) Applet 的生命周期及主要方法

Applet 何时运行、何时结束都由浏览器控制，Applet 对象作为浏览器窗口中运行的一个线程运行。

打开浏览器窗口时，创建并初始化其中的 Applet 对象。

显示 Applet 时，启动 Applet 线程运行。

不显示 Applet 时，停止 Applet 线程运行。

关闭浏览器窗口时，销毁 Applet 对象。

与此对应，Applet 类中声明了与生命周期相关的 4 个方法：init()、start()、stop() 和 destroy()。

(1) init()方法：打开浏览器窗口时，创建并初始化 Applet 对象，系统会自动调用 init() 方法完成必要的初始化工作。

(2) start()方法：激活浏览器窗口时，启动 Applet 线程运行，执行 start()方法显示 Applet。在程序的执行过程中，与 init()方法只被调用执行一次不同的是，start()方法将多次被自动调用执行。除了进入执行过程时调用方法 start()外，当用户从 Java Applet 所在的 WWW 页面转到其他页面，然后又返回时，start()将再次被调用，但不再调用 init() 方法。

(3) stop()方法：当离开 Java Applet 所在的页面转到其他页面时，需要停止 Applet 线程的运行，将调用 stop()方法。如果又回到此页，则 start()又被调用来启动 Java Applet。在 Java Applet 的生命周期中，stop()方法也可以被调用多次。

(4) destroy()方法：当结束浏览时，自动执行 destroy()方法，结束 Java Applet 的生命周期。该方法是父类 Applet 中的方法，不必重写这个方法，直接继承即可。

此外，Applet 类还有其他一些方法，比较常用的有以下 3 个。

(1) paint()方法：paint(Graphics g)方法可以使一个 Applet 在屏幕上显示某些信息，如文字、色彩、背景以及图像等。在 Applet 的生命周期中可以多次被调用。例如，当 Applet 被其他页面遮挡，又重新激活显示、改变浏览器窗口的大小，以及 Applet 自身需要显示信息时，paint()都会被自动调用。

(2) repaint()方法：repaint()方法主要用于重绘图形，它是通过调用 update()方法来实现重绘图形的。当组件外形发生变化时，系统自动调用 repaint()方法。repaint()方法有几个重载的方法，调用不同的方法，可实现组件的局部重绘、延时重绘等功能。

(3) update()方法：update()方法用于更新图形。它首先清除背景，然后设置前景，再调用 paint()方法完成具体的绘图。

3. Applet 标签格式

Applet 嵌入标签为 applet，其格式如下。

```
<applet code=字节码文件名(.class) width=宽度  height=高度>
[codebase=字节码文件路径]
[alt=显示的替代文本]
[name=Applet 对象名]
[align=对齐方式]
[vspace=垂直间隔]
[hspace=水平间隔]
[<param name=参数名 1   value=参数值 1>]
[<param name=参数名 2   value=参数值 2>]
...
[alternateHTML]
</applet>
```

说明：

(1) code＝字节码文件名(.class)。这是必选项，它给定了含有已编译好初始的 Applet 子类的文件名，可省略扩展名。

（2）width＝宽度，height＝高度。这是必选项，它给定了 Applet 显示区域的初始宽度和高度（以像素为单位）。

（3）codebase＝字节码文件路径。该选项用来指定 Applet 字节码文件存储的路径。当字节码文件和 HTML 文件不在同一个目录下时，应指定字节码文件位置，可采用 URL 格式。

（4）alt＝显示的替代文本。该选项指定了替换显示的文本内容。

（5）name＝对象名。该选项用来指定 Applet 的实例化对象名，使同一个 Web 页上有多个 Applet 时可以互相识别出来。

（6）align＝对齐方式。该选项用来指定 Applet 在浏览器窗口中的对齐方式。常用的取值有 left（左对齐）、right（右对齐）、top（上对齐）、middle（居中对齐）、bottom（底部对齐）。

（7）vspace＝垂直间隔，hspace＝水平间隔。这两个选项用来指定 Applet 与四周文本的间隔，以像素为单位。

（8）param name＝参数名 value＝参数值。name 指定参数名，value 指定参数值。Applet 可通过 getParameter()方法读取这两个参数。

（9）alternateHTML。该选项用来指定可替换的 HTML 代码。如果标识的文字不支持 applet 标签，将忽略 applet 和 param 内容，显示指定的 HTML 代码。

4. Applet 与浏览器之间的通信

Applet 类提供了多个方法，可以与浏览器进行通信。Applet 可以从 HTML 文件中获得参数，实际上也是一种与浏览器之间的通信。下面介绍一些常用方法。

（1）public URL getCodeBase()：获取包含此 Applet 的 URL。

（2）public URL getDocumentBase()：获取嵌入了此 Applet 的文档的 URL。

（3）public AppletContext getAppletContext()：该方法返回一个 AppletContext 对象，即 Java Applet 所在的运行环境。在 Java Applet 程序中，可以通过该对象调用如下方法。

```
void showDocument(URL url)
```

该方法完成从嵌入 Java Applet 的 Web 页链接另一个 Web 页的工作，程序只需提供 URL，其他工作将自动完成。

4.4.2 装载图像、跟踪及显示图像

1. 图像处理

图像是由一组像素构成的、用二进制形式保存的图片。Java 支持 GIF、JPEG 和 BMP 这 3 种主流的图像文件格式。Java 语言的图像处理功能被封装在 Image 类中。

在 Java 程序中，图像也是对象，所以载入图像时，先要声明 Image 对象，然后，利用 getImage()方法把 Image 对象与图像文件联系起来。载入图像文件的方法有两个。

(1) Image getImage(URL url)：url 指明图像所在位置和文件名。

(2) Image getImage(URL url, String name)：url 指明图像所在位置，name 是文件名。

例如，以下代码声明 Image 对象，并用 getImage()对象与图像文件联系起来。

```
Image img =getImage(getCodeBase(),"family.jpg");
```

URL(uniform resource location,统一资源定位符)对象用于标识资源的名字和地址，在 WWW 客户机访问 Internet 网上资源时使用。

例如：

```
URL picURLA =new URL(getDocumentBase(),"imageSample1.gif"),
    picURLB =new URL(getDocumentBase(),"pictures/imageSample.gif");
Image imageA =getImage(picURLA),imageB =getImage(picURLB);
```

获取图像信息（属性）的方法如下。

(1) getWidth(ImageObserver observer)：取宽度。

(2) getHeight(ImageObserver observer)：取高度。

输出图像的代码写在 paint()方法中，有 4 个显示图像的方法。

```
boolean drawImage(Image img, int x, int y, ImageObserver observer)
boolean drawImage(Image img, int x, int y, Color bgcolor, ImageObserver observer)
boolean drawImage (Image img, int x, int y, int width, int height,
            ImageObserver observer)
boolean drawImage (Image img, int x, int y, int width, int height, Color bgcolor,
            ImageObsever observer)
```

参数 img 是 Image 对象；x、y 是图像的左上角位置；observer 是加载图像时的图像观察器；bgcolor 是显示图像时用的底色；width 和 height 是显示图像的矩形区域，当这个区域与图像的大小不同时，显示图像就会有缩放处理。

Applet 类也实现了 ImageObserver 接口，常用 this 作为实参，参见以下代码及注释。

```
g. drawImage(image1,0,0,this);              //原图显示
g. drawImage(image2,10,10,Color. red,this);  //图形加底色显示
g. drawImage(labImag,0,0,this);              //原图显示
g. grawImage(labImag,0,120,100,100,this);   //缩放显示
g. grawImage(labImag,0,240,500,100,this);   //缩放显示
```

【例 4-27】 Applet 用 init()或 start()方法下载（获取）图像，用 paint()方法显示得到的图像。

```
public class Exampleapplet extends Applet{
    Image myImag;
    public void start(){
        myImag =getImage(getCodeBase(),"myPic.jpg");
    }
    public void paint(Graphics g){
```

```
        g.drawImage(myImg,2,2,this);
    }
}
```

由于在 Frame、JFrame 和 JPanel 等类中没有提供 getImage()方法，它们载入图像需要使用 java.awt.Toolkit 中的 Toolkit 抽象类，该类提供了载入图像文件的方法。

(1) Image.getImage(String name)：按指定的文件名载入图像文件。

(2) Image.getImage(URL url)：按统一资源定位符载入图像文件。

这样各种组件可以用 getToolkit()方法得到 Toolkit 对象，然后在组件的 paint()方法中通过 Toolkit 对象显示图像。例如：

```
Toolkit tool =getToolkit();
URL url =new URL(http://www.weixueyuan.net/image.gif);
Image img =tool.getImage(url);
```

也可以使用 Toolkit 提供的静态方法 getDefaultToolkit()获得一个默认的 Toolkit 对象，并用它加载图像，此时载入图像的代码如下。

```
Image img =Toolkit.getDefaultToolkit().getImage(url);
```

【例 4-28】 在窗口中显示文字和图像，运行结果如图 4-24 所示。

```
public class ButtonTest extends JFrame  {
    private MessagePanel messagePanel;    //自定义的面板对象，用来显示文字和图像
    private JButton   btn1,btn2,          //按钮对象：单击分别左、右移动面板上的文字
                      btn3,               //单击按钮，面板上的图像显示缩小
                      btn4;               //增大图像显示按钮，该按钮具有图标
    public ButtonTest(String str) {
        super(str);
        Container contentPane =this.getContentPane();
        contentPane.setLayout(new BorderLayout());
        messagePanel =new MessagePanel();      //创建自定义的面板对象
        messagePanel.setBorder(                //设置面板具有标题和边界
            BorderFactory.createTitledBorder("显示字体和图片"));
        messagePanel.setFont(new Font("",Font.BOLD,35));
        contentPane.add(messagePanel, BorderLayout.CENTER);
        JPanel btnPanel =new JPanel();
        btnPanel.setLayout(new FlowLayout());
        btn1=new JButton("左移");
        btnPanel.add(btn1);
        btn1.addActionListener(new ActionListener(){
            public void actionPerformed(ActionEvent e){
                messagePanel.xMessage-=10;    //文字显示坐标减小 10
                messagePanel.repaint();       //刷新面板的显示
            }
        });
        btn2=new JButton("右移");
        btnPanel.add(btn2);
        btn2.addActionListener(new ActionListener(){
```

```java
        public void actionPerformed(ActionEvent e) {
            messagePanel.xMessage+=10;      //文字显示坐标增加10
            messagePanel.repaint();         //刷新面板的显示
        }
    });
    btn3=new JButton("图片放大");
    btnPanel.add(btn3);
    btn3.addActionListener(new ActionListener(){
        public void actionPerformed(ActionEvent e) {
            messagePanel.width+=10;         //图片显示宽增加10
            messagePanel.height+=10;        //图片显示高增加10
            messagePanel.repaint();         //刷新面板的显示
        }
    });
    btn4=new JButton("Smaller");            //缩小图片的按钮
    btn4.setToolTipText("单击该按钮图片缩小"); //设置提示文字
    //设置键盘快捷键:Alt+S,字母不区分大小写
    btn4.setMnemonic(KeyEvent.VK_S);
    btn4.setIcon(new ImageIcon("pic15\\1.jpg"));//设置按钮图标
    btn4.setRolloverEnabled(true);          //光标在按钮上时图标有变化
    btn4.setRolloverIcon(new ImageIcon("pic15\\2.jpg")); //光标在按钮上
    btn4.setPressedIcon(new ImageIcon("pic15\\3.jpg"));
    //光标左键按压下时的按钮图标
    btnPanel.add(btn4);
    btn4.addActionListener(new ActionListener(){
        public void actionPerformed(ActionEvent e) {
            messagePanel.width-=10;         //图片显示宽减小10
            messagePanel.height-=10;        //图片显示高减小10
            messagePanel.repaint();         //刷新面板的显示
        }
    });
    contentPane.add(btnPanel, BorderLayout.SOUTH);
    this.pack();
    this.setVisible(true);
    }
    public static void main(String[] args) {
        ButtonTest mybutton =new ButtonTest("面板和按钮的使用");
    }
}
public class MessagePanel
    extends JPanel {
    String message ="面板上显示文字";
    int xMessage =20, yMessage =80;         //文字显示坐标
    Image image;
    int xImage =20, yImage =100;            //图片显示坐标
    int width =300, height =250;            //图片显示宽高
    public MessagePanel() {
        Toolkit tk =this.getToolkit();
        image =tk.getImage("pic15\\a.jpg");
```

```
    }
    public void paint(Graphics g) {
        super.paint(g);
        g.drawString(message, xMessage, yMessage);  //显示文字
        g.drawImage(image, xImage, yImage, width, height, this);  //显示图片
    }
    public Dimension getPreferredSize() {
        return new Dimension(350, 400);        //面板宽 350 像素、高 400 像素
    }
}
```

图 4-24 例 4-28 的运行结果

2. 图像缓冲

当图像信息量较大,使用以上方法显示图片时,可能前面一部分显示后,后面一部分可能还未从文件读出,使显示呈斑驳现象。为了提高显示效果,许多应用程序都采用图像缓冲技术,即先把图像完整装入内存,在缓冲区中绘制图像或图形,然后将缓冲区中绘制好的图像或图形一次性输出在屏幕上。缓冲技术不仅可以解决斑驳问题,并且由于在计算机内存中创建图像,程序可以对图像进行像素级处理,完成复杂的图像变换后再显示。

【例 4-29】 用 Applet 演示图像缓冲显示技术。程序运行时,当单击图像区域内部时,图像会出现边框;拖动鼠标时,图像也随之移动。松开鼠标左键后,边框消失。

```
public class Exampleimage extends Applet{
    Image myPicture;
    /* * init()方法中,先定义一个 Image 对象,并赋予 createImage()方法的返回值,
     * 接着创建 Graphics 对象并赋予其图形环境。最后,让 Graphics 对象调用 drawImage()
     * 方法显示图像。由于这里的 Graphics 对象 offScreenGc 是非屏幕对象,小程序窗口
```

```
 *不会有图像显示
 */
public void init(){
    myPicture =getImage(getCodeBase(), "myPic.JPG");
    Image offScreenImage =createImage(size().width, size().height);
    Graphics offScreenGc =offScreenImage.getGraphics();
    new BufferedDemo(myPicture);
}
/**drawImage()方法的第4个参数是ImageObserver接口的实现,在init()方法中,
 *调用drawImage()方法的参数是this,所以Applet要定义imageUpdate()方法
 */
public boolean imageUpdate(Image img,int infoFlg,int x,int y,int w,int h){
    if (infoFlg =ALLBITS){              //图像已全部装入内存
        repaint();
        return false;                    //防止线程再次调用imageUpdate()方法
    }
    else
        return true;
}
/** *程序的执行过程是,当Applet调用drawImage()方法时,drawImage()方法将创建一个
 *调用imageUpdate()方法的线程,在imageUpdate()方法中,测定图像是否已部分调入内存。
 *创建的线程不断调用imageUpdate()方法,直到该方法返回false。参数infoFlg使小程序
 *能知道图像装入内存的情况。当infoFlg等于ALLBITS时,表示图像已全部装入内存。当该
 *方法发现图像已全部装入内存后,置imageLoaded为真,并调用repaint()方法重画小程序
 *窗口。方法返回false防止线程再次调用imageUpdate()方法。
 */
class BufferedDemo extends JFrame{
    public BufferedDemo(Image img) {
        this.getContentPane().add(new PicPanel(img));
        setTile("双缓技术演示");
        setSize(300, 300);
        setVisible(true);
    }
}
class PicPane extends JPanel implements MouseListener, MouseMotionListener{
    int x =0, y =0, dx =0, cy =0;
    BufferedImage bimg1, bimg2;
    boolean upstate =true;
    public picPanel(Image img){
        this.setBackground(Color.white);
        this.addMouseListener(this);
        this.addMouseMotionListener(this);
        bimg1 =new BufferedImage(img.getWidth(this), img.getHeight(this),
            BufferedImage.TYPE_INT_ARGB);
        bimg2 =new BufferedImage(img.getWidth(this), img.getHeight(this),
            BufferedImage.TYPE_INT_ARGB);
        Graphics2D g2D1 =bimg1.createGraphics();
        Graphics2D g2D2 =bimg2.createGraphics();
```

```java
            g2D1.drawImage(img, 0, 0, this);
            g2D2.drawImage(img, 0, 0, this);
            g2D2.drawRect(1, 1, img.getWidth(this) -3, img.getHeight(this) -3);
        }
        public void paintComponent(Graphics g){
            super.painComponent(g);
            Graphics2D g2D = (Graphics2D)g;
            if (upState)
                g2D.drawImage(bimg1, x, y, this);
            else
                g2D.drawImage(bimg2.x, y, this);
        }
        public void mousePress(MouseEvent e){
            if (e.getX() >=x && e.getX() <x +bimg1.getWidth(this) &&
                e.getY() >=y&& e.getY() <y +bimg1.getHeight(this)){
                upstate =false;
                setCursor(Cursor.getPredefinedCursor(Coursor.HAND_CURSOR));
                dx =e.getX() -x;
                dy =e.getY() -y;
                repain();
            }
        }
        public void mouseExited(MouseEvent e){}
        public void mouseClicked(MouseEvent e){}
        public void mouseEntered(MouseEvent e){}
        public void MouseReleased(MouseEvent e){
            this.setCursor(Cursor.getpredefinedCursor(Cursor.DEFAULT_CURSOR));
            upState =true;
            repaint();
        }
        public void mouseMoved(MouseEvent e){}
        public void mouseDragged(MouseEvent e){
            if (!upState){
                x =e.getX() -dx;
                y =e.getY() -dy;
                repaint();
            }
        }
    }
}
```

程序中，要创建缓冲区图像，需要引入 java.awt.image 包中的 BufferedImage 类。要创建一个缓冲区图，可以调用 createImage() 方法，该方法返回一个 Image 对象，然后将它转换成一个 BufferedImage 对象。例如：

```java
BufferedImage bimage =(BufferedImage)this.createImage(this.getWidth(),
                     this.getHeight());
```

也可利用以下构造方法来完成。

```java
BufferedImage(int width,int heigh, int imageType);
```

其中,参数 imageType 是图像类型。

使用缓冲区显示图像,需先在缓冲区中准备好图像,再将缓冲区中的图像显示在界面上。

显示图像需要图形对象 Graphics,可以通过以下方法完成。

```
Graphics2D g2d =bimge.createGraphics();
```

4.4.3 拓展训练——播放幻灯片和动画、播放声音

1. 播放幻灯片和动画

下面用实例介绍播放幻灯片和动画的方法。

【例 4-30】 Applet 先将幻灯片读入数组再存储,单击鼠标时变换幻灯片,逐张显示。

```
public class Exampleaudio1 extends Applet implements MouseListener{
    final int number =50; //幻灯片有 50 张
    int count =0;
    Image[] card =new Image[number];
    public void init(){
        addMouseListener(this);
        for (int i =0; i <number; i++){
            card[i] =getImage(getCodeBase(), "DSC0033" +i +".jpg");
        }
    }
    public void paint(Graphics g){
        if ((card[count]) !=null)
          g.drawImage(card[count], 10, 10, card[count].getWidth(this), card
                     [count].getHeitht(this), this);
    }
    public void mousePressed(MouseEvent e){
        count =(count +1) %number; //循环逐张显示
        repaint();
    }
    public void mouseRelease(MouseEvent e){}
    public void mouseEntered(MouseEvent e){}
    public void mouseExited(Mouse Event e){}
    public void mouseClicked(MouseEvent e){}
}
```

【例 4-31】 用 Applet 演示播放动画,要求播放的图片和小程序放在相同的目录中,程序通过快速显示一组图片造成显示动画的效果。Applet 利用线程控制动画图片的显示。

```
public class Exampleaudio2 extends Applet implements Runnable{
    final int number =50;
    int count =0;
    Thread mythread;
```

```java
    Image[] pic = new Image[number];
    public void init(){
        setSize(300, 200);
        for (int i = 0; i <= number; i++){
            //载入动画图片
            pic[i - 1] = getImage(getCodeBase(), "DSC0033" + i + ".jpg");
        }
    }
    public void start(){
        mythread = new Thread(this);   //创建一个线程
        mythread.start();              //启动线程执行
    }
    public void stop(){
        mythread = null;
    }
    public void run(){
        //线程的执行代码
        while (true){
            repaint();
            count = (count + 1) % number;  //改变显示的图片号
            try{
                mhythread.sleep(200);
            }
            catch (InterruptedExeception e){ }
        }
    }
    public void paint(Graphics g){
        if ((pic[count] != null)
            g.drawImage(pic[count], 10, 10, pic[count].getwidth(this),
                        pic[count].getHeight(this), this);
    }
}
```

2. 播放声音

Java 支持的音频格式有多种,如.au、.aiff、.wav、.midi、.rfm 等。小程序要播放音频文件,可使用 AudioClip 类,该类在 java.applet.AudioClip 类库中定义。Applet 先创建 AudioClip 对象,并用 getAudioClip()方法对其初始化,代码如下。

```
AudioClip audioClip = getAudioClip(getCodeBase(),"myAudioClipFile.au");
```

如果要从网上获得音频文件,可用 getAudioClip(URL url, String name)方法,该方法根据 url 地址及音频文件 name 获得可播放的音频对象。

控制声音的播放有 3 个方法:play()播放声音、loop()循环播放和 stop()停止播放。

【例 4-32】 能播放声音的 Applet。

```java
public class Exampleaudio3 extends Applet implements ActionListener{
    AudioClip clip;  //声明一个音频对象
```

```
    Button buttonPlay, buttonLoop, buttonStop;
    public void init(){
        clip =getAudioClip(getCodeBase(), "2.wav");
        //根据程序所在地址的声音文件 2.wav 创建音频对象
        //Applet 类的 getCodeBase()方法可以获得 Applet 所在的 HTML 页面的 URL 地址
        buttonPlay =new Button("开始播放");
        buttonLoop =new Button("循环播放");
        buttonStop =new Button("停止播放");
        buttonPlay.addActionListener(this);
        buttonStop.addActionListener(this);
        buttonLoop.addActionListener(this);
        add(buttonPlay);
        add(buttonLoop);
        add(buttonStop);
    }
    public void stop(){
        clip.stop(); //当离开此页面时停止播放
    }
    public void actionPerformed(ActionEvent e){
        if (e.getSource() ==buttonPlay)          clip.play();
        else if (e.getSource() ==buttonLoob)     clip.loop();
        else if (e.getSource() ==buttonStop)     clip.stop();
    }
}
```

【例 4-33】　如果声音文件较大或网络速度慢会影响小程序的初始化工作,这时可用多线程技术解决。在一个级别较低的线程中完成音频对象的创建,即由后台载入声音文件,前台播放。

```
public class Hanoi extends applet implements Runnable, ActionListener{
    AudioClip clip; //声明一个音频对象
    textField text;
    Thread thread;
    Button buttonPlay, buttonLoop, buttonStop;
    public void init(){
        thread =new Thread(this); //创建新线程
        thread .setPriority(Thread.MIN_PRIORITY);
        buttonPlay =new Button("开始播放");
        buttonLoop =new Button("循环播放");
        buttonStop =new Button("停止播放");
        text =new textField(12);
        buttonPlay.addActionListener(this);
        buttonStop.addActionListener(this);
        buttonLoop.addActionListener(this);
        add(buttonPlay);
        add(buttonLoop);
        add(buttonStop);
        add(text);
    }
```

```java
public void start(){
    thread.start();
}
public void stop(){
    clip.stop();
}
public void actionPerformed(ActionEvent e){
    if (e.getSource() ==buttonPlay()    clip.play();
    else if (e.getSource() ==buttonLoop() clip.loop();
    else if (e.getSource() ==buttonStop() clip.stop();
}
public void run(){
    //在线程 thread 中创建音频对象
    clip =getAudioclip(getCodeBase(), "2.wav");
    text.setText("请稍等");
    if(clip !=null){
        buttonPlay.setBackground(Color.red);
        buttonLoop.setBackground(Color.green);
        text.setText("您可以播放了");
    }//获得音频对象后通知可以播放
}
}
```

4.4.4 实现机制

电子相册的参考代码如下。

```java
public class Dzxc extends Applet implements ActionListener{
    final int number=100;
    int count=0;
    Image card[]=new Image[number];
    Button forward=new Button("forward");
    Button backward=new Button("backword");
    AudioClip au;
    public void init(){
        au=getAudioClip(getDocumentBase(),"蓝精灵.wav");
        au.loop();
        forward.addActionListener(this);
        backward.addActionListener(this);
        add(forward);
        add(backward);
        for(int i=0;i<number;i++){
            card[i]=getImage(getCodeBase(),"pic"+i+".jpg");
        }
    }
    public void paint(Graphics g){
        if((card[count])!=null)
            g.drawImage(card[count],60,60,100,100,this);
```

```
        }
        public void actionPerformed(ActionEvent e){
            if(e.getSource()==forward){
                count++;
                if(count>number-1)
                count=0;
            }
            else{
                count--;
                if(count<0)
                count=number-1;
            }
            repaint();
        }
}
```

习 题 4

一、选择题

1. 下面属于容器类的是(   )。
    A. JFrame   B. JTextField   C. Color   D. JMenu
2. FlowLayout 的布局策略是(   )。
    A. 按添加的顺序由左至右将组件排列在容器中
    B. 按设定的行数和列数以网格的形式排列组件
    C. 将窗口划分成 5 部分,在这 5 个区域中添加组件
    D. 组件相互叠加排列在容器中
3. BorderLayout 的布局策略是(   )。
    A. 按添加的顺序由左至右将组件排列在容器中
    B. 按设定的行数和列数以网格的形式排列组件
    C. 将窗口划分成 5 部分,在这 5 个区域中添加组件
    D. 组件相互叠加排列在容器中
4. GridLayout 的布局策略是(   )。
    A. 按添加的顺序由左至右将组件排列在容器中
    B. 按设定的行数和列数以网格的形式排列组件
    C. 将窗口划分成 5 部分,在这 5 个区域中添加组件
    D. 组件相互叠加排列在容器中
5. 当窗口关闭时,触发的事件是(   )。
    A. ContainerEvent   B. ItemEvent   C. WindowEvent   D. MouseEvent

二、编程题

1. 设计一个登录对话框,如图 4-25 所示。
2. 编写一个程序,其界面如图 4-26 所示。当单击单选按钮时,相应的图片显示在单选按钮的后面;单击复选框时,相应的图片出现在复选框的后面。

图 4-25　登录对话框

图 4-26　第 2 题界面图

3. 编写继承自 JFrame 类的窗口应用程序,其内容面板的布局为边框布局,界面显示效果如图 4-27 所示。窗口的下方放置一个按钮;中间使用 JSplitPane 类实现水平分割效果:左边是一个面板(流式布局),其中放置 5 个按钮;右边是一个面板(边框布局),面板上、下、左、右各放置 1 个按钮,面板中间放一个文本区。

图 4-27　第 3 题效果图

4. 编写应用程序,其界面如图 4-28 所示,窗口左边是 JTree 类的对象,窗口右边是一个文本区,用来显示文字信息。

图 4-28　第 4 题界面

5. 利用两个重叠的圆画出月亮的效果,如图 4-29 所示。

6. 设计如下形式的窗口,当用户单击"圆"("矩形")单选按钮时,将在屏幕上绘制圆(矩形),当单击"上移""下移""左移""右移"按钮时,能产生移动效果(在另一位置重画图形)。程序界面如图 4-30 所示。

图 4-29　第 5 题效果

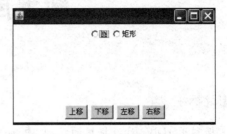
图 4-30　第 6 题程序界面

7. 按下面的描述编写程序：在 ShowJPGPanel 中定义一个图像缓冲区(BufferedImage)对象,并把图像缓冲区中的图像显示在面板中。TestFrame 类继承自 JFrame 类,其图形界面如图 4-31 所示：窗口上部放置一个文本框,用来输入图片路径和图片名；窗口中间放置一个面板子类(ShowJPGPanel)对象,用来显示图片；窗口下部放置三个按钮"打开""图片放大""图片缩小"。在文本框中输入路径后,单击"打开"按钮,则把指定路径和文件名的 JPG 图片解码到面板子类 ShowJPGPanel 的图像缓冲区中,并调用面板的 repaint()方法刷新显示。单击"图片放大"按钮和"图片缩小"按钮可分别放大和缩小显示的图片。

图 4-31　第 7 题图形界面

8. 编写一个 Applet,用 HTML 文件中给出的两个 float 型参数作加法,求它们的和,并显示结果。

9. 准备几个音乐文件和一幅图像,编写一个 Applet,显示一幅图像并添加"播放""循环""停止"3 个按钮,用于控制音乐文件的播放。

项目 5　学生成绩信息检索——数据库技术

技能目标

掌握利用 JDBC 对数据库的访问、更新等操作,实现基本数据库程序设计。

知识目标

(1) 了解 JDBC 的概念、功能、意义及体系结构。
(2) 掌握使用 DriverManager、Connection、PreparedStatement、ResultSet 对数据库进行增、删、改、查的操作。

项目任务

在学生信息管理系统中,有很多操作都是要访问数据库的,如登录界面中,输入用户名和密码后,单击"登录"按钮,如果用户名或密码错误,弹出"登录失败";如果用户名或密码未输入,弹出"用户名或密码不能为空"。还有学生信息的查询、学生成绩的管理等,如图 5-1 所示。

图 5-1　"教师或管理员 成绩管理"窗口

本项目通过 3 个任务展示 Java 访问数据库的技术,这 3 个任务包括装载数据库驱动程序、连接/关闭数据库以及数据库操作。

任务 5.1　装载数据库驱动程序

学生信息管理系统管理的是学生的信息,必定要访问数据库。
网络关系数据库应用系统是一个三层体系结构。客户机与服务器采用网络连接,客户端应用程序按通信协议与服务器端的数据库程序通信;数据库服务程序通过 SQL 命令与数据库管理系统通信。

5.1.1 JDBC 简介

JDBC 提供了一种与平台无关的用于执行 SQL 语句的标准 Java API,可以为多种关系数据库提供统一访问,它由一组用 Java 语言编写的类和接口组成。有了 JDBC,向各种关系数据发送 SQL 语句就是一件很容易的事。换言之,有了 JDBC API,就不必为访问 SQL Server 数据库专门编写一个程序,或为访问 Oracle 数据库专门编写一个程序,或为访问 DB2 数据库编写另一个程序等,程序员只须使用 JDBC API 编写一个程序就够了,它可向不同的数据库发送 SQL 调用。JDBC 的体系结构如图 5-2 所示。

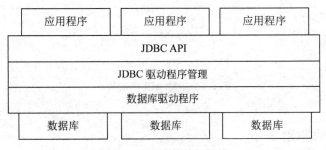

图 5-2 JDBC 的体系结构

5.1.2 JDBC 驱动程序分类

Java 中的 JDBC 驱动程序可以分为 4 种类型,包括 JDBC-ODBC 桥驱动程序、本地 API 驱动程序、网络协议驱动程序和本地协议驱动程序。

1. JDBC-ODBC 桥

JDBC-ODBC 桥类型的驱动程序实际是把所有 JDBC 的调用传递给 ODBC,再由 ODBC 调用本地数据库驱动程序。只要本地机装有相关的 ODBC 驱动程序,那么采用 JDBC-ODBC 桥几乎可以访问所有的数据库,JDBC-ODBC 方法对于客户端已经具备 ODBC 驱动程序的应用是可行的,如图 5-3 所示。

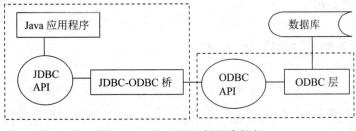

图 5-3 JDBC-ODBC 桥驱动程序

但是，由于 JDBC-ODBC 要先调用 ODBC，再由 ODBC 去调用本地数据库接口访问数据库，所以执行效率比较低，对于那些大数据量存取的应用是不适合的。而且，这种方法要求客户端必须安装 ODBC 驱动程序，所以对于基于 Internet、Intranet 的应用也是不合适的。

2．本地 API 驱动程序

本地 API 驱动程序直接使用各个数据库生产商提供的 JDBC 驱动程序，因为只能应用在特定的数据库上，所以会丧失程序的可移植性，但这样操作效率提高了，如图 5-4 所示。

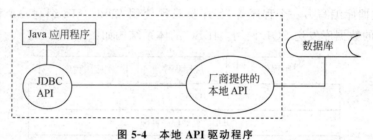

图 5-4　本地 API 驱动程序

3．网络协议驱动程序

由于网络协议驱动程序是基于服务器的，所以它不需要在客户端加载数据库厂商提供的代码库，而且在执行效率和可升级性方面比较好。因为大部分功能实现都在服务器端，所以网络协议驱动程序可以设计得很小，可以非常快速地加载到内存。但是，这种驱动程序在中间层仍然需要配置其他数据库驱动程序，并且由于多了一个中间层传递数据，它的执行效率还不是最高的。

4．本地协议驱动程序

本地协议驱动程序直接把 JDBC 调用转换为符合相关数据库系统标准的请求。由于本地协议驱动程序全由 Java 实现，因此实现了平台独立性。

由于本地协议驱动程序不需要先把 JDBC 的调用传给 ODBC 或本地数据库接口或者是中间层服务器，所以它的执行效率非常高。而且，它根本不需要在客户端或服务器端装载任何的软件或驱动程序，这种驱动程序可以动态地被下载，但是对于不同的数据库需要下载不同的驱动程序。

5.1.3　选择数据库连接方式

JDBC-ODBC 桥由于执行效率不高，因此更适合作为开发应用时的一种过渡方案，或者对于初学者了解 JDBC 编程也较适用。对于那些需要大数据量操作的应用程序则应该考虑 2、3、4 型驱动程序。在 Intranet 方面的应用可以考虑 2 型驱动程序，但是由于 3、4

型驱动程序在执行效率上比 2 型驱动有着明显的优势,而且目前开发的趋势是使用纯 Java,所以 3、4 型驱动程序也可以作为考虑对象。至于基于 Internet 方面的应用就只能考虑 3、4 型驱动程序,因为 3 型驱动程序可以把多种数据库驱动程序都配置在中间层服务器,所以 3 型驱动程序最适合那种需要同时连接多个不同种类的数据库,并且对并发连接要求高的应用。4 型驱动程序则适合那些连接单一数据库的工作组应用。

Java 程序也可以用纯 Java 的 JDBC 驱动程序实现与数据库连接。这种方法应用较广泛,但是需要下载相应的驱动程序包。

下面介绍用纯 Java 的 JDBC 驱动程序实现与 MySQL 数据库连接,步骤如下。

(1) 加载驱动程序。下载相应版本的 JAR 包,如 MySQL 6.0 对应的 JAR 包 mysql-connector-java-8.0.17.jar。将 JAR 包加载到 Java 项目中,可以使用"右击项目名→Properties→Java Build Path→Libraries→Add JARs"的方法,也可以使用设置 classpath 的方法。

同一类型数据库版本不同,加载的驱动程序也可能不同。对 MySQL 8.0,加载方法如下。

```
Class.forName(driverClass);
driverClass="com.mysql.cj.jdbc.Driver"
```

(2) 建立连接。使用驱动程序管理器 DriverManager 类的 getConnection()方法建立连接。

```
conn=DriverManager.getConnection(url,user,password);
```

同一类型数据库版本不同,连接时 url 的也可能不同。对 MySQL 8.0,url 如下。

```
url="jdbc:mysql://127.0.0.1:3306/数据库名?useSSL=false&serverTimezone=UTC
    &allowPublicKeyRetrieval=true";
```

【例 5-1】 声明与数据库连接的静态方法 connectByJdbc(),该方法按给定的数据库 URL、用户名和密码连接数据库,如果连接成功,方法返回 true,连接不成功则返回 false。

```
public static Connection conectByJdbc(String url, String username,
                                String password){
    Connection con =null;
    String url="jdbc:mysql://127.0.0.1:3306/数据库名";
    String user="root";
    String password="密码";
    try{
        Class.forName("com.mysql.jdbc.Driver");   //加载特定的驱动程序
        conn=DriverManager.getConnection(url,user,password);
    }
    catch (SQLException e){
        e.printStackTrace();
        return null;                              //连接失败
    }
```

```
        return con;                                    //连接成功
    }
```

5.1.4　JDBC 装载

下面罗列了各种数据库使用 JDBC 连接的方式，可以作为一个手册使用。

1. MySQL 数据库

```
url ="jdbc:mysql://localhost:3306/dbname? useSSL = false&serverTimezone =
    UTC&allowPublicKeyRetrieval=true";
Class.forName("com.mysql.cj.jdbc.Driver ");
conn=DriverManager.getConnection(url,user,password);
```

2. Oracle 数据库（thin 模式）

```
Class.forName("oracle.jdbc.driver.OracleDriver").newInstance();
String url="jdbc:oracle:thin:@localhost:1521:orcl"; //orcl 为数据库的 SID
String user="test";
String password="test";
Connection conn=DriverManager.getConnection(url,user,password);
```

3. SQL Server 数据库

```
Class.forName("com.microsoft.jdbc.sqlserver.SQLServerDriver").newInstance();
String url="jdbc:microsoft:sqlserver://localhost:1433;DatabaseName=mydb";
//mydb 为数据库名
String user="sa";
String password="";
Connection conn=DriverManager.getConnection(url,user,password);
```

4. Access 数据库直接连接 ODBC

```
Class.forName("sun.jdbc.odbc.JdbcOdbcDriver");
String url="jdbc:odbc:Driver={MicroSoft Access Driver (*.mdb)};
DBQ="+application.getRealPath("/Data/ReportDemo.mdb");
Connection conn =DriverManager.getConnection(url,"","");
Statement stmtNew=conn.createStatement();
```

5.1.5　拓展训练——JDBC API

JDBC 的核心是为用户提供 Java API 类库，它是完全用 Java 语言编写，按照面向对象思想设计。JDBC 常用的类和接口如表 5-1 所示。

表 5-1 JDBC 常用的类和接口

类和接口	功能描述
java.sql.DriverManager	管理 JDBC 驱动程序
java.sql.Connection	建立与特定数据库的连接,连接建立后便可以执行 SQL 语句并获得检索结果
java.sql.Statement	管理和执行 SQL 语句
java.sql.PreparedStatement	创建一个可以编译的 SQL 语句对象,该对象可以被多次运行,以提高执行的效率,该接口是 Statement 的子接口
java.sql.ResultSet	存储数据查询返回的结果集
java.sql.Date	表示与 SQL DATE 相同的时间标准,该日期不包括时间
java.sql.Driver	定义一个数据库驱动程序的接口
java.sql.SQLException	对数据库访问时产生的错误的描述信息
java.sql.SQLWarning	对数据库访问时产生的警告的描述信息

JDBC 驱动程序必须实现 4 个接口:Driver、Connection、Statement 和 ResultSet。其中,Driver 接口是提供给 JDBC 驱动程序实现的接口,用于装载和管理 JDBC 驱动程序,通常不在应用程序中直接使用,而是通过 DriverManager 类使用 Driver 接口提供的功能;其他 3 个接口在应用程序中是必须使用的,它们之间的关系如图 5-5 所示。

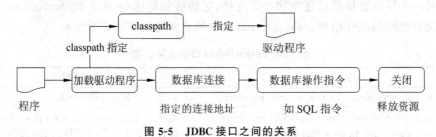

图 5-5 JDBC 接口之间的关系

任务 5.2 连接/关闭数据库

数据库驱动程序装载成功后,如何连接数据库和关闭数据库呢?

5.2.1 DriverManager 类

DriverManager 类处理驱动程序的加载和建立新数据库连接。DriverManager 是 java.sql 包中用于管理数据库驱动程序的类。驱动程序必须向该类注册后才可使用。进行连接时,该类根据 JDBC URL 选择匹配的驱动程序。

DriverManager 类的常用方法如表 5-2 所示。

表 5-2 DriverManager 类的常用方法

方 法	功 能 描 述
public static Connection getConnection（String url）throws SQLException	通过链接地址连接数据库
public static Connection getConnection（String url,String user,String password）throws SQLException	通过链接地址连接数据库,同时需要输入用户名和密码

通常,应用程序只使用 DriverManager 类的 getConnection（）静态方法,用来建立与数据库的连接,返回 Connection 对象。

```
static Connection getConnection(String url,String username,String password)
```

指定数据的 URL 用户名和密码创建数据库连接对象。url 的语法格式如下。

```
jdbc:<数据库的连接机制>:<ODBC 数据库名>
```

5.2.2 Connection 接口

Connection 接口负责管理 Java 应用程序和数据库之间的连接。一个 Connection 对象表示对一个特定数据源已建立的一条连接,它能够创建执行 SQL 的 Statement 语句对象并提供数据库的属性信息。Connection 接口的主要方法如表 5-3 所示。

表 5-3 Connection 接口的主要方法

方 法	功 能 描 述
Statement createStatement() throws SQLException	创建一个 Statement 对象
Statement createStatement(int resultSetType,int resultSetConcurrency) throws SQLException	创建一个 Statement 对象,该对象将生成具有给定类型和并发性的 ResultSet 对象
void close() throws SQLException	关闭数据库连接
boolean isClosed() throws SQLException	判断连接是否已关闭
DatabaseMetaData getMetaData() throws SQLException	得到所连接数据库的元数据

5.2.3 Statement 接口

Statement 对象由一个 Connection 对象调用 createStatement（）方法创建。通过 Statement 对象,能够执行各种操作,如插入、修改、删除和查询等。因为对数据库操作的 SQL 语句其语法和返回类型各不相同,所以 Statement 接口提供了多个方法用于执行 SQL 语句。

Statement 接口的主要方法如表 5-4 所示。

数据库编程的要点是在程序中嵌入 SQL 命令。程序需要声明和创建连接数据库的 Connection 对象,并让该对象连接数据库。调用 DriverManager 类的静态方法 getConnection（）获得 Connection 对象,实现程序与数据库的连接。然后,用 Statement 类声明 SQL 语句

表 5-4 Statement 接口的主要方法

方 法	功 能 描 述
boolean execute(String sql) throws SQLException	执行 SQL 语句
ResultSet executeQuery(String sql) throws SQLException	执行数据库查询操作,返回一个结果集对象
int executeUpdate(String sql) throws SQLException	执行数据库更新的 SQL 语句,如 insert、update 和 delete 等
void close() throws SQLException	关闭 Statement 操作

对象,并调用 Connection 对象的 createStatement()方法,创建 SQL 语句对象。例如,以下代码创建语句对象 sql。

```
Statement sql =null;
try{
    sql =con.createStatement();
}catch(SQLException e){}
```

5.2.4 拓展训练——ResultSet 接口

有了 SQL 语句对象后,调用语句对象的方法 executeQuery()执行 SQL 查询,并将查询结果存放在一个用 ResultSet 类声明的对象中,例如,以下代码读取学生成绩表存于 rs 对象中。

```
ResultSet rs =sql.executeQuery("SELECT * FROM ksInfo");
```

ResultSet 对象实际上是一个包含查询结果数据的表,由统一形式的数据行组成,一行对应一条查询记录。ResultSet 对象中隐含着一个游标,一次只能获得游标当前所指的数据行,用 next()方法可取下一个数据行。用数据行的字段(列)名称或位置索引(自 1 开始)调用形如 getXXX()方法获得记录的字段值。ResultSet 对象的常用方法如表 5-5 所示。

表 5-5 ResultSet 对象的常用方法

方 法	功 能 描 述
Date getDate(String columnName) throws SQLException	以 Date 形式取得指定列的内容
float getFloat(int columnIndex) throws SQLException	以浮点数形式按列编号取得指定列的内容
float getFloat(String columnName) throws SQLException	以浮点数形式取得指定列的内容
int getInt(int columnIndex) throws SQLException	以整数形式按列编号取得指定列的内容
int getInt(String columnName) throws SQLException	以整数形式取得指定列的内容
String getString(int columnIndex) throws SQLException	以字符串形式按列编号取得指定列的内容
String getString(String columnName) throws SQLException	以字符串形式取得指定列的内容
boolean next() throws SQLException	将指针从当前位置下移一行

以上方法中的 columnIndex 是位置索引,用于指定字段(列),columnName 是字段名

(列名)。

用户需要在查询结果集上浏览,或前后移动,或显示结果集的指定记录,这称为可滚动结果集。程序要获得一个可滚动结果集,只要在获得 SQL 的语句对象时,增加指定结果集的两个参数即可。例如:

```
Statement stmt = con.createStatement(type,concurrency);
ResultSet rs = stmt.executeQuery(SQL 语句)
```

语句对象 stmt 的 SQL 查询就能得到相应类型的结果集。

(1) int 型参数 type 决定可滚动集的滚动方式。

① ResultSet. TYPE_FORWORD_ONLY:结果集的游标只能向下滚动。

② ResultSet. TYPE_SCROLL_INSENSITIVE:游标可上下移动,当数据库变化时,当前结果集不变。

③ ResultSet. TYPE_SCROLL_SENSITIVE:游标可上下移动,当数据库变化时,当前结果集同步改变。

(2) int 型参数 concurrency 决定数据库是否与可滚动集同步更新。

① ResultSet. CONCUR_READ_ONLY:不能用结果集更新数据库中的表。

② ResultSet. CONCUR_UPDATETABLE:能用结果集更新数据库中的表。

例如,以下代码利用连接对象 connect,创建 Statement 对象 stmt,指定结果集可滚动,并以只读方式读数据库。

```
stmt = connect.createStatement(ResultSet.TYPE_SCROLL_SENSITIVE,
                               ResultSet.CONCUR_READ_ONLY);
```

可滚动数据集另外一些常用的方法如下。

boolean previous():将游标向上移动,当移到结果集的第一行时,返回 false。
void beforeFirst():将游标移到结果集的第一行之前。
void afterLast():将游标移到结果集的最后一行之后。
void first():将游标移到第一行。
void last():将游标移到最后一行。
boolean isAfterLast():判断游标是否在最后一行之后。
boolean isBeforeFirst():判断游标是否在第一行之前。
boolean isLast():判断游标是否在最后一行。
boolean isFirst():判断游标是否在第一行。
int getRow():获取当前所指的行(行号自 1 开始编号,若结果集空返回 0)。
boolean absolute(int row):将游标移到第 row 行。

任务 5.3 数据库操作

数据库连接成功后,对数据库的查询、插入、删除等操作使用 Java 语言如何实现呢?

5.3.1 查询

利用 Connection 对象的 createStatement()方法建立 Statement 对象,利用 Statement 对象的 executeQuery()方法执行 SQL 查询语句进行查询,返回结果集,再用形如 getXXX()的方法从结果集中读取数据。经过这样一系列的步骤就能实现对数据库的查询。

【例 5-2】 Java 应用程序访问数据库。应用程序打开考生信息表 ksInfo,从中取出考生的各项信息。设考生信息表的结构如表 5-6 所示。

表 5-6 考生信息表的结构

字段名	考号	姓名	成绩	地址	简历
类型	字符串	字符串	整数	字符串	字符串

```
public class DBMSTest extends JFrame implements ActionListener{
    public static Connection connectByJdbcodbc(String url,String un,String ps){
        Connection con =null;
        String url="jdbc:mysql://127.0.0.1:3306/student";
        String user="root";
        String password="root";
        try{
            Class.forName("com.mysql.jdbc.Driver");    //加载特定的驱动程序
            conn=DriverManager.getConnection(url,user,password);
        }
        catch (SQLException e){
            e.printStackTrace();
            return null;                                //连接失败
        }
        return con;                                     //连接成功
    }
    String title[] ={"考号","姓名","成绩","地址","简历"};
    JTextField txtNo =new JTextField(8);
    JTextField txtName =new JTextField(10);
    JTextField txtScore =new JTextField(3);
    JTextField txtAddr =new JTextField(30);
    JTextArea txtresume =new JTextArea();
    JButton prev =new JButton("前一个");
    JButton next =new JButton("后一个");
    JButton first =new JButton("第一个");
    JButton last =new JButton("最后一个");
    Statement sql;                                      //SQL 语句对象
    ResultSet rs;                                       //存放查询结果对象
    Example DBMSTest (Connection connect){
        super("考生信息查看窗口");
        setSize(450, 350);
        try{
            sql =connect.createStatement(ResultSet.TYPE_SCROLL_INSENSITIVE,
                            ResultSet.CONCUR_READ_ONLY);
```

```java
            rs = sql.executeQuery("SELECT * FROM ksInfo");
            Container con = getContentPane();
            con.setLayout(new BorderLayout(0, 6); JPanel p[] = new JPanel[4];
            for (int i = 0; i < 4; i++){
                p[i] = new JPane(new FlowLayout(FlowLayout.LEFT, 8, 0));
                p[i].add(new JLabel(title[i]));
            }
            p[0].add(txtNo);
            p[1].add(txtName);
            p[2].add(txtScore);
            p[3].add(txtAddr);
            JPanel p1 = new JPane(new GridLayout94, 1, 0, 8));
            JScrollPane jsp = new JScrollPane(txtResume,
                JScrollPane.VERTICAL_SCROLLBAR_ALWAYS,
                JScrollPane.HORIZONTAL_SCROLLBAR_NEVER);
                jsp.setPreforredSize(new Dimension(300, 60));
            for (int i = 0; i < 4; i++){
                p1.add(p[i]);
            }
            JPanel p2 = new JPanel(new FlowLayout(FlowLayout.LEFT, 10, 0);
            p2.add(new JLabel(title[4]));
            p2.add(jsp);
            Jpanel p3 = new Jpanel();
            p3.add(prev);
            p3.add(next);
            p3.add(first);
            p3.add(last);
            prev.addActionListener(this);
            next.addActionListener(this);
            first.addActionListener(this);
            last.addActionlistener(this);
            rs.first();
            readRecord();
        }
        catch (Exception e){
            e.printStackTrace():
        }
        setVisible(ture);
    }
    public void modifyRecord(Connection connect){
        String stuNo = (String)JOptionPane.showInputDialog(null,
                "请输入考生考号", "输入考号对话框",
        JOptionPane.PLAIN_MESSAGE, null,null, "");
        try {
            sql = connect.createStatement(ResultSet.TYPE_SCROLL_INSENSITIVE,
                                ResultSet.CONCUR_READ_ONLY);
            rs = sql.executeQuery("SELECT * FROM ksInfo");
            Container con = getContentPane();
            con.setLayout(new Boarderlayout(0, 6));
```

```
            Jpanel p[] =new JPanel[4];
            for (int i =0; i <; i++){
                p[i] =new JPane(new FlowLayout(flowLayout.LEFT, 8, 0));
                p[i].add(new JLabel(title[i]));
            }
            p[0].add(txtNo);
            p[1].add(txtName);
            p[2].add(txtScore);
            p[3].add(txtAddr);
            Jpanel p1 =new Jpane(new GridLayout(4, 1, 0, 8));
            JScrollPane jsp =new JScrollPane(txtResume,
                JScrollPane.VERTICAL_SCROLLBAR_ALWAYS,
                JScrollPane.HORIZONTAL_SCROLLBAR_NEVER);
            jsp.setPreferredSize(new dimension(300, 60));
            for (int i =0; i <4; i++){
                p1.add(p[i]);
            }
            Jpanel p2 =new JPanel(new FlowLayout(FlowLayout.LEFT, 10, 0));
            p2.add(new JLableI(title[4]));
            p2.add(jsp);
            JPanel p3 =new JPanel();
            p3.add(prev);
            p3.add(next);
            p3.add(first);
            p3.add(last);
            prev.addActionListener(this);
            next.addActionListener(this);
            first.addActionListenerIthis);
            last.addActionListener(this);
            rs.first();
            readRecord();
        }
        catch (Exception e){
            e.printStackTrace();
        }
        setVisible(true);
    }
    boolean readRecord(){
        try{
            txtNo.setText(rs.getString("考号"));
            txtName.setText(rs.getString("姓名"));
            txtScore.setText(rs.getString("成绩"));
            txtAddr.setText(rs.getString("地址"));
            txtResume.setText(rs.getString("简历"));
        }
        catch (SQLException e){
            e.printStackTrace(); return false;
        }
        return true;
```

```
        }
        public void actionPerformed(ActionEvent e){
            try{
                if (e.getSource() ==prev)   rs.previous();
                else if (e.getSource() ==next)   rs.next();
                else if (e.getSource() ==first)  rs.first();
                else if (e.getSource() ==last)   rs.last();
                readRecord();
            }
            catch (Exception e2){}
        }
        public static void main(String args[]){
            connection connect =null;
            JFrame .setDefaultLookAndFeeDecorated(true);
            Font font =new Font("JFrame", Font.PLAIN, 14);
            if ((connect =connectByJdbcOdbc("jdbc:odbc:redsun", "xia", "1234")) =
                =null){
                JOptionPane.showMessageDialog(null, "数据库连接失败!");
                System.exit ( -1);
            }
            new Example10_9(connect);                         //创建对象
        }
}
```

5.3.2 插入记录

插入数据表记录有以下 3 种方案。

1. 使用 Statement 对象

插入数据表记录的 SQL 语句的语法如下。

```
insert into 表名(字段名1,字段名2,...) value (字段值1,字段值2,...)
```

例如：

```
insert into ksInfo(考号,姓名,成绩,地址,简历)
value ('200701','张大卫'534,'上海欧阳路218弄4-1202','')
```

实现同样功能的 Java 程序代码如下。

```
sql ="insert intoksIno(考号,姓名,成绩,地址,简历)";
sql==sql1+"value('"+txtNo.getTxt()+',"'+txtName.getText(0"',";
sql =sql+txtScore.getText();
sql=sql+",'"+txtAddr.getText()+"','"+txtResume.getText()+"')";
stmt.executeUpdate(sql);
```

2. 使用 ResultSet 对象

使用 ResultSet.moveToInsertRow()方法将数据表的游标移到插入位置,输入数据后，用 insertRow() 方法插入记录。例如：

```
String sql="select * from ksInfo";            //生成 SQL 语句
ResultSet rs =stmt.executeQuery(sql);         //获取结果集
rs.moveToInsertRow();                         //将游标移到插入记录位置
rs.updateString(1,'200701');                  //向考号字段填入数据
rs.updateString(2,'张大卫');                  //向名字字段填入数据
rs.updateInt(3,534);                          //向成绩字段填入数据
rs.updateString(4,'上海欧阳路 218 弄 4-1202');  //向地址字段填入数据
rs.updateString(5,'');                        //向简历字段填入数据
try{rs.insertRow();}catch(Exception e){};     //完成插入
```

3. 使用 PrepareStatement 对象

与使用 Statement 对象的方法类似，只是创建 SQL 语句时暂时用参数"?"表示值，然后由 SQL 语句对象生成 PrepareStatement 对象，插入时通过设定实际参数，实现记录的更新，代码如下：

```
sql ="insert into ksInfo(考号,姓名,成绩,地址,简历)value (?,?,?,?,'')";
PrepareStatement pStmt =connect.prepareStatement(sql);
pStmt.setString(1,'200701');                  //向考号字段填入数据
pStmt.setString (2,'张大卫');                 //向名字字段填入数据
pStmt.setInt(3,534);                          //向成绩字段填入数据
pStmt.setString (4,'上海欧阳路 218 弄 4-1202');//向地址字段填入数据
pStmt.setString (5,'');                       //向简历字段填入数据
pStmt.executeUpdate();
```

【例 5-3】 向表中插入记录。

```
public class InsertDemo{
    public static final String DBDRIVER ="com.mysql.jdbc.Driver";
    public static final String DBURL ="jdbc:mysql://127.0.0.1:3306/student";
    public static final String DBUSER ="root";
    public static final String DBPASS ="root";
    public static void main(String args[]) throws Exception {
        Connection conn =null;
        Statement stmt =null;
        Class.forName(DBDRIVER);
        conn =DriverManager.getConnection(DBURL,DBUSER,DBPASS);
        stmt =conn.createStatement();       //实例化 Statement 对象
        String name ="Betty";
        String password ="123";
        String sql ="insert into user_table values('"+name+"','"+password+"')";
        stmt.executeUpdate(sql);            //执行数据库更新操作
        stmt.close();                       //关闭操作
        conn.close();                       //数据库关闭
    }
}
```

5.3.3 删除记录

删除数据表也有以下 3 种方案。

1. 使用 Statement 对象

删除数据表记录的 SQL 语句的语法如下。

```
delete from 表名 where 特定条件
```

例如：

```
delete from ksInfo where 姓名 ='张大卫'
```

先创建一个 SQL 语句，然后调用 Statement 对象的 executeUpdate()方法。

```
stmt.executeUpdate(sql);
```

2. 使用 ResultSet 对象

先创建一个 SQL 语句，然后调用 Statement 对象的 executeUpdate()方法。例如：

```
String sql ="select * from ksInfo where 姓名 ='张大卫'";//生成SQL语句
ResultSet rs = stmt.executeQuery(sql);    //获取数据表结果集
if(rs.next()){
     rs.deleteRow();try{ rs.updateRow();}catch(Exception e){}
}
```

3. 使用 PrepareStatement 对象

创建 SQL 语句时，暂时用参数"?"表示值，然后由 SQL 语句对象生成 PrepareStatement 对象，接着设定实际参数实现特定记录的删除。例如：

```
sql ="delete form ksInfo where 姓名=?";
PrepareStatement pStmt =connect.prepareStatement(sql);
pStmt.setString(2,'张大卫');              //给姓名字段指定数据
pStmt.executeUpdate();
```

5.3.4 更新

数据库更新操作包括数据表创建、删除以及数据表记录的增加、删除、修改等操作。如果利用数据 SQL 命令实现，则利用 Statement 对象的 executeUpdate()方法，执行 SQL 的 update 语句实现数据表的修改；执行 SQL 的 insert 语句，实现数据表记录的添加。

例如，在前面数据查询例子的基础上，再增加对数据表的修改和插入。限于篇幅，不再给出完整程序，只给出实现修改和插入的方法。

下面用代码说明数据表更新的方法。与数据表连接时,需指定获得的 ResultSet 对象是可更新的。

```
stmt = connect.createStatement(ResultSet.TYPE_SCROLL_INSENSITIVE,
                    ResultSet.CONCUR_UPDATABLE);
```

5.3.5 拓展训练——修改记录

修改数据表记录也有以下 3 种方案。

1. 使用 Statement 对象

实现修改数据表记录的 SQL 语句的语法格式如下。

```
update 表名 set 字段名 1 =字段值 1,字段名 2 =字段值 2,...,字段名 n =字段值 n
where 特定条件
```

例如:

```
update ksInfo set 姓名 ='张小卫' where 姓名 ='张大卫'
```

先创建一个 SQL 语句,然后调用 Statement 对象的 executeUpdate()方法。例如:

```
sql = "update ksInfo set 姓名 ='"+txtName.getText();
sql = sql +",成绩="+txtScore.getText();
sql = sql +",地址 ='"+txtAddr.getText();
sql=sql+"',,简历 ='"+txtResume.getText()+"'where 考号="+txtNo.getText();
stmt.executeUpdate(sql);
```

2. 使用 ResultSet 对象

先建立 ResultSet 对象,然后直接设定记录的字段值,修改数据表的记录。例如:

```
String sql ="select * from ksInfo where 姓名='张大卫'";//生成 SQL 语句
ResultSet rs = stmt.executeQuery(sql);              //获取数据表结果集
if(rs.next()){
    rs.updateString(2,'张小卫');
    try{rs.updateRow();}catch(Exception e){}
}
```

3. 使用 PrepareStatement 对象

创建 SQL 语句时,暂时用参数"?"表示值,然后由 SQL 语句对象生成 PrepareStatement 对象,接着通过设定实际参数实现记录的更新。例如:

```
sql = "update ksInfo set 姓名=? where 姓名 ='张大卫';
PrepareStatement pStmt = connect.prepareStatement(sql);
pStmt.setString(2,'张小卫');                         //向姓名字段填入数据
```

```
pStmt.executeUpdate();
```

【例 5-4】 数据更新案例。

```java
public class Test extends JApplet {
    public void init() {
        JPanel panel =new JPanel();
        getContentPane().add(panel);
        AbstractTableModel tm;
        Statement stat;
        ResultSet rs;
        Connection con =null;
        String url="jdbc:mysql://127.0.0.1:3306/数据库名";
        String user="root";
        String password="密码";
        JTable jg_table;
        final Vector vect;
        JScrollPane jsp;
        final String title[] ={ "学号", "姓名", "年龄" };
        vect =new Vector();
        tm =new AbstractTableModel() {
            public int getColumnCount() {
                return title.length;
            }
            public int getRowCount() {
                return vect.size();
            }
            public Object getValueAt(int row, int column) {
                if (!vect.isEmpty())
                    return ((Vector) vect.elementAt(row)).elementAt(column);
                else
                    return null;
            }
            public String getColumnName(int column) {
                return title[column];
            }
            public void setValueAt(Object value, int row, int column) {
            }
            public Class getColumnClass(int c) {
                return getValueAt(0, c).getClass();
            }
            public boolean isCellEditable(int row, int column) {
                return false;
            }
        };
        jg_table =new JTable(tm);
        jg_table.setToolTipText("f1");
        jg_table.setAutoResizeMode(JTable.AUTO_RESIZE_OFF);
        jg_table.setShowVerticalLines(true);
        jg_table.setShowHorizontalLines(true);
```

```java
        jsp =new JScrollPane(jg_table);
        panel.add(jsp);
        try {
            Class.forName("com.mysql.jdbc.Driver");  //加载特定的驱动程序
            conn=DriverManager.getConnection(url,user,password)
            stat =con.createStatement();
            rs =stat.executeQuery("select * from stud");
            vect.removeAllElements();
            tm.fireTableStructureChanged();
            while (rs.next()) {
                Vector rec_vector =new Vector();
                rec_vector.addElement(rs.getString(2));
                rec_vector.addElement(rs.getString(3));
                rec_vector.addElement(Integer.toString(rs.getInt(4)));
                vect.addElement(rec_vector);
            }
            tm.fireTableStructureChanged();
        }
        catch (Exception e) {
        }
    }
}
```

5.3.6 实现机制

DBHelper 类封装了对数据库的所有操作。

```java
public abstract class DBHelper {
    private static String driver=" com.mysql.jdbc.Driver ";
    private static String dbURL ="jdbc:mysql://127.0.0.1:3306/数据库名";
    private static String userName =" root ";    //默认用户名
    private static String userPwd ="密码";        //密码
        Connection con =null;
    static{
        try{
            Class.forName(driver);
        }
        catch(Exception ex){
            ex.printStackTrace();
        }
    }
    private static Connection getConnect() {
        Connection con =null;
        try {
            //建立到给定数据库 URL 的连接
            con =DriverManager.getConnection(dbURL, userName, userPwd);
        } catch (Exception e) {
```

```java
            System.out.println(e);
        }
        return con;
    }
    public static int executeNonQuery(String cmdtext) {
        Statement cmd = null;
        Connection conn = null;
        int x = 0;
        try {
            conn = getConnect();//获取连接
            //创建一个Statement对象将SQL语句发送到数据库
            cmd = conn.createStatement();
            //执行SQL语句,可能为insert、update、delete
            //或者不返回任何内容的SQL语句
            x = cmd.executeUpdate(cmdtext);
        } catch (Exception e) {
            e.printStackTrace();
        } finally {
            try {
                if (conn != null && (!conn.isClosed()))
                    conn.close();
            } catch (Exception e) {
                e.printStackTrace();
            }
        }
        return x;
    }
    public static int executeNonQuery(String cmdtext, Object[] params) {
        PreparedStatement pstmt = null;
        Connection conn = null;
        int x = 0;
        try {
            conn = getConnect();
            //创建一个Statement对象将SQL语句发送到数据库
            pstmt = conn.prepareStatement(cmdtext);
            prepareCommand(pstmt, params);
            x = pstmt.executeUpdate();
        } catch (Exception e) {
            e.printStackTrace();
        } finally {
            try {
                if (conn != null && (!conn.isClosed()))
                    conn.close();
            } catch (Exception e) {
                e.printStackTrace();
            }
        }
        return x;
    }
```

```java
//获取了一个结果集数组
public static Vector<Object> executeReader(String cmdtext) {
    Statement cmd = null;
    Connection conn = null;
    Vector<Object> al = null;
    try {
        conn = getConnect();
        cmd = conn.createStatement();
        //PreparedStatement 对象中执行 SQL 查询
        ResultSet rs = cmd.executeQuery(cmdtext);
        /* 得到元数据 */
        ResultSetMetaData rsmd = rs.getMetaData();    //获取结果集元数据
        int column = rsmd.getColumnCount();           //共多少列
        al = new Vector<Object>();                    //vector 可增长的对象数组
        while (rs.next()) {
            Object[] ob = new Object[column];
            for (int i = 1; i <= column; i++) {
                ob[i - 1] = rs.getObject(i);
            }
            al.add(ob);
        }
        rs.close();
        cmd.close();
        conn.close();
    } catch (Exception e) {
        System.out.println(e);
    } finally {
        try {
            if (conn != null && (conn.isClosed()))
                conn.close();
        } catch (Exception e) {
        }
    }
    return al;
}
public static Vector<Object> executeReader(String cmdtext,
        Object[] params) {
    PreparedStatement pstmt = null;
    Connection conn = null;
    Vector<Object> al = null;
    try {
        conn = getConnect();
        pstmt = conn.prepareStatement(cmdtext);
        prepareCommand(pstmt, params);
        ResultSet rs = pstmt.executeQuery();
        al = new Vector<Object>();
        ResultSetMetaData rsmd = rs.getMetaData();
        int column = rsmd.getColumnCount();
        while (rs.next()) {
            Object[] ob = new Object[column];
```

```java
            for (int i =1; i <=column; i++) {
                ob[i -1] =rs.getObject(i);
            }
            al.add(ob);
        }
        rs.close();
        pstmt.close();
        conn.close();
    } catch (Exception e) {
        e.printStackTrace();
    } finally {
        try {
            if (conn !=null && (conn.isClosed()))
                conn.close();
        } catch (Exception e) {
            e.printStackTrace();
        }
    }
    return al;
}
public static Object executeScalar(String cmdtext) {
    Statement cmd =null;
    Connection conn =null;
    ResultSet rs =null;
    Object obj =null;
    try {
        conn =getConnect();
        cmd =conn.createStatement();
        rs =cmd.executeQuery(cmdtext);
        if (rs.next()) {
            obj =rs.getObject(1);      //获取当前行中指定列
        }
    } catch (Exception e) {
        e.printStackTrace();
    } finally {
        try {
            if (conn !=null && !(conn.isClosed()))
                conn.close();
        } catch (Exception e) {
            e.printStackTrace();
        }
    }
    return obj;
}
public static Object executeScalar(String cmdtext, Object[] params) {
    PreparedStatement pstmt =null;
    Connection conn =null;
    ResultSet rs =null;
    Object obj =null;
```

```java
        try {
            conn = getConnect();
            pstmt = conn.prepareStatement(cmdtext);
            prepareCommand(pstmt, params);
            rs = pstmt.executeQuery();
            if (rs.next()) {
                obj = rs.getObject(1);
            }
        } catch (Exception e) {
            e.printStackTrace();
        } finally {
            try {
                if (conn != null)
                    conn.close();
            } catch (Exception e) {
                e.printStackTrace();
            }
        }
        return obj;
    }
    public static Object executeScalar(String cmdtext, String name,
            Object[] params) throws Exception {
        PreparedStatement pstmt = null;
        Connection conn = null;
        ResultSet rs = null;
        try {
            conn = getConnect();
            pstmt = conn.prepareStatement(cmdtext);
            prepareCommand(pstmt, params);
            rs = pstmt.executeQuery();
            if (rs.next()) {
                return rs.getObject(name);
            } else {
                return null;
            }
        } catch (Exception e) {
            throw new Exception("executeSqlObject 方法出错:" + e.getMessage());
        } finally {
            try {
                if (conn != null)
                    conn.close();
            } catch (Exception e) {
                throw new Exception("executeSqlObject 方法出错:" + e.getMessage());
            }
        }
    }
    public static Object executeScalar(String cmdtext, int index,
            Object[] params) {
```

```java
        PreparedStatement pstmt =null;
        Connection conn =null;
        ResultSet rs =null;
        Object obj =null;
        try {
            conn =getConnect();
            pstmt =conn.prepareStatement(cmdtext);
            prepareCommand(pstmt, params);
            rs =pstmt.executeQuery();
            if (rs.next()) {
                obj =rs.getObject(index);      //index 为 int 类型
            } else {
                return null;
            }
        } catch (Exception e) {
            e.printStackTrace();
        } finally {
            try {
                if (conn !=null)
                    conn.close();
            } catch (Exception e) {
                e.printStackTrace();
            }
        }
        return obj;
    }
    public static void prepareCommand(PreparedStatement pstm, Object[] params) {
        if (params ==null || params.length ==0) {
            return;
        }
        try {
            for (int i =0; i <params.length; i++) {
                int parameterIndex =i +1;

                if(params[i]==null){
                    pstm.setObject(parameterIndex, null);
                }
                //String
                if (params[i].getClass() ==String.class) {
                    pstm.setString(parameterIndex, params[i].toString());
                }
                //Short
                else if (params[i].getClass() ==Short.class) {
                    pstm.setShort(parameterIndex,
                            Short.parseShort(params[i].toString()));
                }
                //Long
                else if (params[i].getClass() ==Long.class) {
                    pstm.setLong(parameterIndex,
```

```java
                        Long.parseLong(params[i].toString()));
            }
            //Integer
            else if (params[i].getClass() == Integer.class) {
                pstm.setInt(parameterIndex,
                        Integer.parseInt(params[i].toString()));
            }
            //Date
            else if (params[i].getClass() == Date.class) {
                java.util.Date dt = (java.util.Date) params[i];
                pstm.setDate(parameterIndex,
                        new java.sql.Date(dt.getTime()));
            }
            //Byte
            else if (params[i].getClass() == Byte.class) {
                pstm.setByte(parameterIndex, (Byte) params[i]);
            }
            //Float
            else if (params[i].getClass() == Float.class) {
                pstm.setFloat(parameterIndex,
                        Float.parseFloat(params[i].toString()));
            }
            //Boolean
            else if (params[i].getClass() == Boolean.class) {
                pstm.setBoolean(parameterIndex, Boolean
                        .parseBoolean(params[i].toString()));
            }
        }
    } catch (Exception e) {
    }
}
public static Vector<Object> executeProc(String cmdtext,
        Object[] params) {
    PreparedStatement pstmt = null;
    Connection conn = null;
    Vector<Object> al = null;
    try {
        conn = getConnect();
        pstmt = conn.prepareStatement(cmdtext);
        prepareCommand(pstmt, params);

        ResultSet rs = pstmt.executeQuery();
        al = new Vector<Object>();
        ResultSetMetaData rsmd = rs.getMetaData();
        int column = rsmd.getColumnCount();
        while (rs.next()) {
            Object[] ob = new Object[column];
            for (int i = 1; i <= column; i++) {
                ob[i - 1] = rs.getObject(i);
```

```java
            }
                al.add(ob);//vector 对象 al,vector 是可增长的对象数组
            }
            rs.close();
            pstmt.close();
            conn.close();
        } catch (Exception e) {
            e.printStackTrace();
        } finally {
            try {
                if (conn !=null && (conn.isClosed()))
                    conn.close();
            } catch (Exception e) {
                e.printStackTrace();
            }
        }
        return al;
    }
}
//以下是教师或管理员成绩管理窗口里与数据库有关的代码
//查询记录
    if(e.getSource()==select){
        String sql="select * from studcourse";
        int n=0;
        if(!s_number.equals("")){
            sql=sql+" where s_number=s_number";
            try{
                params[n]=Integer.parseInt(s_number);
                n++;
            }catch(NumberFormatException ex){
                JOptionPane.showMessageDialog(this, "非法输入,请仔细检查",
                    "警告", JOptionPane.WARNING_MESSAGE);
                return;
            }
        }

        if(!c_number.equals("")){
            if(n==0){
                sql=sql+" where c_number=c_number";
            }
            else{
                sql=sql+" and c_number=c_number";
            }
            try{
                params[n]=Integer.parseInt(c_number);
                n++;
            }catch(NumberFormatException ex){
                JOptionPane.showMessageDialog(this, "非法输入,请仔细检查",
                    "警告", JOptionPane.WARNING_MESSAGE);
```

```java
            return;
        }
    }
    if(!grade.equals("")){
        if(n==0){
            sql=sql+" where grade=?";
        }
        else{
            sql=sql+" and grade=?";
        }
        try{
            params[n]=Integer.parseInt(grade);
            n++;
        }catch(NumberFormatException ex){
            JOptionPane.showMessageDialog(this, "非法输入,请仔细检查",
                    "警告", JOptionPane.WARNING_MESSAGE);
            return;
        }
    }
    Vector<Object>temp=null;
    temp=DBHelper.executeReader(sql, params);//获取结果集语句,params 是数组
    data_temp=new Object[temp.size()][3];    //data_temp 是一个二维数组
    for(int i=0;i<temp.size();i++){
        Object ob[]=new Object[3];
        ob=(Object[])temp.elementAt(i);
        data_temp[i]=ob;
    }
    table.setModel(new DefaultTableModel(data_temp,columnNames));
}
//插入记录
if(e.getSource()==insert){
    if((!s_number.equals(""))&&(!c_number.equals(""))
                    &&(!grade.equals(""))){
        try{
            params[0]=Integer.parseInt(s_number);
            params[1]=Integer.parseInt(c_number);
            params[2]=Integer.parseInt(grade);
            String sql="insert into course values(?,?,?)";
            DBHelper.executeNonQuery(sql, params);
        }catch(NumberFormatException ex){
            JOptionPane.showMessageDialog(this, "非法输入,请仔细检查",
                    "警告", JOptionPane.WARNING_MESSAGE);
            return;
        }
    }
    else{
        JOptionPane.showMessageDialog(this, "请输入完整信息", "警告",
                JOptionPane.WARNING_MESSAGE);
        return;
```

```
            }
        }
        //删除记录
        if(e.getSource()==delete){
            int a=table.getSelectedRow();//getSelectedRow() //a 是要删除的行
            if(a!=-1){
                String param=table.getValueAt(a, 0).toString();
                int x=Integer.parseInt(param);
                String sql="delete from course where cno=?";
                DBHelper.executeNonQuery(sql);
            }
        }
        //更新记录
        if(e.getSource()==update){
            int a=table.getSelectedRow();
            if(a!=-1){
                try{
                    params[0]=Integer.parseInt(table.getValueAt(a, 0).toString());
                    params[1]=table.getValueAt(a,1).toString();
                    params[2]=Integer.parseInt(table.getValueAt(a, 2).toString());
                    params[3]=table.getValueAt(a,3).toString();
                    String sql="update studentcourse set cname='"+params[1]
                        +"', ccredit='"+params[2]+"', cteacher='"+params[3]+"'";
                    String param =table.getValueAt(a, 0).toString();
                    int x=Integer.parseInt(param);
                    sql+=" where c_number='"+x+"'";
                    DBHelper.executeNonQuery(sql);
                }catch(NumberFormatException ex){
                    JOptionPane.showMessageDialog(this, "非法输入,请仔细检查",
                        "警告", JOptionPane.WARNING_MESSAGE);
                    return;
                }
            }
        }
    }
}
```

习 题 5

一、简答题

1. JDBC 提供了哪几种连接数据库的方法？
2. SQL 语言通过哪几种基本语句来完成数据库的基本操作？
3. Statement 接口的作用是什么？
4. 试述 DriverManager 对象建立数据库连接所用的几种不同的方法。

二、编程题

1. 为课程表和学生成绩表设计数据库应用程序。在 Student 数据库中创建课程表和学生成绩表，设计数据库应用程序对两个表进行数据插入、修改、删除和查询操作，并获得表及列的各种属性。

2. 图形用户界面的数据库应用设计。为学生基本信息表设计图形用户界面，实现数据输入、浏览、查询、统计等功能。

项目6 学生成绩的导入/导出——输入/输出

技能目标

能根据数据的类型选择相应的输入/输出流进行数据的读写操作,能通过 File 类对文件进行操作。

知识目标

(1) 了解流的概念。
(2) 了解输入/输出流的基本知识。
(3) 了解文件的基本知识。
(4) 掌握常用的字节流和字符流及其方法。
(5) 掌握 File 类的使用。

项目任务

完成输入/输出流和文件操作的基本功能,要求能选择合适的输入/输出流对数据进行读写操作,能通过 File 类对文件进行操作。

本项目通过两个任务向大家展现 Java 的输入/输出流,这两个任务包括输入/输出流和文件操作。根据数据类型的不同,输入/输出流又分为字节和字符输入/输出流。文件操作部分介绍与文件操作有关的类以及常见的文件操作。

任务 6.1 输入/输出流

输入/输出功能是程序设计中非常重要的一部分,如从键盘读取数据、从文件中读取数据或向文件中写入数据。在学生信息管理系统中,系统管理员与教师具有成绩导入和导出的权限,如图 6-1 所示。

单击"成绩导出"按钮,将弹出"保存"对话框,如图 6-2 所示,在"文件名"文本框中输入文件名,并选择文件类型后,单击"保存"按钮,程序会创建一个指定的文件。

输入/输出(I/O)是指程序与外部设备或其他计算机进行交互的操作。几乎所有的程序都具有输入/输出操作,如从键盘上读取数据,从本地或网络上的文件读取数据或写入数据等。通过输入/输出操作可以从外界接收信息,或者是把信息传递给外界。Java

项目6 学生成绩的导入/导出——输入/输出

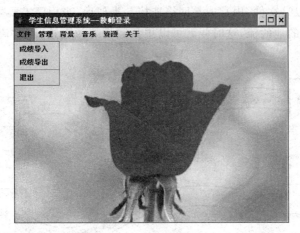

图 6-1 登录界面

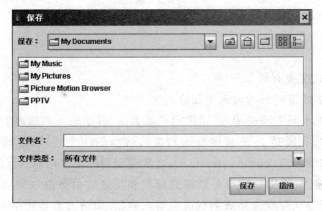

图 6-2 成绩导出

把这些输入/输出操作用流来实现，通过统一的接口来表示，从而使程序设计更为简单。

6.1.1 流

1. 概念

Java 中对文件的操作是以流的方式进行的。流是 Java 内存中的一组有序数据序列。Java 将数据从源（文件、内存、键盘、网络）读入内存，形成了流，然后这些流还可以写到另外的目的地（文件、内存、控制台、网络）。之所以称其为流，是因为这个数据序列在不同时刻所操作的是源的不同部分。

流（stream）是指在计算机的输入/输出操作中各部件之间的数据流动。按照数据的传输方向，流可分为输入流与输出流。Java 语言中的流序列中的数据既可以是未经加工的原始二进制数据，也可以是经过一定编码处理后符合某种特定格式的数据。

流是一个很形象的概念，当程序需要读取数据的时候，就会开启一个通向数据源的

231

流,这个数据源可以是文件、内存或是网络连接。类似地,当程序需要写入数据的时候,就会开启一个通向目的地的流,这时候就可以想象数据好像在这其中"流"动一样,如图 6-3 所示。

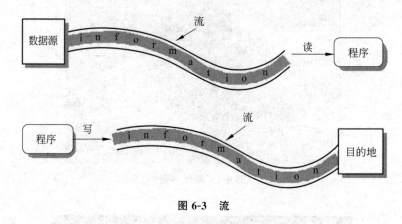

图 6-3　流

2. 分类

流分类的方式主要有以下三种。

(1) 按照数据的流向分为输入流和输出流。

在 Java 中,把不同类型的输入/输出源抽象为流,其中输入和输出的数据称为数据流(data stream)。数据流是 Java 程序发送和接收数据的一个通道,数据流中包括输入流(input stream)和输出流(output stream)。通常应用程序中使用输入流读出数据,输出流写入数据。流式输入/输出的特点是数据的获取和发送均沿数据序列顺序进行。相对于程序来说,输出流是向存储介质或数据通道写入数据,而输入流是从存储介质或数据通道中读取数据。一般来说流的特性有下面几点。

① 先进先出,最先写入输出流的数据最先被输入流读取到。

② 顺序存取,可以一个接一个地往流中写入一串字节,读出时也将按写入顺序读取一串字节,不能随机访问中间的数据。

③ 只读或只写,每个流只能是输入流或输出流的一种,不能同时具备两个功能,在一个数据传输通道中,如果既要写入数据,又要读取数据,则要分别提供两个流。

(2) 按照处理数据的单位不同分为字节流和字符流。字节流读取的最小单位是一个字节(1B=8b),而字符流一次可以读取一个字符(1char = 2B= 16b)。

(3) 按照功能的不同分为节点流和处理流。节点流是直接从一个源读写数据的流(这个流没有经过包装和修饰),处理流是在对节点流封装的基础上的一种流,FileInputStream 是一个节点流,可以直接从文件读取数据;但是 BufferedInputStream 可以包装 FileInputStream,使得其有缓冲功能。

除以上三种分类方法外,还有一些分类方式,如对象流、缓冲流、压缩流、文件流等,其实都是节点流和处理流的子分类。

为了方便流的处理,Java 语言提供了 java.io 包,该包中的每一个类都代表了一种特定的输入/输出流。为了使用这些流类,编程时需要引入这个包。Java 提供了两种类型的输入/输出流:①面向字节的流,数据的处理以字节为基本单位;②面向字符的流,用于字符数据的处理。字节流每次读写 8 位二进制数,也称二进制字节流或位流。字符流一次读写 16 位二进制数,并将其作为一个字符而不是二进制位来处理。需要注意的是,为满足字符的国际化表示,Java 语言的字符编码采用 16 位的 Unicode,而普通文本文件中采用的是 8 位的 ASCII。

java.io 中类的层次结构如图 6-4 所示。

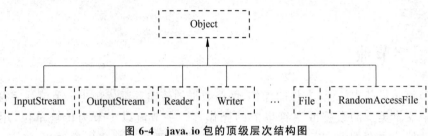

图 6-4　java.io 包的顶级层次结构图

6.1.2　标准输入/输出流

针对一些频繁的设备交互,Java 语言系统提供了 3 个可以直接使用的流对象,分别是 System.in、System.out、System.err,这 3 个标准输入/输出流对象定义在 java.lang.System 包中,在 Java 源程序编译时会被自动加载。

(1) 标准输入:标准输入对象 System.in 是 BufferedInputStream 类的对象,当程序需要从键盘上读入数据时,只需要调用 System.in 的 read()方法即可,该方法从键盘缓冲区读入一个字节的二进制数据,返回以此字节为低位字节,高位字节为 0 的整型数据。

(2) 标准输出:标准输出对象 System.out 是输出流 PrintStream 类的对象。PrintStream 类是过滤输出流类 FilterOutputStream 的一个子类,其中定义了向屏幕输出不同类型数据的方法 print()和 println()。

(3) 标准错误输出:System.err 对象用于为用户显示错误信息,也是由 PrintStream 类派生出来的流类。err 流的作用是使 print()和 println()将信息输出到 err 流并显示在屏幕上,以方便用户使用和调试程序。

在 Java 语言中使用字节流和字符流的步骤基本相同。以输入流为例,首先创建一个与数据源相关的流对象,然后利用流对象的方法从流输入数据,最后执行 close()方法关闭流。

【例 6-1】　输入一串字符并将其显示出来。

```
public class IODemo {
    public static void main(String[] args) {
        byte buffer[]=new byte[255];
        System.out.println("请输入一行字符串,按回车键结束");
        try{
```

```
            System.in.read(buffer,0,255);
        }
        catch(Exception e){
            System.out.println(e);
        }
        System.out.println("\n输入的字符串为:");
        String str=new String(buffer);
        System.out.println(str);
    }
}
```

6.1.3 字节流

字节流是最基本的流，文件的操作、网络数据的传输等都依赖于字节流。字符流常常用于读取文本类型的数据或字符串流的操作等。字节流以字节为传输单位，用来读写 8 位的数据，除能够处理纯文本文件外，还能用来处理二进制文件的数据。InputStream 类和 OutputStream 类是所有字节流的父类。

1. InputStream 类

面向字节的输入流都是 InputStream 类的子类，表 6-1 列出了 InputStream 类的主要子类及说明。

表 6-1 InputStream 的主要子类及说明

类 名	说 明
FileInputStream	从文件中读取的输入流
PipedInputStream	输入管道
FilterInputStream	过滤输入流
ByteArrayInputStream	从字节数组读取的输入流
SequenceInputStream	两个或多个输入流的联合输入流，按顺序读取
ObjectInputStream	对象的输入流
LineNumberInputStream	为文本文件输入流附加行号
DataInputStream	包含读取 Java 标准数据类型方法的输入流
BufferedInputStream	缓冲输入流

InputStream 类中包含一套所有输入都需要的方法，可以完成最基本的从输入流读入数据的功能。表 6-2 列出了其中常用的方法及说明。

表 6-2 InputStream 类的常用方法及说明

方 法	说 明
void close()	关闭输入流
void mark()	标记输入流的当前位置

续表

方法	说明
void reset()	将读取位置返回到标记处
int read()	从输入流中当前位置读入一个字节的二进制数据,以此数据为低位字节,补足16位的整型量(0~255)后返回,若输入流中当前位置没有数据,则返回-1
int read(byte b[])	从输入流中的当前位置连续读入多个字节保存在数组中,并返回所读取的字节数
int read(byte b[], int off, int len)	从输入流中当前位置连续读 len 长的字节,从数组第 off+1 个元素位置处开始存放,并返回所读取的字节数
int available()	返回输入流中可以读取的字节数
long skip(long n)	跳过流内的 n 个字符
boolean markSupported()	测试输入数据流是否支持标记

2. OutputStream 类

面向字节的输出流都是 OutputStream 类的子类,表 6-3 列出了 OutputStream 类的主要子类及说明。

表 6-3　OutputStream 类的主要子类及说明

类　名	说　明
FileOutputStream	写入文件的输出流
PipedOutputStream	输出管道
FilterOutputStream	过滤输出流
ByteArrayOutputStream	写入字节数组的输出流
ObjectOutputStream	对象的输出流
DataOutputStream	包含写 Java 标准数据类型方法的输出流
BufferedOutputStream	缓冲输出流
PrintStream	包含 print()和 println()的输出流

OutputStream 类中包含一套所有输出都需要的方法,可以完成最基本的向输出流写入数据的功能。表 6-4 列出了其常用的方法及说明。

表 6-4　OutputStream 类的常用方法及说明

方　法	说　明
void close()	关闭输出流
void flush()	强制清空缓冲区并执行向外设输出数据
void write(int b)	将参数 b 的低位字节写入输出流
void write(byte b[])	按顺序将数组 b[]中的全部字节写入输出流
void write(byte b[], int off, int len)	按顺序将数组 b[]中第 off+1 个元素开始的 len 个数据写入输出流

由于 InputStream 和 OutputStream 都是抽象类,所以在程序中创建的输入流对象一般是它们某个子类的对象,通过调用对象继承的 read()和 write()方法就可实现对相应外设的输入输出操作。

3. 文件输入/输出流

FileInputStream 类和 FileOutputStream 类分别是 InputStream 类和 OutputStream 类的直接子类,可在数据的读/写操作的同时对所传输的数据做指定类型或格式的转换,即可实现对二进制字节数据的分析和编码转换。

【例 6-2】 利用字节流将 D:\IODemo.java 程序的内容显示在控制台上。

```java
public class FISDemo {
    public static void main(String[] args) throws IOException {
        byte[] buf=new byte[2056];
        FileInputStream f=new FileInputStream("D:/IODemo.java");
        int bytes=f.read(buf, 0, 2056);
        String str=new String(buf,0,bytes);
        System.out.print(str);
    }
}
```

【例 6-3】 利用字节流将指定的字符串写入 D:\aa.txt 文件,如果指定的文件不存在,则创建一个新文件,否则原文件的内容会被新写入的内容覆盖。

```java
public class FOSDemo {
    public static void main(String[] args) throws IOException {
        String s="abcdefgh";
        byte[] buf=s.getBytes();
        FileOutputStream f=new FileOutputStream("D:/aa.txt");
        f.write(buf);
    }
}
```

【例 6-4】 利用字节流将 MyClass1.java 复制至另一个文件 MyClass1.txt 中。如果指定的文件不存在,则创建一个新文件。

```java
public class MyClass1  {
  public static void main(String args[]) throws IOException{
     FileInputStream f1=new FileInputStream("MyClass1.java");
     FileOutputStream f2=new FileOutputStream("F:/MyClass1.txt");
     int temp;
     while((temp=f1.read())!=-1)
        f2.write(temp);
     f1.close();
     f2.close();
  }
  public MyClass1()  {   }
}
```

4. 过滤流

两个常用的过滤流是数据输入流 DataInputStream 和数据输出流 DataOutputStream。其构造方法如下。

```
DataInputStream(InputStream in);          //创建新输入流,从指定的输入流 in 读数据
DataOutputStream(OutputStream out);       //创建新输出流,向指定的输出流 out 写数据
```

由于 DataInputStream 类和 DataOutputStream 类分别实现了 DataInput 和 DataOutput 两个接口(这两个接口规定了基本类型数据的输入/输出方法)中定义的独立于具体机器的带格式的读/写操作,从而实现了对不同类型数据的读/写。由构造方法可以看出,输入/输出流作为数据输入/输出流的构造方法参数,即作为过滤流必须与相应的数据流相连。

DataInputStream 类和 DataOutputStream 类提供了很多个针对不同类型数据的读/写方法,具体内容可查看 Java 的帮助文档。

【例 6-5】 首先利用 DataOutputStream 类生成一个二进制文件 data,并向其中写入 3 个不同类型的数据:布尔型、整型、浮点型。然后利用 DataInputStream 类读入刚刚输入的数据并显示出来。可以看出,输出结果与输入是一一对应的。

```java
public class MyClass2 {
    public static void main(String args[]) throws IOException {
        FileOutputStream f2=new FileOutputStream("data");
        DataOutputStream dfo=new DataOutputStream(f2);
        dfo.writeBoolean(true);
        dfo.writeInt(100);
        dfo.writeFloat(200.2f);
        f2.close();
        dfo.close();
        FileInputStream f1=new FileInputStream("data");
        DataInputStream dfi=new DataInputStream(f1);
        boolean b=dfi.readBoolean();
        int i=dfi.readInt();
        float f=dfi.readFloat();
        f1.close();
        dfi.close();
        System.out.println("The value is: ");
        System.out.println(" "+b);
        System.out.println(" "+i);
        System.out.println(" "+f);
    }
    public MyClass2() {  }
}
```

6.1.4 字符输入/输出流

字符输入/输出流是针对字符数据的特点进行过优化的,因而能提供一些面向字符的

有用特性,字符输入/输出流的源或目标通常是文本文件。Reader 类和 Writer 类是 java.io 包中所有字符流的父类。由于它们都是抽象类,所以应使用它们的子类来创建实体对象,利用对象来处理相关的读/写操作。Reader 类和 Writer 类的子类又可以分为两大类:一类用来从数据源读入数据或往目的地写出数据(称为节点流),另一类对数据执行某种处理(称为处理流)。

1. 字符输入流

面向字符的输入流类都是 Reader 类的子类,表 6-5 列出了 Reader 类的主要子类及说明。

表 6-5　Reader 类的主要子类及说明

类　　名	说　　明
CharArrayReader	从字符数组读取的输入流
BufferedReader	缓冲输入字符流
PipedReader	输入管道
InputStreamReader	将字节转换为字符的输入流
FilterReader	过滤输入流
StringReader	从字符串读取的输入流
LineNumberReader	为输入数据附加行号
PushbackReader	返回一个字符并把此字节放回输入流
FileReader	从文件读取的输入流

Reader 类的常用方法及说明如表 6-6 所示,可以利用这些方法来获得流内的位数据。

表 6-6　Reader 类的常用方法及说明

方　　法	说　　明
void close()	关闭输入流
void mark()	标记输入流的当前位置
boolean markSupported()	测试输入流是否支持 mark
int read()	从输入流中读取一个字符
int read(char[] ch)	从输入流中读取字符数组
int read(char[] ch, int off, int len)	从输入流中读 len 长的字符到 ch 内
boolean ready()	测试流是否可以读取
void reset()	重定位输入流
long skip(long n)	跳过流内的 n 个字符

1) 使用 FileReader 类读取文件

FileReader 类是 Reader 类的子类 InputStreamReader 的子类,因此 FileReader 类既可以使用 Reader 类的方法也可以使用 InputStreamReader 类的方法来创建对象。在使用 FileReader 类读取文件时,必须先调用 FileReader()构造方法创建 FileReader 类的对

象,再调用 read()方法。FileReader()构造方法的格式如下。

```
public FileReader(String name);    //根据文件名创建一个可读取的输入流对象
```

【**例 6-6**】 利用 FileReader 类读取纯文本文件的内容。

```
public class ep6_6{
    public static void main(String args[]) throws IOException{
        char a[]=new char[1000];            //创建可容纳 1000 个字符的数组
        FileReader b=new FileReader("ep10_1.txt");
        int num=b.read(a);                  //将数据读入数组 a 中,并返回字符数
        String str=new String(a,0,num);     //将字符串数组转换成字符串
        System.out.println("读取的字符个数为:"+num+",内容为:\n");
        System.out.println(str);
    }
}
```

需要注意的是,Java 把一个汉字或英文字母作为一个字符对待,回车符或换行符作为两个字符对待。

2) 使用 BufferedReader 类读取文件

BufferedReader 类用来读取缓冲区中的数据,使用时必须创建 FileReader 类的对象,再以该对象为参数创建 BufferedReader 类的对象。BufferedReader 类有两个构造方法,其格式如下。

```
public BufferedReader(Reader in);            //创建缓冲区字符输入流
public BufferedReader(Reader in,int size);   //创建输入流并设置缓冲区大小
```

【**例 6-7**】 利用 BufferedReader 类读取纯文本文件的内容。

```
public class ep6_7{
    public static void main(String args[]) throws IOException{
        String OneLine;
        int count=0;
        try{
            FileReader a=new FileReader("ep10_1.txt");
            BufferedReader b=new BufferedReader(a);
            while((OneLine=b.readLine())!=null){   //每次读取 1 行
                count++;                            //计算读取的行数
                System.out.println(OneLine);
            }
            System.out.println("\n 共读取了"+count+"行");
            b.close();
        }
        catch(IOException io){
            System.out.println("出错了!"+io);
        }
    }
}
```

需要注意的是,执行 read()或 write()方法时,系统可能由于 I/O 错误而抛出

IOException 异常,因此需要将执行读/写操作的语句包括在 try 块中,并通过相应的 catch 块来处理可能产生的异常。

2. 字符输出流

面向字符的输出流都是 Writer 类的子类,表 6-7 列出了 Writer 类的主要子类及说明。

表 6-7 Writer 的主要子类及说明

类 名	说 明
CharArrayWriter	写到字符数组的输出流
BufferedWriter	缓冲输出字符流
PipedWriter	输出管道
OutputStreamWriter	将字符转换为字节的输出流
FilterWriter	过滤输出流
StringWriter	输出到字符串的输出流
PrintWriter	包含 print()和 println()的输出流
FileWriter	输出到文件的输出流

Writer 类的常用方法及说明如表 6-8 所示。

表 6-8 Writer 的常用方法及说明

方 法	说 明
void close()	关闭输出流
void flush()	将缓冲区中的数据写到文件中
void writer(int c)	将单一字符 c 输出到流中
void writer(String str)	将字符串 str 输出到流中
void writer(char[] ch)	将字符数组 ch 输出到流中
void writer(char[] ch, int offset, int length)	将一个数组内自 offset 起到 length 长的字符输出到流

1)使用 FileWriter 类写入文件

FileWriter 类是 Writer 类的子类 OutputStreamWriter 的子类,因此 FileWriter 类既可以使用 Writer 类的方法也可以使用 OutputStreamWriter 类的方法来创建对象。在使用 FileWriter 类写入文件时,必须先调用 FileWriter()构造方法创建 FileWriter 类的对象,再调用 writer()方法。FileWriter()构造方法的格式如下。

```
public FileWriter(String name);    //根据文件名创建一个可写入的输出流对象
public FileWriter(String name,Boolean a);   //a 为真,数据将追加在文件后面
```

【例 6-8】 利用 FileWriter 类将 ASCII 字符写入文件。

```
public class ep6_8{
    public static void main(String args[]){
        try{
```

```
            FileWriter a=new FileWriter("ep10_3.txt");
            for(int i=32;i<126;i++){
                a.write(i);
            }
            a.close();
        }
        catch(IOexception e){}
    }
}
```

运行程序后，打开 ep10_3.txt 文件，显示内容如下。

!"#$%&'()*+,-./0123456789:;<=>?@ABCDEFGHIJKLMNOPQRSTUVWXYZ[\]^_`abcdefghijklmnopqrstuvwxyz{|}

2) 使用 BufferedWriter 类写入文件

BufferedWriter 类用来将数据写入缓冲区，使用时必须创建 FileWriter 类的对象，再以该对象为参数创建 BufferedWriter 类的对象，最后用 flush()方法将缓冲区清空。BufferedWriter 类有两个构造方法，其格式如下。

```
public BufferedWriter(Writer out);              //创建缓冲区字符输出流
public BufferedWriter(Writer out,int size);     //创建输出流并设置缓冲区大小
```

【例 6-9】 利用 BufferedWriter 类进行文件复制。

```
public class Ep6_9{
    public static void main(String args[]){
        String str=new String();
        try{
            BufferedReader in=new
            BufferedReader(new FileReader("ep6_9_a.txt"));
            BufferedWriter out=new
            BufferedWriter(new FileWriter("ep6_9_b.txt"));
            while((str=in.readLine())!=null){
                System.out.println(str);
                out.write(str);      //将读取到的 1 行数据写入输出流
                out.newLine();       //写入换行符
            }
            out.flush();
            in.close();
            out.close();
        }
        catch(IOException e){
            System.out.println("出现错误"+e);
        }
    }
}
```

需要注意的是，调用 out 对象的 write()方法写入数据时，不会写入回车符，因此需要使用 newLine()方法在每行数据后加入回车符，以保证目标文件与源文件相一致。

几点原则如下。

（1）不管是输入流还是输出流，使用完毕后要用 close()方法关闭流。如果是带有缓冲区的输出流，应在关闭前调用 flush()方法清除缓冲区。

（2）应该尽可能使用缓冲区来减少 I/O 次数，以提高性能。

（3）能用字符流处理的数据就不用字节流处理。

任务 6.2　文 件 操 作

输入/输出功能是程序设计中非常重要的一部分，如从键盘读取数据、从文件读取数据或向文件写入数据。在学生信息管理系统中，系统管理员与教师具有成绩导入和导出的权限，那么 Java 语言里对文件的操作是如何进行的？下面来介绍 File 类。

6.2.1　File 类

目录是管理文件的特殊机制，同类文件保存在同一个目录下不仅可以简化文件管理，而且可以提高工作效率。Java 语言在 java.io 包中定义了一个 File 类专门用来管理磁盘文件和目录。

每个 File 类对象表示一个磁盘文件或目录，其对象属性中包含了文件或目录的相关信息。通过调用 File 类提供的各种方法，能够创建、删除、重命名文件、判断文件的读/写权限以及是否存在，设置和查询文件的最近修改时间等。不同操作系统具有不同的文件系统组织方式，通过使用 File 类的对象，Java 程序可以用与平台无关的、统一的方式来处理文件和目录。

1. 创建 File 类的对象

创建 File 类的对象需要给出对应的文件名或目录名，File 类的构造方法及说明如表 6-9 所示。

表 6-9　File 类的构造方法及说明

构 造 方 法	说　　明
public File(String path)	指定与 File 类的对象关联的文件或目录名，path 可以包含路径及文件和目录名
public File(String path, String name)	以 path 为路径，以 name 为文件或目录名创建 File 对象
public File(File dir, String name)	用现有的 File 类的对象 dir 作为目录，以 name 作为文件或目录名创建 File 类的对象
public File(UR ui)	使用给定的统一资源定位符来定位文件

在使用 File 类的构造方法时，需要注意下面两点。

（1）path 参数可以是绝对路径，也可以是相对路径，还可以是磁盘上的某个目录。

（2）由于不同操作系统使用的目录分隔符不同，可以使用 System 类的一个静态变量

System.dirSep 来实现在不同操作系统下都通用的路径。例如：

"d:"+System.dirSep+"myjava"+System.dirSep+"file"

2. 获取属性和操作

借助 File 类，可以获取文件和相关目录的属性信息并可以对其进行管理和操作。表 6-10 列出了 File 类的常用方法及说明。

表 6-10 File 类的常用方法及说明

方 法	说 明
boolean canRead()	如果文件可读，返回真，否则返回假
boolean canWrite()	如果文件可写，返回真，否则返回假
boolean exists()	判断文件或目录是否存在
boolean createNewFile()	若文件不存在，则创建指定名称的空文件，并返回真，若不存在返回假
boolean isFile()	判断对象是否代表有效文件
boolean isDirectory()	判断对象是否代表有效目录
boolean equals(File f)	比较两个文件或目录是否相同
string getName()	返回文件名或目录名的字符串
string getPath()	返回文件或目录路径的字符串
long length()	返回文件的字节数，若 File 对象代表目录，则返回 0
long lastModified()	返回文件或目录最近一次修改的时间
String[] list()	将目录中所有文件名保存在字符串数组中并返回，若 File 对象不是目录返回 null
boolean delete()	删除文件或目录，必须是空目录才能删除，删除成功返回真，否则返回假
boolean mkdir()	创建当前目录的子目录，成功返回真，否则返回假
boolean renameTo(File newFile)	将文件重命名为指定的文件名

【例 6-10】 判断绝对路径是代表一个文件还是一个目录。若是文件输出此文件的绝对路径，并输出此文件的文件属性(是否可读/写或隐藏)；若是目录则输出该目录下所有文件(不包括隐藏文件)。

```
public class Ep6_10{
    public static void main(String args[]) throws IOException{
        String FilePath;
        InputStreamReader in=new InputStreamReader(System.in);
        BufferedReader a=new BufferedReader(in);
        System.out.println("请输入一个绝对路径:");
        FilePath=a.readLine();                      //将 FilePath 作为输入值
        File FileName=new File(FilePath);           //获得此路径的文件名称
        if (FileName.isDirectory()){                //判断此文件是否为目录
            System.out.println((FileName.getName())+"为一个目录");
            System.out.println("================");
```

```java
            File FileList[]=FileName.listFiles();        //将目录下所有文件存入数组
            for(int i=0;i<FileList.length;i++){
                if(FileList[i].isHidden()==false){        //判断是否为隐藏文件
                    System.out.println(FileList[i].getName());//输出非隐藏文件
                }
            }
        }
        else{
            System.out.println((FileName.getName())+"为一个文件");
            System.out.println("================");
            //获得文件绝对路径
            System.out.println("绝对路径为:"+FileName.getAbsolutePath());
            //判断此文件是否可读取
            System.out.println(FileName.canRead()?"可读取":"不可读取");
            //判断此文件是否可修改
            System.out.println(FileName.canWrite()?"可修改":"不可修改");
            //判断此文件是否为隐藏
            System.out.println(FileName.isHidden()?"为隐藏文件":"非隐藏文件");
        }
    }
}
```

6.2.2 文件操作

1. 文件的随机读/写

java.io 包提供了 RandomAccessFile 类用于随机文件的创建和访问。使用这个类，可以跳转到文件的任意位置读/写数据。程序可以在随机文件中插入数据，而不会破坏该文件的其他数据。此外，程序也可以更新或删除先前存储的数据，而不用重写整个文件。

RandomAccessFile 类是 Object 类的直接子类，它提供了两个主要的构造方法用来创建 RandomAccessFile 类的对象，如表 6-11 所示。

表 6-11 RandomAccessFile 类的构造方法及说明

构 造 方 法	说 明
public RandomAccessFile（String name, String mode）	指定随机文件流对象所对应的文件名，以 mode 表示访问模式
public RandomAccessFile（File file, String mode）	以 file 指定随机文件流对象所对应的文件名，以 mode 表示访问模式

需要注意的是，mode 表示所创建的随机读/写文件的操作状态，其取值包括如下两种。

r：表示以只读方式打开文件。

rw：表示以读/写方式打开文件，使用该模式只用一个对象即可同时实现读/写操作。

表 6-12 列出了 RandowAccessFile 类的常用方法及说明。

表 6-12 RandowAccessFile 类的常用方法及说明

方　　法	说　　明
long length()	返回文件长度
void seek(long pos)	移动文件位置指示器,pos 指定从文件开头的偏离字节数
int skipBytes(int n)	跳过 n 个字节,返回数为实际跳过的字节数
int read()	从文件中读取一个字节,字节的高 24 位为 0,若遇到文件结尾,返回-1
final byte readByte()	从文件中读取带符号的字节值
final char readChar()	从文件中读取一个 Unicode 字符
final void writeChar(inte c)	写入一个字符,两个字节

【例 6-11】 模仿系统日志,将数据写入文件尾部。

```
public class Ep6_11{
    public static void main(String args[]) throws IOException{
        try{
            BufferedReader in=new BufferedReader(new InputStreamReader(System.in));
            String s=in.readLine();
            RandomAccessFile myFile=new RandomAccessFile("ep6_11.log","rw");
            myFile.seek(myFile.length());      //移动到文件结尾
            myFile.writeBytes(s+"\n");         //写入数据
            myFile.close();
        }
        catch(IOException e){}
    }
}
```

程序运行后在目录中创建了一个名为 ep6_11.log 的文件,每次运行时输入的内容都会添加在该文件的末尾。

2. 文件的压缩处理

java.util.zip 包中提供了可对文件进行压缩和解压缩处理的类,它们继承自字节流类 OutputSteam 和 InputStream。其中 GZIPOutputStream 和 ZipOutputStream 可分别把数据压缩成 GZIP 和 Zip 格式,GZIPInputStream 类和 ZipInputStream 类又可将压缩的数据进行还原。

将文件写入压缩文件的一般步骤如下。

(1) 生成与压缩文件相关联的压缩类对象。

(2) 压缩文件通常不只包含一个文件,将每个要加入的文件称为一个压缩入口,使用 ZipEntry(String FileName)方法生成压缩入口对象。

(3) 使用 putNextEntry(ZipEntry entry)方法将压缩入口加入压缩文件。

(4) 将文件内容写入此压缩文件。

(5) 使用 closeEntry()方法结束目前的压缩入口,继续下一个压缩入口。

将文件从压缩文件中读出的一般步骤如下。

(1) 生成与压缩文件相关联的压缩类对象。

(2) 利用 getNextEntry()方法得到下一个压缩入口。

【例 6-12】 输入若干文件名，将所有文件压缩入 ep6_12.zip 文件，再从压缩文件中解压并显示。

```java
public class Ep6_12{
  public static void main(String args[]) throws IOException{
    FileOutputStream a=new FileOutputStream("ep6_12.zip");
    //处理压缩文件
    ZipOutputStream out=new ZipOutputStream(new BufferedOutputStream(a));
    for(int i=0;i<args.length;i++){            //对输入的每个文件进行处理
      System.out.println("Writing file"+args[i]);
      BufferedInputStream in=new BufferedInputStream(new
                             FileInputStream(args[i]));
      out.putNextEntry(new ZipEntry(args[i]));  //设置 ZipEntry 对象
      int b;
      while((b=in.read())!=-1)
          out.write(b);                         //从源文件读出，向压缩文件中写入
          in.close();
    }
    out.close();
    //解压缩文件并显示
    System.out.println("Reading file");
    FileInputStream d=new FileInputStream("ep10_13.zip");
    ZipInputStream inout=new ZipInputStream(new BufferedInputStream(d));
    ZipEntry z;
    while((z=inout.getNextEntry())!=null){     //获得入口
      System.out.println("Reading file"+z.getName());   //显示文件初始名
      int x;
      while((x=inout.read())!=-1)
      System.out.write(x);
      System.out.println();
    }
    inout.close();
  }
}
```

6.2.3 实现机制

实现"成绩导出"功能的代码如下。

```java
JFileChooser fc=new JFileChooser();//文件选择对话框
   try{
       if(fc.showSaveDialog(this)==JFileChooser.APPROVE_OPTION){
           String filename =fc.getSelectedFile().getAbsolutePath();
           FileWriter fw=new FileWriter(filename);       //创建字符输出流对象
           BufferedWriter bw=new BufferedWriter(fw);     //创建过滤器输出流对象
```

```
            String s =theArea.getText();
            bw.write(s);
            bw.close();
            fw.close();
        }
    }
    catch(Exception ex){
        System.out.print(ex.toString());
    }
```

实现"成绩导出"功能的代码如下。

```
theArea.setText("");
JFileChooser fc=new JFileChooser();
try{
    if(fc.showOpenDialog(this)==JFileChooser.APPROVE_OPTION){
        String filename =fc.getSelectedFile().getAbsolutePath();
        FileReader fr =new FileReader(filename);      //创建字符输入流对象
        BufferedReader br=new BufferedReader(fr);     //创建过滤器输入流对象
        String s="";
        while((s=br.readLine())!=null){
            theArea.append(s+"\n");
            br.close();
            fr.close();
        }
    }
    catch(Exception ex){
        System.out.print(ex.toString());
    }
}
```

习 题 6

一、选择题

1. 编译和运行下面的应用程序,并在命令行界面输入 12345,则按 Enter 键后屏幕输出的结果是(　　)。

```
public class A {
    public static void main(String args[]) throws IOException{
        BufferedReader buf=new BufferedReader(
                        new InputStreamReader(System.in));
        String str=buf.readLine();
        int x=Integer.parseInt(str);
        System.out.println(x/100%10);
    }
}
```

A. 45   B. 5   C. 123   D. 3

2. 下面的代码创建了 BufferedReader 类的对象 in，以便读取本机 D:\my 文件夹下的文件 1.txt。File 构造方法中正确的路径和文件名的表示是(   )。

```
File f=new File(填代码处);
file=new FileReader(f);
in=new BufferedReader(file);
```

   A. "1.txt"   B. "../my/1.txt"
   C. "d:\\my\\1.txt"   D. "d:\ my\1.txt"

3. 下面语句的功能是(   )。

```
RandomAccessFile  raf2 =new RandomAccessFile("1.txt","rw" );
```

   A. 打开当前目录下的文件 1.txt，既可以向文件写入数据，也可以从文件读取数据
   B. 打开当前目录下的文件 1.txt，只能向文件写入数据，不能从文件读取数据
   C. 打开当前目录下的文件 1.txt，不能向文件写入数据，只能从文件读取数据
   D. 以上说法都不对

4. 下面的程序第 7 行创建了一个文件输出流对象，用来向文件 test.txt 中输出数据，假设程序当前目录下不存在文件 test.txt，编译程序 Test.java 后，将该程序运行两次，则文件 test.txt 的内容是(   )。

```
1:   import java.io.*;
2:   public class Test {
3:       public static void main(String args[]) {
4:           try {
5:               String s="ABC";
6:               byte b[]=s.getBytes();
7:               FileOutputStream file=new FileOutputStream("test.txt",true);
8:               file.write(b);
9:               file.close();
10:          }
11:          catch(IOException e) {
12:              System.out.println(e.toString());
13:          }
14:      }
15:  }
```

   A. ABCABC   B. ABC   C. Test   D. Test Test

5. 以下代码的功能是(   )。

```
File file1=new File("e:\\xxx\\yyy");
file1.mkdirs();
```

   A. 在当前目录下生成子目录：\xxx\yyy
   B. 生成目录：e:\xxx\yyy
   C. 在当前目录下生成文件 xxx.yyy

D. 以上说法都不对

6. 下面关于输入/输出流的说法中,正确的是(　　)。

A. FileInputStream 类与 FileOutputStream 类用来读、写字节流

B. Reader 类与 Writer 类用来读、写字符流

C. RandomAccessFile 类既可以用来读文件,也可以用来写文件

D. File 类用来处理与文件相关的操作

7. 下面创建的输入或输出流对象中,(　　)能读/写 Java 语言中的 double 类型的数据。

A. FileOutputStream fos＝new FileOutputStream("1.dat");

B. DataOutputStream out＝new DataOutputStream(new FileOutputStream("2.dat"));

C. RandomAccessFile raf ＝ new RandomAccessFile("3.java","rw");

D. DataInputStream in＝new DataInputStream(new FileInputStream("4.dat"));

8. 下面关于对象串行化(Serializable)的说法中,正确的是(　　)。

A. 一个类实现了接口 Serializable 就能使之串行化,但该接口没有具体方法需要实现

B. 一个对象串行化后,能通过对象流读取对象或写入对象

C. 用 transient 关键字修饰的变量将不参与串行化

D. 串行化一个类,必须保证在恢复时 Java 虚拟机能找到相关的.class 文件,否则将会抛出 ClassNotFoundException 异常

二、填空题

1. 按照流的方向来分,I/O 流分为_____和_____。

2. 流是一个流动的_____,数据从_____流向_____。

3. 使用 BufferedOutputStream 类进行输出时,数据首先写入_____,直到写满才将数据写入_____。

4. _____类是 java.io 包中一个非常重要的非流类,封装了操作文件系统的功能。

5. Java 包括的两个标准输出对象,分别是标准输出对象和_____标准错误输出。

三、简答题

1. 简述字节流与字符流的区别。

2. 简述文件使用的几种方式与相关的类。

四、编程题

1. 将 http://www.sohu.com 的内容读出,并将其内容保存到 sohu.txt 文件中。

2. 分别列出本机 C 盘下文件和文件夹的名字。对于文件,同时列出其他详细信息。

3. 在 D 盘下建立文件 a.txt 并对其进行编辑,然后建立文件 b.txt,将 a.txt 的内容复制到 b.txt 中。

4. 编写一个类 SoertedDirList，令其构造函数可以接收文件路径，并能够产生该路径下的所有文件的名称排序列表。编写两个重载的 List() 方法，根据参数产生整份列表，或只产生列表的部分内容。再增加一个 Size() 方法，令它接收文件名，并返回文件大小。

5. 打开一个文本文件，一次读取一行文本，令每一行形成一个字符串，并将读出的字符串对象置于链表对象中，然后以相反次序打印出链表对象的所有文本行。

项目 7　在线倒计时牌——多线程编程技术

技能目标

理解线程的概念并能编写多线程程序。

知识目标

(1) 了解线程和进程的区别。
(2) 掌握 Java 多线程的两种实现方法和区别。
(3) 了解线程的状态变化。
(4) 了解多线程的主要操作方法。

项目任务

完成一个倒计时窗口,自定义刷新时间,精确地显示分钟值与秒值。

在学生信息管理系统中,规定每一位学生登录在线的时间不得超过 1 小时,否则系统将自动下线。学生可以通过单击"离下线时间"按钮来了解自己离下线还有多少时间,如图 7-1、图 7-2 所示。

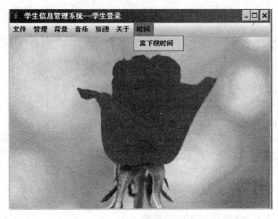

图 7-1　学生登录界面

图 7-2　"倒计时牌"界面

任务 7.1　理 解 线 程

1. 操作系统中线程和进程的概念

程序是指静态的计算机高级语言编写的代码。

进程是指一个内存中运行的应用程序,每个进程都有自己独立的一块内存空间,一个进程中可以启动多个线程。比如在 Windows 系统中,一个运行的 EXE 程序就是一个进程。

线程是指进程中的一个执行流程,一个进程中可以运行多个线程。比如 java.exe 进程中可以运行很多线程。线程总是属于某个进程,进程中的多个线程共享进程的内存。

多线程是实现并发机制的一种有效手段。进程与线程一样,都是实现并发的一个基本单位。线程是比进程更小的执行单位,线程是在进程的基础之上进行的进一步划分。进程在执行过程中可以产生多个线程,这些线程可以同时存在、同时运行。

在多线程程序中,多个线程可共享一块内存区域和资源。例如,当一个线程改变了所属应用程序的变量时,则其他线程下次访问该变量时将看到这种改变。线程间可以利用共享特性来实现数据交换、实时通信等。

现在的操作系统大多是多任务操作系统。多线程是实现多任务的一种方式。"同时"执行是人的感觉,各线程实际上是轮番执行。

2. 线程的状态

线程的状态转换是线程控制的基础。线程状态总的可分为五大状态,分别是新建状态、就绪状态、运行状态、阻塞状态、死亡状态,如图 7-3 所示。

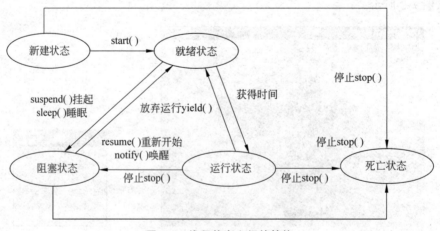

图 7-3　线程状态之间的转换

(1) 新建状态:线程对象已经创建,还没有在其上调用 start() 方法。

(2) 就绪状态：当线程有资格运行，但调度程序还没有把它选定为运行线程时线程所处的状态。当调用 start()方法后，线程即可进入可运行状态。在线程运行之后或者从阻塞状态、等待状态或睡眠状态回来后，也返回到可运行状态。

(3) 运行状态：线程调度程序从可运行池中选择一个线程作为当前线程时线程所处的状态。

(4) 等待、阻塞、睡眠状态：这是线程有资格运行时它所处的状态。实际上这三个状态可组合为一种，其共同点是：线程仍旧是活动的，但是当前没有条件运行。换言之，它是可运行的，但是如果某件事件出现，它可能返回到可运行状态。

(5) 死亡状态：当线程的 run()方法完成时就认为它已死亡。这个线程对象也许是活动的，但是它已经不是一个单独执行的线程。线程一旦死亡，就不能再运行。如果在一个死亡的线程上调用 start()方法，会抛出 java.lang.IllegalThreadStateException 异常。

3. 线程的优先级

线程的优先级代表该线程的重要或紧急程度。当有多个线程同时处于可执行状态并等待获得 CPU 时间时，线程调度系统根据各个线程的优先级来决定给谁分配 CPU 时间，优先级高的线程有更大的机会获得 CPU 时间。对于优先级相同的线程，遵循队列的"先进先出"原则，即先到的线程先获得系统资源来运行。

可以调用 Thread 类的方法 getPriority() 和 setPriority()来获得和设置线程的优先级，线程的优先级介于 1(MIN_PRIORITY) 和 10(MAX_PRIORITY) 之间，默认是 5(NORM_PRIORITY)。

任务 7.2　创 建 线 程

Java 程序启动时，一个线程立刻运行，该线程通常称为程序的主线程(mainthread)，因为它是程序开始时就执行的。主线程的重要性体现在两方面：①它是产生其他子线程的线程；②通常它必须最后完成执行，因为它执行各种关闭动作。

在 Java 中创建线程有两种方法：用 Thread 类的子类创建线程和实现 java.lang.Runnable 接口。

1. 用 Thread 类的子类创建线程

Thread 类包含了线程运行所需要的方法，当一个类继承了 Thread 类后就可以在重写父类中的 run()方法来执行指定的操作。

需要注意的是，线程子类的对象需要通过调用自己的 start()方法让线程运行，start()方法会自动调用 run()方法。

Thread 类的构造方法及说明如表 7-1 所示，Thread 类的常用方法及说明如表 7-2 所示。

表 7-1 Thread 类的构造方法及说明

构造方法	说　明
public Thread()	创建一个线程对象
public Thread(String name)	将线程对象命名为 name,若该参数为 null,则 Java 自动为线程提供一个唯一的名称
public Thread(Runnable target)	创建一个线程对象,参数 target 指明实际执行线程体的目标对象,如果为 null 表示由对象本身执行线程体
public Thread(Runnable target, String name)	创建一个线程对象,参数 target 指明实际执行线程体的目标对象,参数 name 指定线程名

表 7-2 Thread 类的常用方法及说明

	方　法	说　明
静态方法	public static Thread currentThread()	获取当前线程
	public static void sleep(long millis)	使线程睡眠 millis 毫秒
	public static void sleep(long millis, int nanos)	使线程睡眠 millis 毫秒加十亿分之 nanos 秒
	public static void yield()	使线程暂停
	public static boolean interrupted()	获取当前线程是否中断
成员方法	public void start()	启动线程
	public void run()	线程体,是用户必须重写的空方法
	public void interrupt()	中断线程
	public void destroy()	销毁线程

用继承 Thread 类的办法建立线程的主要步骤如下。

(1) 声明一个类,该类要继承 Thread 类并编写 run()方法的代码,通常的写法如下。

```
class thread1 extends Thread{
    public void run(){
    //线程体
    }
}
```

(2) 用 new 关键字创建该类的一个实例对象,可以写成：thread1 threadName；

(3) 用 start()方法启动这个线程：threadName.start();。

【例 7-1】 用继承 Thread 类的办法创建线程。

```
public class JiujiuWangqu{
    public static void main(String[] args) {
        Thread j1=new Jiujiu();
        Thread j2=new Wangqu();
        j1.start();
        j2.start();
        try {
            Thread.sleep(50);
        }
        catch (InterruptedException e) {
```

```
            e.printStackTrace();
        }
    }
}
class Jiujiu extends Thread{
    public void run() {
        System.out.println(Thread.currentThread().getName());
        for(int i=1;i<=9;i++){
            for(int j=1;j<=i;j++)
                System.out.print(i*j+"\t");
            System.out.println();
        }
    }
}
class Wangqu extends Thread{
    double c;
    public void run() {
        System.out.println(Thread.currentThread().getName());
        for(int i=1;i<=9;i++){
            c=Math.sqrt(i);
            if(c==(int)c)
                System.out.print(c+"\t");
        }
        System.out.println();
    }
}
```

2. 实现 java.lang.Runnable 接口

创建线程的另一种办法是实现 Runnable 接口。Runnable 接口只有一个 run()方法，用户必须实现 run()方法，已经实现的 run()方法称为线程体。

（1）用 Runnable 接口创建线程首先要声明一个类，该类要实现 Runnable 接口，并编写 run()方法的代码。

```
class threadClassName implements Runnable{
    public void run() {
        //线程体
    }}
```

（2）用 new 关键字创建该类的一个实例对象。

```
threadClassName target = new threadClassName();
```

（3）用 new 关键字以这个对象作为目标对象创建一个线程。

```
Thread myThread = new Thread(target);
```

（4）用 Thread 类的 start()方法启动这个线程。

```
myThread.start();
```

使用实现接口 Runnable 的对象创建一个线程时,启动该线程将导致在独立执行的线程中调用对象的 run()方法。

run()方法可执行任何所需的操作。

【例 7-2】 在 Applet 窗口中显示时钟和字符串,字符串以相反的方向左右反复滚动,这个效果用 Runnable 接口建立的线程实现。

```java
public class ClockAndString extends Applet{
    double j=-Math.PI/2;
    int l, p=5, s=1;
    int x0=150, y0=110;
    int x, y;
    String st="欢迎--欢迎--欢迎";
    Font fn =new Font("宋体",Font.BOLD,20);
    Thread cltrd,sstrd;
    Clock cl;
    scrString ss;
    public void init(){
        setFont(fn);
        setBackground(Color.yellow);
        setForeground(Color.red);
        cl =new Clock();
        ss =new scrString();
        cltrd=new Thread(cl);
        sstrd=new Thread(ss);
        cltrd.start();
        sstrd.start();
    }
    public void paint(Graphics g) {
        FontMetrics fm =g.getFontMetrics(fn);
        l=fm.stringWidth(st);
        g.drawString(st,p,30);
        g.drawLine(x0, y0, x0+x, y0+y);
        g.drawOval(x0-60, y0-60, 120, 120);
    }
    class Clock implements Runnable{
        public void run(){
            while(true){
                x =(int)(50*Math.cos(j));
                y =(int)(50*Math.sin(j));
                j=j+Math.PI/30;
                try {
                    cltrd.sleep(1000);
                }
                catch(InterruptedException e) { }
            }
        }
    }
    class scrString implements Runnable{
```

```
    public void run(){
        while(true) {
            p=p+s * 2;
            if(p>300-1 | p<5)s=-s;
            repaint();
            try{
                sstrd.sleep(30);
            }
            catch(InterruptedException e) {     }
        }
    }
}
```

说明：在调用 start()方法之前，线程处于新建状态。在调用 start()方法之后，启动新的线程(具有新的调用栈)，该线程从新建状态转换为运行状态,当该线程获得机会执行时 run()方法将运行。

3. 创建多线程

可以使用 Thread 类创建更多线程。其构造方法如下。

(1) Thread(ThreadGroup group，String name)：创建线程对象。

(2) Thread(ThreadGroup group，Runnable target)：使线程对象可运行。

【例 7-3】 创建多线程。

```
public class treeThreads extends Applet{
    List lst;
    ThreadGroup gr =new ThreadGroup("aGroup");
    thread1 natural1;
    thread1 natural2;
    thread1 natural3;
    public void init() {
        setLayout(null);
        lst=new List();
        lst.setBounds(20,20,185,300);
        add(lst);
        natural1=new thread1(gr, "线程一");
        natural2=new thread1(gr, "线程二");
        natural3=new thread1(gr, "线程三");
        natural1.setPriority(4);
        natural2.setPriority(5);
        natural3.setPriority(6);
        natural1.start();
        natural2.start();
        natural3.start();
    }
    class thread1 extends Thread{
        private String l;
```

```
        thread1(ThreadGroup g, String li) {
            super(g, li);
            l = li;
        }
        public void run() {
            for (int i = 1; i <= 1000; i++)
                lst.add(this.getName()+"优先级="+this.getPriority()+" "+
                    Integer.toString(i));
        }
    }
}
```

4. 一些常见问题

(1) 一个运行中的线程总是有名称的,名称有两个来源,一个是虚拟机自己指定的名称,一个是你自己指定的名称。在没有指定线程名称的情况下,虚拟机总会为线程指定名称,并且主线程的名称总是 main,非主线程的名称不确定。

(2) 线程都可以设置名称,也可以获取线程的名称,连主线程也不例外。

(3) 获取当前线程的对象的方法是:Thread.currentThread()。

(4) 每个线程都将启动,每个线程都将运行直到完成。一系列线程以某种顺序启动并不意味着将按该顺序执行。对于任何一组启动的线程来说,调度程序不能保证其执行次序,持续时间也无法保证。

(5) 当线程的 run()方法结束时该线程完成。

(6) 一旦线程启动,它就永远不能再重新启动。只有一个新的线程可以被启动,并且只能一次。一个可运行的线程或死亡线程可以被重新启动。

(7) 线程的调度程序是 JVM 的一部分,在一个 CPU 的机器上,实际上一次只能运行一个线程。JVM 线程调度程序决定实际运行哪个处于可运行状态的线程。多个可运行线程中的某一个会被选中作为当前线程。可运行线程被选择运行的顺序是没有保障的。

(8) 尽管通常采用队列形式,但这是没有保障的。队列形式是指当一个线程完成"一轮"时,它移到可运行线程队列的尾部等待,直到它排到该队列的前端为止,它才能被再次选中。

(9) 尽管无法控制线程调度程序,但可以通过别的方式来影响线程调度的方式。

任务 7.3　线 程 通 信

1. 线程同步

当两个或两个以上的线程需要共享资源时,它们需要某种方法来确定资源在某一刻仅被一个线程占用。达到此目的的过程叫作同步(synchronization)。

同步的关键是管程(也称信号量 semaphore)的概念。管程是一个互斥独占锁定的对象,或称互斥体(mutex)。在给定的时间,仅有一个线程可以获得管程。当一个线程需要锁定,它必须进入管程。所有试图进入已经锁定的管程的线程必须挂起直到第一个线程退出管程。这些线程被称为等待管程。一个拥有管程的线程如果愿意的话可以再次进入相同的管程。

可以用以下两种方法同步化代码。

1) 使用同步方法

Java 中同步是简单的,因为所有对象都有与之对应的隐式管程。进入某一对象的管程,就是调用被 synchronized 关键字修饰的方法。当一个线程在一个同步方法内部,所有试图调用该方法(或其他同步方法)的其他线程必须等待。

例如,一个程序有 3 个简单类。第 1 个是 Callme,它有一个简单的 call()方法。call()方法有一个名为 msg 的 String 参数。该方法试图在方括号内打印 msg 字符串。然而,在调用 call()方法打印左括号和 msg 字符串后,Thread.sleep(1000)方法使当前线程暂停 1 秒。第 2 个类 Caller 的构造方法 Caller 引用了 Callme 的一个实例以及一个 String,它们被分别存放在 target 和 msg 中。构造方法也创建了一个调用该对象的 run()方法的新线程。该线程立即启动。Caller 类的 run()方法通过参数 msg 字符串调用 Callme 实例 target 的 call() 方法。第 3 个类,Synch 由创建 Callme 的一个简单实例和 Caller 的 3 个具有不同消息字符串的实例开始,将 Callme 的同一实例传给每个 Caller 类的实例。

【例 7-4】 没有使用 synchronized 关键字。

```
class Callme {
    void call(String msg) {
        System.out.print("[" +msg);
        try {
            Thread.sleep(1000);
        } catch(InterruptedException e) {
            System.out.println("Interrupted");
        }
        System.out.println("]");
    }
}
class Caller implements Runnable {
    String msg;
    Callme target;
    Thread t;
    public Caller(Callme targ, String s) {
        target =targ;
        msg =s;
        t =new Thread(this);
        t.start();
    }
    public void run() {
        target.call(msg);
    }
}
```

```java
public class Synch {
    public static void main(String args[]) {
        Callme target =new Callme();
        Caller ob1 =new Caller(target, "Hello");
        Caller ob2 =new Caller(target, "Synchronized");
        Caller ob3 =new Caller(target, "World");
        //wait for threads to end
        try {
          ob1.t.join();
          ob2.t.join();
          ob3.t.join();
        } catch(InterruptedException e) {
          System.out.println("Interrupted");
        }
    }
}
```

该程序的运行结果如下。

```
Hello[Synchronized[World]
]
]
```

在本例中，通过调用 sleep() 方法、call() 方法允许切换到另一个线程，结果是 3 个消息字符串混合输出。该程序中，没有阻止 3 个线程同时调用同一对象的同一方法。

为达到目的，必须有连续调用 call() 方法的权限。也就是说，在某一时刻，必须限制只有一个线程可以调用它。为此，必须在 call() 方法定义前加上关键字 synchronized。

```java
class Callme {
    synchronized void call(String msg) {
         ...
```

这防止了在一个线程调用 call() 方法时其他线程也调用 call() 方法。在 synchronized 加到 call() 前面以后，程序运行结果如下。

```
[Hello]
[Synchronized]
[World]
```

在多线程情况下，如果有多个方法操纵对象的内部状态，都必须用 synchronized 关键字来防止出现竞争。一旦线程进入实例的同步方法，没有其他线程可以进入相同实例的同步方法，然而该实例的其他不同步方法却仍然可以被调用。

2）同步语句

尽管在类的内部创建同步方法是获得同步的简单和有效的方法，但它并非在任何时候都有效。假如想获得不为多线程访问设计的类的对象的同步访问，也就是该类没有用到 synchronized 方法，而且该类不是自己而是第三方创建的，而不能获得它的源代码，这样就不能在相关方法前加 synchronized 关键字。此时将对这个类定义的方法的调用放入一个 synchronized 语句内就可以了。

下面是 synchronized 语句的一般形式。

```
synchronized(object) {
    //statements to be synchronized
}
```

其中,object 是被同步对象的引用。如果想要同步的只是一条语句,那么不需要大括号。同步语句可以确保对 object 成员方法的调用仅在当前线程成功进入 object 管程后发生。

例 7-5 是例 7-4 的修改版本,在 run()方法内用了同步语句。

【例 7-5】 使用 synchronized 语句。

```java
class Callme {
    void call(String msg) {
        System.out.print("[" +msg);
        try {
            Thread.sleep(1000);
        } catch (InterruptedException e) {
            System.out.println("Interrupted");
        }
        System.out.println("]");
    }
}
class Caller implements Runnable {
    String msg;
    Callme target;
    Thread t;
    public Caller(Callme targ, String s) {
        target =targ;
        msg =s;
        t =new Thread(this);
        t.start();
    }
    //synchronize calls to call()
    public void run() {
        synchronized(target) { //synchronized block
            target.call(msg);
        }
    }
}
public class Synch1 {
    public static void main(String args[]) {
        Callme target =new Callme();
        Caller ob1 =new Caller(target, "Hello");
        Caller ob2 =new Caller(target, "Synchronized");
        Caller ob3 =new Caller(target, "World");
        //wait for threads to end
        try {
            ob1.t.join();
```

```
            ob2.t.join();
            ob3.t.join();
        } catch(InterruptedException e) {
            System.out.println("Interrupted");
        }
    }
}
```

本例中,call()方法没有被 synchronized 修饰,而 synchronized 是在 Caller 类的 run() 方法中声明的,这就可以得到正确的结果,因为每个线程运行前都会等待前一个线程结束。

2. Java 线程间通信

例 7-5 中无条件地阻塞了其他线程异步访问某个方法。隐式管程的应用是很强大的,但是可以通过进程间通信达到更微妙的境界,这在 Java 中是尤为简单的。

像前面讨论过的,多线程通过把任务分成离散的和合乎逻辑的单元代替了事件循环程序。线程还有另一个优点:它远离了轮询。轮询通常由重复监测条件的循环实现。一旦条件成立,就要采取适当的行动,这浪费了 CPU 时间。例如,考虑经典的序列问题。当一个线程正在产生数据而另一个程序正在消费它。为使问题变得更有趣,假设数据产生器必须等待消费者完成工作才能产生新的数据。在轮询系统中,消费者在等待生产者产生数据时会浪费很多 CPU 周期。一旦生产者完成工作,它将启动轮询,浪费更多的 CPU 时间等待消费者的工作结束。很明显,这种情形不受欢迎。

为避免轮询,Java 提供了通过 wait()方法、notify()方法和 notifyAll()方法实现的进程间通信机制。这些方法在对象中是用 final 方法实现的,所以所有的类都含有它们。这三个方法仅在 synchronized 方法中才能被调用。

(1) wait():告知被调用的线程放弃管程进入睡眠直到其他线程进入相同管程并且调用 notify()。

(2) notify():恢复相同对象中第一个调用 wait()方法的线程。

(3) notifyAll():恢复相同对象中所有调用 wait()方法的线程,具有最高优先级的线程最先运行。

这些方法在 Object 中被声明。

```
final void wait( ) throws InterruptedException
final void notify( )
final void notifyAll( )
```

wait()存在的另外的形式允许定义等待时间。

例 7-6 由 4 个类组成:Q,设法获得同步的序列;Producer,产生排队的线程对象;Consumer,消费序列的线程对象;PC,创建单个 Q、Producer 和 Consumer 的小类。

【例 7-6】 简单生产者/消费者问题。

```
class Q {
    int n;
```

```
        synchronized int get() {
            System.out.println("Got: " +n);
            return n;
        }
        synchronized void put(int n) {
            this.n =n;
            System.out.println("Put: " +n);
        }
    }
    class Producer implements Runnable {
        Q q;
        Producer(Q q) {
            this.q =q;
            new Thread(this, "Producer").start();
        }
        public void run() {
            int i =0;
            while(true) {
                q.put(i++);
            }
        }
    }
    class Consumer implements Runnable {
        Q q;
        Consumer(Q q) {
            this.q =q;
            new Thread(this, "Consumer").start();
        }
        public void run() {
            while(true) {
                q.get();
            }
        }
    }
    class PC {
        public static void main(String args[]) {
            Q q =new Q();
            new Producer(q);
            new Consumer(q);
            System.out.println("Press Control-C to stop.");
        }
    }
```

尽管Q类中的put()方法和get()方法是同步的,没有什么阻止生产者超越消费者,也没有什么阻止消费者消费同样的序列两次。这样就得到下面的错误输出(输出将随处理器速度和装载的任务而改变)。

```
Put: 1
Got: 1
```

```
Got: 1
Got: 1
Got: 1
Got: 1
Put: 2
Put: 3
Put: 4
Put: 5
Put: 6
Put: 7
Got: 7
```

生产者生成 1 后,消费者依次获得同样的 1 五次。生产者在继续生成 2～7,消费者却没有机会获得它们。

要正确地编写该程序,需要用 wait() 方法和 notify() 方法来对两个方向进行标志。

【例 7-7】 解决例 7-6 中的问题。

```java
class Q {
    int n;
    boolean valueSet = false;
    synchronized int get() {
        if(!valueSet)
            try {
                wait();
            } catch(InterruptedException e) {
                System.out.println("InterruptedException caught");
            }
        System.out.println("Got: " +n);
        valueSet = false;
        notify();
        return n;
    }
    synchronized void put(int n) {
        if(valueSet)
        try {
            wait();
        } catch(InterruptedException e) {
            System.out.println("InterruptedException caught");
        }
        this.n =n;
        valueSet =true;
        System.out.println("Put: " +n);
        notify();
    }
}
class Producer implements Runnable {
    Q q;
    Producer(Q q) {
        this.q =q;
```

```java
        new Thread(this, "Producer").start();
    }
    public void run() {
        int i =0;
        while(true) {
            q.put(i++);
        }
    }
}
class Consumer implements Runnable {
    Q q;
    Consumer(Q q) {
        this.q =q;
        new Thread(this, "Consumer").start();
    }
    public void run() {
        while(true) {
            q.get();
        }
    }
}
class PCFixed {
    public static void main(String args[]) {
        Q q =new Q();
        new Producer(q);
        new Consumer(q);
        System.out.println("Press Control-C to stop.");
    }
}
```

内部get()方法、wait()方法的调用使执行挂起直到Producer告知数据已经预备好。这时,内部get()方法被恢复执行。获取数据后,get()方法调用notify()方法,这告诉Producer可以向序列中输入更多数据。在put()方法内,wait()方法挂起执行直到Consumer取走了序列中的项目。当执行再继续,下一个数据项目被放入序列,notify()方法被调用,才通知Consumer它应该移走该数据。下面是该程序的输出,它清楚地显示了同步行为。

```
Put: 1
Got: 1
Put: 2
Got: 2
Put: 3
Got: 3
Put: 4
Got: 4
Put: 5
Got: 5
```

3. 线程死锁

必须避免的与多任务处理有关的特殊错误类型是死锁(deadlock)。死锁发生在当两个线程对一对同步对象有循环依赖关系时。例如，假定一个线程进入了对象 X 的管程而另一个线程进入了对象 Y 的管程。如果 X 的线程试图调用 Y 的同步方法，它将像预料的一样被锁定。而 Y 的线程同样希望调用 X 的一些同步方法，线程永远等待，因为为到达 X，必须释放自己的 Y 的锁定以使第一个线程可以完成。死锁是很难调试的错误，因为它通常极少发生，只有到两线程的时间段刚好符合时才能发生。

为充分理解死锁，观察它的行为是很有用的。例 7-8 创建了两个类 A 和 B，分别有 foo()方法和 bar()方法。这两种方法在调用其他类的方法前有一个短暂的停顿。主类名为 Deadlock，创建了 A 和 B 的实例，然后启动第二个线程去设置死锁环境。foo()方法和 bar()方法使用 sleep()强迫死锁现象发生。

【例 7-8】 线程死锁。

```java
class A {
    synchronized void foo(B b) {
        String name = Thread.currentThread().getName();
        System.out.println(name +" entered A.foo");
        try {
            Thread.sleep(1000);
        } catch(Exception e) {
            System.out.println("A Interrupted");
        }
        System.out.println(name +" trying to call B.last()");
        b.last();
    }
    synchronized void last() {
        System.out.println("Inside A.last");
    }
}
class B {
    synchronized void bar(A a) {
        String name = Thread.currentThread().getName();
        System.out.println(name +" entered B.bar");
        try {
            Thread.sleep(1000);
        } catch(Exception e) {
            System.out.println("B Interrupted");
        }
        System.out.println(name +" trying to call A.last()");
        a.last();
    }
    synchronized void last() {
        System.out.println("Inside A.last");
    }
}
```

```java
public class Deadlock implements Runnable {
    A a =new A();
    B b =new B();
    Deadlock() {
        Thread.currentThread().setName("MainThread");
        Thread t =new Thread(this, "RacingThread");
        t.start();
        a.foo(b); //get lock on a in this thread.
        System.out.println("Back in main thread");
    }
    public void run() {
        b.bar(a); //get lock on b in other thread.
        System.out.println("Back in other thread");
    }
    public static void main(String args[]) {
        new Deadlock();
    }
}
```

程序运行结果如下。

```
MainThread entered A.foo
RacingThread entered B.bar
MainThread trying to call B.last()
RacingThread trying to call A.last()
```

因为程序死锁,需要按 Ctrl+C 组合键来结束程序。按 Ctrl+C 组合键后可以看到全线程和管程缓冲堆。可以发现 RacingThread 在等待管程 a 时占用管程 b,同时,MainThread 占用管程 a 等待管程 b。该程序永远都不会结束。多线程程序可能死锁,因此死锁是首先应该检查的问题。

任务 7.4 拓展训练——线程池

1. 线程池简介

Sun 在 Java 5 中对 Java 线程的类库做了大量的扩展,其中线程池就是 Java 5 的新特征之一,除了线程池之外,还有很多多线程相关的内容,为多线程的编程带来了极大便利。为了编写高效、稳定、可靠的多线程程序,线程部分的新增内容显得尤为重要。

有关 Java 5 线程新特征的内容全部在 java.util.concurrent 包中,里面包含数目众多的接口和类。

线程池的基本思想还是一种对象池的思想,即开辟一块内存空间,在里面存放了众多(未死亡)的线程,池中线程执行调度由池管理器来处理。当有线程任务时,从池中取一个,执行完成后线程对象归池,这样可以避免反复创建线程对象所带来的性能开销,节省了系统的资源。

Java 5 的线程池可分为固定线程数的线程池和可变线程数的线程池。

在使用线程池之前，必须知道如何去创建一个线程池，在 Java 5 中，需要了解的是 java.util.concurrent.Executors 类的 API，这个类提供大量创建连接池的静态方法。

1）固定线程数的线程池

【例 7-9】 固定线程数的线程池。

```java
public class Test {
  public static void main(String[] args) {
    //创建固定线程数的线程池
    ExecutorService pool =Executors.newFixedThreadPool(2);
    //创建实现了 Runnable 接口的对象,Thread 对象也实现了 Runnable 接口
    Thread t1 =new MyThread();
    Thread t2 =new MyThread();
    Thread t3 =new MyThread();
    Thread t4 =new MyThread();
    Thread t5 =new MyThread();
    //将线程放入池中进行执行
    pool.execute(t1);
    pool.execute(t2);
    pool.execute(t3);
    pool.execute(t4);
    pool.execute(t5);
    //关闭线程池
    pool.shutdown();
  }
}
class MyThread extends Thread{
  public void run() {
    System.out.println(Thread.currentThread().getName()+"正在执行...");
  }
}
```

程序运行结果如下。

```
pool-1-thread-1 正在执行...
pool-1-thread-1 正在执行...
pool-1-thread-1 正在执行...
pool-1-thread-1 正在执行...
pool-1-thread-2 正在执行...
Process finished with exit code 0
```

将例 7-9 中创建 pool 对象的代码改为

```
//创建一个使用单个 worker 线程的 Executor,以无界队列方式来运行该线程
ExecutorService pool =Executors.newSingleThreadExecutor();
```

程序运行结果如下。

```
pool-1-thread-1 正在执行...
pool-1-thread-1 正在执行...
```

```
pool-1-thread-1 正在执行...
pool-1-thread-1 正在执行...
pool-1-thread-1 正在执行...
Process finished with exit code 0
```

对于以上两种连接池,线程数都是固定的,当要加入的池的线程(或者任务)超过最大数量时,进入此线程池需要排队等待。一旦池中有线程执行完毕,则排队等待的某个线程会进入池开始执行。

2)可变线程数的线程池

与前面的类似,只是改动下 pool 的创建方式。

```
//创建一个可根据需要创建新线程的线程池,但以前构造的线程可用时将重用它们
ExecutorService pool =Executors.newCachedThreadPool();
```

程序运行结果如下。

```
pool-1-thread-5 正在执行...
pool-1-thread-1 正在执行...
pool-1-thread-4 正在执行...
pool-1-thread-3 正在执行...
pool-1-thread-2 正在执行...
Process finished with exit code 0
```

3)延迟连接池

【例 7-10】 延迟连接池。

```
import java.util.concurrent.Executors;
import java.util.concurrent.ScheduledExecutorService;
import java.util.concurrent.TimeUnit;
public class Test {
    public static void main(String[] args) {
        //创建一个线程池,它可安排在给定延迟后运行命令或者定期执行
        ScheduledExecutorService pool =Executors.newScheduledThreadPool(2);
        //创建实现了 Runnable 接口的对象,Thread 对象也实现了 Runnable 接口
        Thread t1 =new MyThread();
        Thread t2 =new MyThread();
        Thread t3 =new MyThread();
        Thread t4 =new MyThread();
        Thread t5 =new MyThread();
        //将线程放入池中进行执行
        pool.execute(t1);
        pool.execute(t2);
        pool.execute(t3);
        //使用延迟执行的方法
        pool.schedule(t4, 10, TimeUnit.MILLISECONDS);
        pool.schedule(t5, 10, TimeUnit.MILLISECONDS);
        //关闭线程池
        pool.shutdown();
    }
```

```java
}
class MyThread extends Thread {
    public void run() {
        System.out.println(Thread.currentThread().getName() +"正在执行...");
    }
}
```

程序运行结果如下。

```
pool-1-thread-1正在执行...
pool-1-thread-2正在执行...
pool-1-thread-1正在执行...
pool-1-thread-1正在执行...
pool-1-thread-2正在执行...
Process finished with exit code 0
```

4) 单任务延迟连接池

在例 7-10 代码的基础上做以下改动。

```java
//创建一个单线程执行程序,它可安排在给定延迟后运行命令或者定期执行
ScheduledExecutorService pool =Executors.newSingleThreadScheduledExecutor();
```

程序运行结果如下。

```
pool-1-thread-1正在执行...
pool-1-thread-1正在执行...
pool-1-thread-1正在执行...
pool-1-thread-1正在执行...
pool-1-thread-1正在执行...
Process finished with exit code 0
```

5) 自定义线程池

【例 7-11】 自定义线程池。

```java
import java.util.concurrent.ArrayBlockingQueue;
import java.util.concurrent.BlockingQueue;
import java.util.concurrent.ThreadPoolExecutor;
import java.util.concurrent.TimeUnit;
public class Test {
    public static void main(String[] args) {
        //创建等待队列
        BlockingQueue<Runnable>bqueue =new ArrayBlockingQueue<Runnable>(20);
        //创建一个单线程执行程序,它可安排在给定延迟后运行命令或者定期执行
        ThreadPoolExecutor pool =new
                ThreadPoolExecutor(2,3,2,TimeUnit.MILLISECONDS,bqueue);
        //创建实现了 Runnable 接口的对象,Thread 对象也实现了 Runnable 接口
        Thread t1 =new MyThread();
        Thread t2 =new MyThread();
        Thread t3 =new MyThread();
        Thread t4 =new MyThread();
```

```
        Thread t5 =new MyThread();
        Thread t6 =new MyThread();
        Thread t7 =new MyThread();
        //将线程放入池中进行执行
        pool.execute(t1);
        pool.execute(t2);
        pool.execute(t3);
        pool.execute(t4);
        pool.execute(t5);
        pool.execute(t6);
        pool.execute(t7);
        //关闭线程池
        pool.shutdown();
    }
}
class MyThread extends Thread {
    @Override
    public void run() {
        System.out.println(Thread.currentThread().getName() +"正在执行...");
        try {
            Thread.sleep(100L);
        } catch (InterruptedException e) {
            e.printStackTrace();
        }
    }
}
```

程序运行结果如下。

```
pool-1-thread-1 正在执行...
pool-1-thread-2 正在执行...
pool-1-thread-2 正在执行...
pool-1-thread-1 正在执行...
pool-1-thread-2 正在执行...
pool-1-thread-1 正在执行...
pool-1-thread-2 正在执行...
Process finished with exit code 0
```

创建自定义线程池的构造方法很多,本例中用到的构造方法如下。

```
ThreadPoolExecutor
public ThreadPoolExecutor(int corePoolSize,
                  int maximumPoolSize,
                  long keepAliveTime,
                  TimeUnit unit,
                  BlockingQueue<Runnable>workQueue)
```

各参数的含义如下。

(1) corePoolSize:池中所保存的线程数,包括空闲线程。

（2）maximumPoolSize：池中允许的最大线程数。

（3）keepAliveTime：当线程数大于核心池的大小时，此参数为终止前多余的空闲线程等待新任务的最长时间。

（4）unit：keepAliveTime 参数的时间单位。

（5）workQueue：执行前用于保持任务的队列。此队列仅保持由 execute()方法提交的 Runnable 任务，抛出以下异常。

① IllegalArgumentException：如果 corePoolSize 或 keepAliveTime 小于零，或者 maximumPoolSize 小于或等于零，或者 corePoolSize 大于 maximumPoolSize。

② NullPointerException：如果 workQueue 为 null。

自定义连接池比较复杂，但通过 ThreadPoolExecutor 线程池对象可以获取当前线程池的最大线程数、正在执行任务的线程数、工作队列等。

2. 有返回值的线程

有返回值的线程必须实现 Callable 接口。执行 Callable 线程后，可以获取一个 Future 对象，在该对象上调用 get()方法就可以获得 Callable 线程返回的对象。

下面是个很简单的例子。

【例7-12】 有返回值的线程。

```
import java.util.concurrent.*;
public class Test {
    public static void main(String[] args) throws ExecutionException,
                    InterruptedException {
        //创建一个线程池
        ExecutorService pool =Executors.newFixedThreadPool(2);
        //创建两个有返回值的任务
        Callable c1 =new MyCallable("A");
        Callable c2 =new MyCallable("B");
        //执行任务并获取 Future 对象
        Future f1 =pool.submit(c1);
        Future f2 =pool.submit(c2);
        //通过 Future 对象获取任务的返回值,并输出到控制台
        System.out.println(">>>"+f1.get().toString());
        System.out.println(">>>"+f2.get().toString());
        //关闭线程池
        pool.shutdown();
    }
}
class MyCallable implements Callable{
    private String oid;
    MyCallable(String oid) {
        this.oid =oid;
    }
    @Override
    public Object call() throws Exception {
        return oid+"任务返回的内容";
```

            }
    }

程序运行结果如下。

>>>A 任务返回的内容
>>>B 任务返回的内容
Process finished with exit code 0

【例 7-13】 龟兔赛跑游戏。

```java
import javax.swing.JButton;
//龟与兔定义成一个相同的类 TR
public class TR extends JButton implements Runnable {
    int dinstance;
    int speed;
    String name;
    public TR(int speed,String n){
        super(n);
        dinstance =0;
        this.speed= speed;
    }
    public void run() {              //跑
        while(dinstance<400){
            dinstance+=speed;
            try {
                Thread.sleep(50);
            } catch (InterruptedException e) {
                e.printStackTrace();
            }
        }
    }
}
public class Run1 extends JFrame{
    TR t,r;
    Thread tt,rr;
    Run1(){
        this.setBounds(50,50,500,500);
        this.setVisible(true);
        t=new TR(1,"乌龟");
        r =new TR(2,"兔子");
        tt=new Thread(t);
        rr=new Thread(r);
        this.setLayout(null);
        t.setBounds(10+t.dinstance, 100,70,40);
        r.setBounds(10+r.dinstance, 200,70,40);
        add(t);
        add(r);
        JButton b=new JButton("开始");
        b.setBounds(300, 400,70,40);
```

```java
            b.addMouseListener(new MouseAdapter(){
                public void mouseClicked(MouseEvent e) {
                    tt.start();
                    rr.start();
                    t.dinstance=0;
                    r.dinstance=0;
                }
            });
            JButton b2=new JButton("结束");
            b2.addMouseListener(new MouseAdapter(){
                public void mouseClicked(MouseEvent e) {
                    t.setBounds(10, 100,70,40);
                    r.setBounds(10, 200,70,40);
                }
            });
            b2.setBounds(400, 400,70,40);
            add(b);
            add(b2);
            while(true){
                for(int i=0;i<t.dinstance;i++){
                    t.setBounds(10+t.dinstance, 100,70,40);}
                for(int i=0;i<r.dinstance;i++){
                    r.setBounds(10+r.dinstance, 200,70,40);}
                if(t.dinstance>=50 && r.dinstance>=50){
                    break;
                }
                try {
                    Thread.sleep(50);
                } catch (InterruptedException ee) {
                    ee.printStackTrace();
                }
            }
        }
        public static void main(String[] args) {
            Run1 r=new Run1();
        }
    }
```

任务7.5 实 现 机 制

部分参考代码如下。

```java
public class TimeFrame{
    private JFrame jf;
    private JLabel label1;
    private JLabel label2;
    public TimeFrame(){
```

```java
        jf=new JFrame("倒计时牌");              //创建窗体,标题是"倒计时牌"
        label1=new JLabel("距 1 小时还有:");     //label1 上提示倒计时内容
        label2=new JLabel("");                  //label2 中显示剩余时间
        jf.add(label1,BorderLayout.NORTH);      //添加 label1 到窗体上方
        jf.add(label2,BorderLayout.CENTER);     //添加 label2 到窗体的中间
        //创建 RefreshTimeThread 对象 t
        Thread t=new RefreshTimeThread(new
                    GregorianCalendar(2013,Calendar.OCTOBER,1,0,0,0));
        t.start();                              //启动线程
    }
    public void showMe(){                       //封装窗体的显示方法
        jf.setBounds(200, 200, 150, 150);
        jf.setVisible(true);
        jf.setDefaultCloseOperation(JFrame.EXIT_ON_CLOSE);
    }
    public static void main(String[] args){
        new TimeFrame().showMe();
    }
}
//定义 RefreshTimeFrameThread 类,继承 Thread 类
class RefreshTimeThread extends Thread{
    private Calendar targetTime;
    //构造方法,传入倒计时的时间
    public RefreshTimeThread(Calendar targetTime){
        this.targetTime=targetTime;
    }
    public void run(){
        while(true) {
            //创建 GregorianCalendar 对象即现在的时间
            Calendar todayTime=new GregorianCalendar();
            //定义 long 类型的 seconds,表示剩余的秒数
            long seconds= (targetTime.getTimeInMillis()-todayTime.
                        getTimeInMillis())/1000;
            if(seconds<=0)//如果时间小于 0,则说明时间到     {
                label2.setText("时间到!");
                break;
            }
            int day=(int)(seconds/(24 * 60 * 60));
            int hour=(int)(seconds/(60 * 60)%24);
            int min=(int)(seconds/60%60);
            int sec=(int)(seconds%60);
            String str=min+"分 "+sec+" 秒";
            label2.setText(str);                //刷新 label2 上的时间
            try {
                Thread.sleep(1000);             //每次睡 1 秒,则计时牌时间每秒变一次
            } catch (InterruptedException e){
                e.printStackTrace();
            }
        }
    }
```

        }
    }

习 题 7

一、选择题

1. 下面关于线程的说法中,正确的是(   )。
    A. Java 支持多线程编程
    B. 一个线程创建并启动后,它将执行自己的 run() 方法,如果通过派生 Thread 类实现多线程,则需要在子类中重新定义 run() 方法,把需要执行的代码写入 run() 方法;如果通过实现 Runnable 接口实现多线程,则要编写 run() 方法的方法体
    C. 要在程序中实现多线程,必须导入 Thread 类
    D. 一个程序的主类不是 Thread 的子类,该类也没有实现 Runnable 接口,则这个主类运行时不能控制主线程的休眠

2. 如果程序中创建了两个线程,一个的优先级是 Thread.MAX_PRIORITY,另一个的优先级是正常的默认优先级,下列陈述正确的是(   )。
    A. 正常优先级的线程不运行,直到拥有最高优先级的线程停止运行
    B. 即使拥有最高优先级的线程结束运行,正常优先级的线程也不会运行
    C. 正常优先级的线程优先运行
    D. 以上说法都不对

3. (   )是 Runnable 接口中的抽象方法。
    A. start()   B. stop()   C. yield()   D. run()

4. 以下程序运行的结果是(   )。

```java
public class A implements Runnable {
    public void run () {
        System.out.println("OK.");
    }
    public static void main (String[] args) {
        Thread Th=new Thread (new A());
        Th.start();
    }
}
```

    A. 程序不能编译,产生异常   B. 程序能编译运行,但没有任何结果输出
    C. 程序能编译运行,输出结果:OK.   D. 以上面说法都不对

5. 处于激活状态的线程可能不是当前正在执行的线程的原因是(   )。
    A. 已经执行完 run() 方法   B. 线程正在等待键盘输入
    C. 该线程调用了 wait() 方法   D. 该线程正在休眠状态

二、填空题

1. 线程的创建方式包括_____和_____。
2. 线程生命周期的 5 种状态为_____、_____、_____、_____和_____。
3. 一个线程对象的具体操作是由_____方法的内容确定,但是 Thread 类的该方法是空的,其中没有内容,所以用户程序要么派生一个 Thread 的子类并在子类里重新定义此方法,要么使一个类实现_____接口并书写该方法的方法体。
4. 当一个线程睡眠时,_____方法不消耗时间。

三、简答题

1. 简述线程的各种状态及其相互转换。
2. 简述 synchronized 关键字的作用。

四、编程题

1. 编写一个简单程序,分别用两种线程的创建方式来生成线程。
2. 编写一个程序,模拟线程间的同步问题。

项目 8 网络通信

技能目标

掌握基于 TCP/UDP 套接字的网络编程方法。

知识目标

(1) 了解 IP 地址与 InetAddress 类的关系。
(2) 掌握 TCP/IP 体系结构和 URL。
(3) 掌握 Socket 网络通信。

项目任务

通过建立一个 Socket 客户端和一个 ServerSocket 服务器端进行实时数据交换。

通常把系统管理员的操作放在服务端,而用户的操作则放在客户端,用户有什么意见或建议可以通过留言板与系统管理员进行实时数据交换。这时就要进行网络通信编程。

任务 8.1 IP 地址与 InetAddress 类

1. TCP/IP 简介

为了进行网络通信,通信双方必须遵守通信协议。目前最广泛使用的是 TCP/IP,它是 Internet 中各方所遵循的公共协议。

TCP/IP 分为 4 个层次。网络接口层负责接收和发送物理帧;网络层负责相邻节点之间的通信;传输层负责起点到终点的通信;应用层提供诸如文件传送、电子邮件等应用程序。

TCP 将任何网络信息传输当作信息流。例如,要将机器 A 上的一个长报文发送到机器 B,发送端 A 需要将数据分块,把一块数据分别打包发送。数据包有一个头,指明该数据包发往何处、包中数据在接收序列中所处的位置。每个包都按照 IP 地址提供的目标地从一台机器传送到另一台机器,或从一个网络节点传送到另一个网络节点。在接收端 B,这些数据包都能够按照正确的顺序重新组装起来。

TCP/IP 是一个协议集,由一组协议组成,主要包含以下更具体的协议。

（1）Telnet（远程登录）：允许一台计算机用户登录到另一台远程计算机上，使远程操作如同在本地计算机上操作一样。

（2）FTP（file transfer protocol，文件传送协议）：允许用户将远程主机上的文件复制到自己的计算机上。

（3）SMTP（simple mail transfer protocol，简单邮件传送协议）：用于传送电子邮件。

（4）NFS（network file server，网络文件服务器）：使多台计算机透明地访问彼此的目录。

（5）HTTP（hypertext transfer protocol，超文本传输协议）：它是基于 TCP/IP 的，是 WWW 浏览器和服务器之间应用层的通信协议。HTTP 是一种通用、无状态、面向对象的协议。HTTP 会话（事务）包括 4 个步骤：连接（connection）、请求（request）、应答（response）和关闭（close）。

Java 语言可编写低层的网络应用，例如，传送文件、建立邮件控制器、处理网络数据等。Java 语言中，支持网络通信的类都在 java.net 包中，如 java.net.ftp、java.net.www 等。

2. IP 地址与域名

IP 地址用于指明因特网上的一台计算机在网络中的地址，用 32 位二进制代码表示一个网络地址。通常，IP 地址用 4 段十进制数表示（8 位二进制数为一段），如 116.255.226.187。

在因特网上，域名服务器（domain name server，DNS）执行文字名称到二进制网络地址的映射。

3. InetAddress 类

在 java.net 包中，InetAddress 类是 Java 封装的 IP 地址，它是 Java 对 IP 地址的一种高级标识。InetAddress 类由 IP 地址和对应的主机名组成，该类内部实现了主机名和 IP 地址之间的相互转换。

InetAddress 类有两个子类：Inet4Address 和 Inet6Address，分别表示 IPv4 和 IPv6。InetAddress 类中没有构造方法，经常使用下列方法创建对象。

（1）public static InetAddress getByName(String host) throws UnknownHostException：返回 host 所代表的 IP 地址，host 可以是计算机名，也可以是 IP 地址或 DSN 域名。

（2）public static InetAddress getLocalHost() throws UnknownHostException：返回本机 IP 地址。

（3）public boolean isReachable(int timeout) throws IOException：测试是否可以达到该地址。

（4）public byte[] getAddress()：返回调用该方法的对象的 Internet 地址。返回值为以网络字节为顺序的 byte 类型数组，该数组共有 4 个元素。

（5）public String getHostAddress()：返回与 InetAddress 对象相关的主机地址的字符串。

(6) public String getHostName()：返回与 InetAddress 对象相关的主机名的字符串。

【例 8-1】 获取 java.sun.com 的主机名和 IP 地址。

```
import java.net.*;
public class InetAddressDemo{
    public static void main(String args[]){
        try{
            InetAddress address=InetAddress.getByName("java.sun.com");
            System.out.println("主机名为:"+address.getHostName());
            System.out.println("IP地址为:"+address.getHostAddress());
        }catch(UnknownHostException e){
            e.printStackTrace();
        }
    }
}
```

程序运行结果如下。

主机名为:java.sun.com
IP 地址为:156.151.59.19

任务 8.2　URL 类和 URLConnection 类

URL（uniform resource locator，统一资源定位符）是用来对 Internet 上某一资源的地址进行定位的。通过 URL 人们可以访问 Internet 上的各种网络资源，比如最常见的 HTML 文件、图像文件、声音文件、动画文件以及其他任何资源的内容（甚至可以是对一个数据库的查询）。

URL 的一般语法格式如下。

<协议名称>://<主机名称>:<端口号>/<文件名>#<引用>

（1）协议名称：是指获取资源所采用的协议。常用的有 HTTP、FTP、GOPHER 和 FILE 等，最常用的是 HTTP 协议，它也是目前 WWW 中应用最广的协议。

（2）主机名称：是指存放资源的服务器的域名系统（DNS）主机名或 IP 地址。

（3）端口号：有时一个计算机中有多种服务，为了区分这些服务就要用到端口号。每一种服务使用一个整数端口号，范围是 0～65535。端口号可选，省略时使用默认端口，各种协议都有默认的端口号，如 HTTP 的默认端口号为 80。如果省略，则使用默认端口号。

（4）文件名：文件名应包含文件的完整路径。

（5）引用：为文件内部的一个引用，如 http://java.sun.com/index.html#chapter9。

1. URL 类

java.net 包中提供了 URL 类，可实现 Internet 寻址、网络资源的定位、在客户机与服务器之间通信等。

URL类的构造方法如下。

(1) public URL(String spec):通过一个URL字符串构造一个URL对象。

(2) public URL(URL context,String spec):基于已有的URL对象context创建一个新的URL对象,多用于访问同一个主机上不同路径的文件。

(3) public URL(String protocol,String host,String file):通过协议和主机以及文件创建一个URL对象。

(4) public URL(String protocol,String host,int port,String file):通过协议和主机以及端口和文件创建一个URL对象。

URL类的构造方法声明抛出非运行时异常(malformed URL exception),如果定义的参数有错误,就会产生一个非运行时异常。因此创建URL对象时,必须要对这一异常进行处理,通常是用try-catch语句进行捕获。

2. URLConnection 类

要接收和发送信息还要用URLConnection类,程序获得一个URLConnection对象,相当于完成对指定的URL进行HTTP连接。例如:

```
URL mu =new URL("http://www.sun.com/");           //创建一个URL对象
URLConnection muC =mu.openConnection();           //获得URLConnection对象
```

先创建一个URL对象,然后利用URL对象的openConnection()方法获得一个URLConnection对象,接着就可使用以下方法获得流对象并实现网络连接。

(1) getOutputStream():获得向远程主机发送信息的OutputStream流对象。

(2) getInputStream():获得从远程主机获取信息的InputStream流对象。有了网络连接的输入流和输出流,就可以实现远程通信。

(3) connect():设置网络连接。

发送和接收信息要获得流对象,并由流对象创建输入或输出数据流对象。然后,就可以用流的方法访问网上资源。

【例8-2】 以数据流方法读取网页内容。程序运行时,网址从文本框中获取。

```
public class Example8_2{
    public static void main(String args[]){
        new downNetFile();
    }
}
class DownNetFile extends JFrame implements ActionListener{
    JTextFileld infield =new JTextField(30);
    JTextarea showArea =new JTextArea();
    JButton b =new JButton("download");JPanel p =new JPanel();
    DownNetFile(){
        super("read network text file application");
        Container con =this.getContentPane();
        p.add(infield);p.add(b);
```

```java
            JScrollPane jsp =new JScrollPane(showArea);
            b.addActionListener(this);
            con.add(p,"North");con.add(jsp,"Center");
            setDefaultCloseOperation(JFrame.EXIT_ON_CLOSE);
            setSize(500,400);setVisible(true);
        }
        public void actionPerformed(ActionEvent e){
            readByURL(infield.getText());
        }
        public void readByURL(String urlName){
            try{
                URL url =new URL(urlName);                    //由网址创建 URL 对象
                URLConnection tc =url.openConnectin();        //获得 URLConnection 对象
                tc.connect();                                 //设置网络连接
                InptStreamReader in =new InputStreamReader(tc.getInputStream());
                BufferedReader dis =new BufferedReader(in);//采用缓冲式输入
                String inline;
                while((inline =dis.readLine())!=null){
                    showArea.append(inline +"\n");
                }
                dis.close();                                  //网上资源使用结束后,数据流及时关闭
            }catch(MalformedURLException e){
                e.printStackTrace();
            }
            catch(IOException e){e.printStacktrace();}
            /*访问网上资源可能产生 MalformedURLException 和 IOException 异常*/
        }
    }
```

任务 8.3 应用 InetAddress 类

InetAddress 类的声明如下。

`public final class InetAddress extends Object implements Serializable`

InetAddress 类没有提供任何构造方法,只能通过它本身提供的一些静态方法来创建一个它的对象。通常用于创建 InetAddress 对象的方法有如下几个。

(1) public static InetAddress getByName(String host) throws UnknowHostException:通过主机名创建一个 InetAddress 对象。

(2) public static InetAddress getByAddress(byte[] addr) throws UnknowHostException:通过 IP 地址创建一个 InetAddress 对象。

(3) public static InetAddress getLocalHost()throws UnknowHostException:创建本机的 InetAddress 对象。

【例 8-3】 使用 InetAddress 类。

```
public class InetAddressDemo{
    public static void main(String[] args)    {
        try{
            InetAddress addr1 = InetAddress.getByName("www.szptt.net.cn");
            System.out.println(addr1.getHostAddress());
            InetAddress addr2 = InetAddress.getByAddress(addr1.getAddress());
              System.out.println(addr2.getHostName());
              System.out.println();
              InetAddress addr3 = InetAddress.getLocalHost();
              System.out.println(addr3.getHostName());
              System.out.println(addr3.getHostAddress());
        }
        catch(UnknownHostException e) {
            System.out.println(e.getMessage());
        }
    }
}
```

程序运行结果如图 8-1 所示。

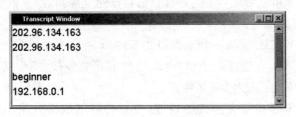

图 8-1　例 8-3 的运行结果

从运行结果可以看到,调用 getByName()方法通过主机名创建一个 InetAddress 对象后,就可以得到对应于这个主机名的地址。需要注意的是,在调用创建 InetAddress 对象的几个静态方法时,这些方法会连接指定的地址或域名,如果无法连通,会抛出 UnknowHostException 异常,所以必须用 try-catch 块包含这个方法,并处理无法连通的情况。

任务 8.4　Socket 通信

1. Socket 类

网络应用模式主要有以下几种。
(1) 主机/终端模式:集中计算,集中管理。
(2) 客户/服务器(client/server,C/S)模式:分布计算,分布管理。
(3) 浏览器/服务器模式:基于客户/服务器模式,利用 Internet 跨平台计算。
WWW(万维网)就是建立在浏览器/服务器模式上,以 HTML 和 HTTP 为基础,能够提供各种 Internet 服务的信息浏览系统。网络信息放在主机的不同位置,WWW 服务器利用超文本链路链接各项信息。WWW 客户机(浏览器)负责与服务器建立联系,向服务器发送请求,处理 HTML 文档、提供图形用户界面(GUI)和显示信息等。

在客户/服务器工作模式中,在服务器端,要准备接收多个客户端计算机的通信请求。为此,除用 IP 地址标识客户端计算机外,还引入端口号,用端口号标识正在服务器端后台服务的线程。端口号与 IP 地址的组合称为网络套接字(socket)。

Java 语言在实现 C/S 模式中,套接字分为以下两类。

(1) 在服务器端,ServerSocket 类支持底层的网络通信。

(2) 在客户端,Socket 类支持网络的底层通信。

服务器端通过端口提供面向客户端的服务;服务器端在它的多个不同端口分别同时提供多种不同的服务。客户端接入服务器的某一端口,通过这个端口提请服务器端为其服务。规定:端口号 0~1023 供系统专用。例如,HTTP 在端口 80,Telnet 协议在端口 23。端口 1024~65535 供应用程序使用。

当客户端程序和服务器端程序需要通信时,可以用 Socket 类建立套接字连接。套接字连接可想象为一个电话呼叫:最初是客户端程序建立呼叫,服务器端程序监听;呼叫完成后,任何一方都可以随时讲话。

双方实现通信有流式 Socket 和数据报式 Socket 两种方式。

(1) 流式 Socket 是有连接的通信,每次通信前建立连接,通信结束后断开连接。其特点是可以保证传输的正确性、可靠性。

(2) 数据报式 Socket 是无连接的通信,将要传输的数据分成小包,直接上网发送。无须建立连接,速度快,但无可靠保证。

流式 Socket 在客户端程序和服务器端程序间建立通信的通道。每个 Socket 可以进行读和写两种操作。对于任一端,与对方的通信会话过程是:建立 Socket 连接、获得输入/输出流、读数据/写数据、通信完成后关闭 Socket 连接。流式 Socket 的通信过程见例 8-1。

利用 Socket 类的构造方法 Socket(String host,int port),可以在客户端建立到服务器的套接字对象。其中,host 是服务器的 IP 地址,port 是端口号,这些是预先约定的。例如:

```
try{
    Socket mySocket =new Socket("http://www.weixueyuan.net",1860);
}catch(IOException e){}
```

然后,用 getInputStream()方法获得输入流,从这个输入流可读取服务器返回的信息;用 getOutputStream()方法获得输出流,用这个输出流将信息发送到服务器。

利用 ServerSocket 类的构造方法 ServerSocket(int port)可以在服务器建立接收客户套接字的服务器套接字对象。其中,端口号 port 要与客户呼叫的端口号相同。为此,用以下形式的代码。

```
try{
```

```
ServerSocket serverSocket =new ServerSocket(1860);
}catch(IOException e){}
```

服务器端程序在指定的端口监听，当收到客户端程序发出的服务请求时，创建一个套接字对象与该端口对应的客户端程序通信。例如，执行上述建立服务器套接字对象的代码，确定了 serverSocket 对象后，就可以使用 accept() 方法得到 Socket 对象，接收客户端程序套接字 mySocket 的信息，如以下代码所示。

```
try{
    Socket sc =serverSocket.accept();        //ac 是一个 Socket 对象
}catch(IOException e){}
```

要终止服务，可以关闭 Socket 对象 sc。

```
sc.close();
```

【例 8-4】 客户端程序向服务器的端口 4441 发出请求，连接建立后完成对服务器返回信息的处理。

```
public class Client{
    public static void main(String args[]){
        String s =null;Socket mySocket;
        DataInputStream in =null;DataOutputStream out =null;
        try{
            mySocket =new Socket("localhost",4441);
            in =new DataInputStream(mySocket.getInputStream());
            out =new DataOutputStream(mySocket.getOutputStream());
            out.writeUTF("good server!");
            while(true){
                s =in.readUTF();
                if(s==null) break;
                else System.out.println(s);
            }
            mySocket.close();
        }catch(IOException e){
            System.out.println("can't connect");
        }
    }
}
```

【例 8-5】 与例 8-4 客户端应用程序对应的服务器端应用程序。程序在 4441 端口监听，当检测到有客户端请求时，产生一个内容为"客户，你好，我是服务器"的字符串输出到客户端。

```
public class Server{
    public static void main(String args[]){
        ServerSocket server =null;
        Socket you =null;String s =null;
        DataOutputStream out =null;
        DataInputStream in =null;
```

```java
        try{
            server =new ServerSocket(4441);
        }catch(IOException e1){
            system.out.println("ERROR:" +e1);
        }
        try{
            you =server.accept();
            in =new DataInputStream(you.getInputStream());
            out =new DataOutputStream(you. getOutputStream());
            while(true){
                s =in.readUTF();
                if(s!=null) break;
            }
            out.writeUTF("客户,你好,我是服务器");
            out.close();
        }
        catch(IOException e){System.out.println("ERROR:"+e);}
    }
}
```

为了充分发挥计算机的并行工作能力,可以把套接字连接工作让一个线程完成。当客户端请求服务器给予服务,或当服务器接收到一个客户的服务请求时,就启动一个专门完成通信的线程,在该线程中创建输入/输出流,并完成客户端与服务器端的信息交流。

【例 8-6】 连接时间服务器。

```java
public class SocketDemo{
    public static void main(String[] args) {
        try{
        //创建一个连接到时间服务器 time-A.timefreq.bldrdoc.gov
        //端口 13 的 Socket 对象
        Socket sock =new Socket("time-A.timefreq.bldrdoc.gov", 13);
        //从 Socket 对象获得一个接收服务器信息的输入流
        BufferedReader in=new BufferedReader(new InputStreamReader(
                                sock.getInputStream()));
            while(true) {
                String line =in.readLine();
                if (null ==line)
                    break;
                else
                    System.out.println(line);
            }
        }
        catch(IOException e) {
            System.out.println(e.getMessage());
        }
    }
}
```

程序的运行结果如图 8-2 所示。

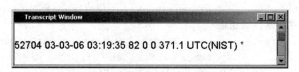

图 8-2 例 8-6 的运行结果客户端

例 8-6 非常简单,通过 Socket 类连接到时间服务器 time-A. timefreq. bldrdoc. gov 的端口 13 上。当连接成功后,Socket 类的 getInputStream()方法返回一个 InputStream 对象,然后程序把流对象链接到一个 BufferedReader 上。接着用 readLine()方法读取服务器发送的所有字符,并把它们输出到屏幕上。直到 readLine()方法返回 null,即读完所有服务器发送的信息,程序才会结束。在 Windows 命令行中输入 telnet time-A. timefreq. bldrdoc. gov 13,可以看到和上面类似的输出结果,如图 8-3 所示。

图 8-3 用 telenet 命令进行通信

2. 在服务器端使用 ServerSocket 类

前面实现了一个简单的网络客户程序,它可以从服务器上接收信息,下面介绍实现服务器端的编程方法。一个服务器程序启动后,通常会监听某个端口,等待客户端计算机发出连接请求,然后做出反应。ServerSocket 类的声明如下。

```
public class ServerSocket extends Objects
```

ServerSocket 类的大部分方法都和 Socket 类的类似,它最常用的构造方法如下。

```
ServerSocket(int port) throws IOException
```

创建 ServerSocket 类的实例不需要指定 IP 地址,SeverSocket 对象总是处于监听本机端口的状态。

【例 8-7】 在服务器端使用 ServerSocket 类。

```
public class ReversalServer {
    public static void main(String[] agrs) {
        try{
            //创建一个监听 8189 端口的 ServerSocket
            ServerSocket s = new ServerSocket(8189);
            //启动 ServerSocket 的监听
            Socket insock = s.accept();
            //建立输入流通道
            BufferedReader in = new BufferedReader(    new
```

```java
                            InputStreamReader(insock.getInputStream()));
            //建立输出流通道
            PrintWriter out =new PrintWriter(insock.getOutputStream(),
                        true/*autoFlush*/);
            out.println("Enter quit to exit.");
            while(true) {
                String line =in.readLine();
                if (null ==line)      continue;
                if (line.trim().equals("quit"))   break;
                else{
                    StringBuffer rline =new StringBuffer();//翻转输入的字符串
                    for (int i =line.length(); i >0; i--)
                    rline.append(line.charAt(i -1));
                    out.println("Reversed: " +rline.toString());
                }
            }
            out.close();
            in.close();
            insock.close();
        }
        catch(IOException e) {
            e.printStackTrace();
        }
    }
}
```

例 8-7 是一个简单的服务器程序,它启动了一个 ServerSocket 监听本机的 8189 端口,这个端口一般不会被用到。当有其他客户端请求与它连接时,accept()方法将接收这个请求并创建一个独立的 Socket 对象。通过这个对象,可以取得输入流和输出流。程序首先通过输出流向客户端发送了一条问候信息:

```
out.println("Hello!Please input. Enter quit to exit.");
```

然后,服务器程序接收来自客户端的输入。每次从客户端读取一行信息,就将这些输入的字符串翻转以后再送回给客户端。

编译并运行这个程序,然后在 Windows 命令行下输入"telnet 127.0.0.1 8189"。IP 地址 127.0.0.1 是一个特殊的地址,称为本地回送地址,它代表本机。

由于运行服务器程序的机器和执行 telnet 命令的是同一主机,所以使用这个地址。当然,也可以从其他机器上执行 telnet 命令来测试这个服务器程序,这时候就必须在 telnet 命令后输入运行服务器程序的 IP 地址。执行 telnet 命令后,随意输入信息,看看结果是否正确,最后执行 quit 命令结束连接。此处如输入"123456",则运行结果如图 8-4 所示。

3. 多客户通信机制

前面例子中的服务器程序只能服务于一个客户端,也就是说,一个客户连接到这个服务程序后,将一直独占它。而通常情况下,服务器总是要服务于很多客户端。比如一个网

图 8-4　例 8-7 的运行结果

页服务器,可以接收许多客户的浏览请求。利用线程的特性,就可以很好地解决服务于多个客户的问题。

只需要对上面的程序做少许修改,就可以使它服务于多个客户端。首先把主程序部分放入一个循环,每收到一个来自客户端的请求,就启动一个线程来处理,而主程序则可以继续等待来自其他客户端的请求。

【例 8-8】　多客户通信机制案例。

```
public class ThreadedReversalServer{
    public static void main(String[] agrs){
        int i =0;
        try{
            //创建一个监听 1234 端口的 ServerSocket
            ServerSocket s =new ServerSocket(1234);
            for ( ; ;){
                Socket insock =s.accept();//启动 ServerSocket 的监听
                System.out.println("Thread " +i +" run.");
                //启动处理客户端信息的线程
                new ThreadReversal(insock, i).start();
                i++;
            }
        }
        catch(IOException e) {
            e.printStackTrace();
        }
    }
}
class ThreadReversal extends Thread{
    private Socket sock;
    private int counter;
    public ThreadReversal(Socket s, int i){
        sock =s;
        counter =i;
    }
    public void run(){
        try{
            //建立输入流通道
            BufferedReader in =new BufferedReader(new
                     InputStreamReader(sock.getInputStream()));
            //建立输出流通道
            PrintWriter out =new PrintWriter(sock.getOutputStream(), true
```

```java
            /* autoFlush */);
        out.println("Hello!Please input. Enter quit to exit.");
        while(true) {
            String line =in.readLine();
            if (null ==line)      continue;
            if (line.trim().equals("quit"))   break;
            else{
                StringBuffer rline =new StringBuffer();//翻转输入的字符串
                for (int i =line.length(); i >0; i--)
                    rline.append(line.charAt(i -1));
                out.println("Reversed: " +rline.toString());
            }
        }
        out.close();
        in.close();
        sock.close();
        System.out.println("Thread " +counter +" closed.");
    }
    catch(IOException e) {
        e.printStackTrace();
    }
  }
}
```

拓展训练——UDP

UDP(user datagram protocol,用户数据报协议)是一种无连接的协议,每个数据报都是一个独立的信息,包括完整的源地址或目的地址,它在网络上以任何可能的路径传往目的地,因此能否到达目的地、到达目的地的时间以及内容的正确性都是不能被保证的。

使用 UDP 时,每个数据报中都给出了完整的地址信息,因此无须建立发送方和接收方的连接。对于 TCP,由于它是一个面向连接的协议,进行 Socket 通信之前必须建立连接,所以在 TCP 中多了一个连接建立的时间。

使用 UDP 传输数据时是有大小限制的,每个被传输的数据报必须限定在 64KB 之内。而 TCP 没有这方面的限制,一旦连接建立起来,双方的 Socket 就可以按统一的格式传输大量的数据。UDP 是一个不可靠的协议,发送方所发送的数据报并不一定以相同的次序到达接收方。而 TCP 是一个可靠的协议,它确保接收方完全正确地获取发送方所发送的全部数据。

在 Java 的 java.net 包中有两个类 DatagramSocket 和 DatagramPacket,为应用程序中采用数据报通信方式进行网络通信。

(1) DatagramSocket 类。DatagramSocket 类用于创建接收和发送 UDP 的 Socket 对象。和 Socket 类依赖 SocketImpl 类一样,DatagramSocket 类的实现也依靠专门为它设计的 DatagramScoketImplFactory 类。

常用的构造方法如下。

① DatagramSocket()：这是个比较特殊的用法，通常用于客户端编程，它并没有特定监听的端口，仅仅使用一个临时的。

② DatagramSocket(int port)：固定监听 port 端口的报文。

③ DatagramSocket(int port，InetAddress localAddr)：当一台机器拥有多于一个 IP 地址的时候，由它创建的对象仅仅接收来自 LocalAddr 的报文。

DatagramSocket 类常用的方法有以下 4 个。

① Receive(DatagramPacket d)：接收数据报文到 d 中。receive()方法产生一个"阻塞"。

② Send(DatagramPacket d)：发送报文 d 到目的地。

③ SetSoTimeout(int timeout)：设置超时时间，单位为毫秒。

④ Close()：关闭 DatagramSocket。在应用程序退出的时候，通常会主动释放资源，关闭 Socket，但是由于异常退出可能造成资源无法回收，所以应该在程序完成时主动使用此方法关闭 Socket，或在捕获到异常抛出后关闭 Socket。

（2）DatagramPacket 类。DatagramPacket 类用于处理报文，它将字节数组、目标地址、目标端口等数据包装成报文或者将报文拆解成字节数组。

它有两个常用构造函数：一个用来接收数据，另一个用来发送数据。

① public DatagramPacket(byte[] buf,int length)：构造 DatagramPacket 用来接收长度为 length 的包。

② public DatagramPacket(byte[] buf,int length,InetAddress address,int port)：构造数据报文包用来把长度为 length 的包传送到指定主机的指定的端口号。

DatagramPacket 类常用的方法有以下 4 个。

① getAddress()：返回接收或发送此数据报文的机器的 IP 地址。

② getData()：返回接收的数据或发送的数据。

③ getLength()：返回发送的或接收的数据的长度。

④ getPort()：返回接收或发送该数据报文的远程主机端口号。

【例 8-9】 双机通信。

```
public class UDPClient{
    public static void main(String args[]) throws Exception{        //抛出所有异常
        DatagramSocket ds =null;           //创建接收数据报的对象
        byte[] buf =new byte[1024] ;       //开辟空间,以接收数据
        DatagramPacket dp =null ;          //创建 DatagramPacket 对象
        ds =new DatagramSocket(9000);      //客户端在 9000 端口上等待服务器发送信息
        dp =new DatagramPacket(buf,1024);  //所有的信息使用 buf 保存
        ds.receive(dp);                    //接收数据
        String str =new String(dp.getData(),0,dp.getLength()) +"from " +
                dp.getAddress().getHostAddress() +":" +dp.getPort();
        System.out.println(str);           //输出内容
    }
}
public class UDPServer{
```

```java
    public static void main(String args[]) throws Exception{    //抛出所有异常
        DatagramSocket ds =null ;           //创建发送数据报的对象
        DatagramPacket dp =null ;           //创建 DatagramPacket 对象
        ds =new DatagramSocket(3000);       //服务器端在 3000 端口上发送信息
        String str ="hello World!!!";
        dp=new DatagramPacket(str.getBytes(),str.length(),
            InetAddress.getByName("localhost"),9000);   //所有的信息使用 buf 保存
        System.out.println("发送信息。");
        ds.send(dp);                        //发送信息出去
        ds.close();
    }
}
```

习 题 8

一、简答题

1. 简述 IP 地址的表示方式。
2. 简述使用 Socket 类进行网络连接需要哪些步骤。

二、编程题

1. 编程实现在普通应用程序中访问远程主机文件。
2. 编程实现在 Applet 中访问远程服务器主机文件。
3. 在教师指导下完成学生信息管理系统的留言板、聊天室、日志等涉及网络通信的模块的编程。

参 考 文 献

[1] 高晓黎,刘博.Java程序设计[M].北京:清华大学出版社,2008.
[2] 张红.Java程序设计项目化教程[M].北京:高等教育出版社,2012.
[3] 王洪香,郭潭玉.Java程序设计案例教程[M].北京:北京交通大学出版社,2007.
[4] 张晓玲,宋铁桥.Java程序设计项目化教程[M].青岛:中国海洋大学出版社,2011.
[5] 朱喜福,戴舒樽,王晓勇.Java网络编程基础[M].北京:人民邮电出版社,2008.
[6] 张兴科,季昌武.Java程序设计项目教程[M].北京:中国人民大学出版社,2010.
[7] 游戏学院.Java高级程序设计[M].北京:北京汇众益智科技有限公司,2006.
[8] 朱喜福.Java程序设计[M].2版.北京:人民邮电出版社,2007.
[9] 赵文靖.Java程序设计基础[M].北京:清华大学出版社,2006.
[10] 何升.Java程序设计——游戏动画案例教程[M].北京:清华大学出版社,2013.
[11] 明日科技.Java项目开发案例全程实录[M].北京:清华大学出版社,2012.
[12] 孙卫琴.Java面向对象编程[M].2版.北京:电子工业出版社,2017.
[13] 明日科技.零基础学Java[M].长春:吉林大学出版社,2017.
[14] C S Horstmann.Java核心技术 卷Ⅰ 基础知识(原书第11版)[M].林琪,等译.北京:机械工业出版社,2019.
[15] 明日科技.Java从入门到精通[M].5版.北京:清华大学出版社,2019.
[16] 黑马程序员.Java基础案例教程[M].北京:人民邮电出版社,2017.